北京理工大学"双一流"建设精品出版工程

Intellectual Property Cases and Comments

知识产权案例与点评

吴玉凯 ◎ 编

北京理工大学出版社
BEIJING INSTITUTE OF TECHNOLOGY PRESS

图书在版编目（ＣＩＰ）数据

知识产权案例与点评／吴玉凯编 ． --北京：北京
理工大学出版社，2023.7
ISBN 978 - 7 - 5763 - 2621 - 5

Ⅰ.①知… Ⅱ.①吴… Ⅲ.①知识产权法—案例—中
国—教材 Ⅳ.①D923.405

中国国家版本馆 CIP 数据核字（2023）第 133934 号

出版发行／北京理工大学出版社有限责任公司

社　　　址／北京市海淀区中关村南大街 5 号
邮　　　编／100081
电　　　话／（010）68914775（总编室）
　　　　　　（010）82562903（教材售后服务热线）
　　　　　　（010）68944723（其他图书服务热线）
网　　　址／http：//www.bitpress.com.cn
经　　　销／全国各地新华书店
印　　　刷／三河市华骏印务包装有限公司
开　　　本／787 毫米×1092 毫米　1/16
印　　　张／14　　　　　　　　　　　　　　　　　责任编辑／多海鹏
字　　　数／329 千字　　　　　　　　　　　　　　文案编辑／闫小惠
版　　　次／2023 年 7 月第 1 版　2023 年 7 月第 1 次印刷　责任校对／周瑞红
定　　　价／56.00 元　　　　　　　　　　　　　　责任印制／李志强

前言

习近平总书记在主持中央政治局第二十五次集体学习时指出："创新是引领发展的第一动力，保护知识产权就是保护创新。"自古以来，科学技术就以一种不可逆转、不可抗拒的力量推动着人类社会向前发展。我国科技发展的方向必须是创新、创新、再创新，而创新的标志就是产生知识产权。

党的十八大明确提出："科技创新是提高社会生产力和综合国力的战略支撑，必须摆在国家发展全局的核心位置。"强调要坚持走中国特色自主创新道路、实施创新驱动发展战略。而实施创新驱动发展战略是一个系统工程，一定离不开知识产权的保驾护航。

科技创新活动正在不断突破地域、组织、技术的界限，演化为创新体系的竞争，创新战略竞争在综合国力竞争中的地位日益重要。"盖有非常之功，必待非常之人。"人是科技创新最关键的因素，创新的事业呼唤创新的人才。"一年之计，莫如树谷；十年之计，莫如树木；终身之计，莫如树人。"拥有一大批创新型青年人才，是国家创新活力之所在，也是科技发展希望之所在。因此，注重培养具有知识产权意识的创新型人才非常重要。

从 2008 年开始，编者在北京理工大学讲授"知识产权实战基础"本科生通识选修课；2015 年，应企业要求为联合培养的化学工程专业工程硕士开设了"知识产权"课程；从 2017 年开始，为化学工程与技术学科学术和专业硕士讲授"知识产权及化工专利撰写"选修课；从 2019 年开始，在开设的"创新创业实践"课程中把知识产权知识作为必学的内容；从 2021 年开始，为化学与化工学院三个工科类本科专业的学生讲授"知识产权法基础"必修课。

目前，适用于工科类本科生和研究生学习知识产权法基础知识类的书籍未见。虽然用于法律专业学生学习知识产权法的书籍比较多，但是其专业性太强，内容繁多，不适合工科类学生学习使用。此外，近年来随着国内知识产权保护快速与国际接轨，法律修订的速度加快，涉及知识产权法的四部法律——专利法、商标法、著作权法和反不正当竞争法，都在 2019 年和 2020 年进行了修订，而且修订内容较多。因此，迫切需要根据新修订的法律编写教材。

在拥有十余年讲授本科和研究生知识产权课程教学经验的基础上，为全面贯彻党的教育方针，落实立德树人根本任务，扎实推进习近平新时代中国特色社会主义思想进课程教材，落实全国教育大会和全国教材工作会议精神，根据学生初学知识产权法律知识比较困难的特点，编者编写了这本知识产权法基础知识类教材。

本教材牢牢把握教材建设的政治方向和价值导向，充分体现党和国家的意志，体现鲜明的专业领域指向性，发挥教材的铸魂育人、关键支撑、固本培元、文化交流等功能和作用，充分体现社会主义核心价值观，加强爱国主义、集体主义、社会主义教育，引导学生坚定道路自信、理论自信、制度自信、文化自信，成为担当中华民族复兴大任的时代新人。

本教材主要内容包括：知识产权的价值；专利权、商标、商业秘密、著作权等知识产权的获取；专利文献、专利保护的运用和专利侵权的应对；专利战略设计和专利进攻、防御战略；商业秘密的特点和商业秘密的运用；知识产权的管理等。本教材可以帮助学生基于工程专业相关背景知识进行合理分析，评价复杂技术问题解决方案对社会和法律的影响，并理解应承担的责任；培养学生的人文社会科学素养和社会责任感。

本教材以知识产权的重大和典型案例为抓手，以相关的法律条文为落脚点，通过相关知识产权知识要点点评，介绍涉及知识产权法的主要内容。本教材选取的知识产权案例既有已审结的案件，又有真实事件，且很多都是热点事件，精彩纷呈，引人入胜，能让学生在记住案例的同时，学习了解相应法律条文；通过知识产权知识要点点评，用通俗易懂的语言，使工科类学生能够理解相关的法律知识；同时，也有知识产权法律困境与应对的最新研究成果供学生探究。

本教材既可以作为创业者学习和运用知识产权的参考书，也可以帮助科研及管理人员快速学习和理解知识产权知识。

本教材已列为北京理工大学"十四五"（2022年）规划教材，得到了北京理工大学的资助，在此表示衷心感谢！

本教材中的案例及点评内容均附有参考文献，以供读者深入学习。由于编者水平有限，书中难免存在疏漏不妥之处，恳请读者批评斧正。

编　者
2023年3月

目　录
CONTENTS

第1章

知识产权的价值

1.1 专利的价值

1.1.1 专利价值的案例

1.1.1.1 单台手机华为收费 2.5 美元

2021 年 3 月华为发布《创新和知识产权白皮书 2020》，重点介绍华为 2010 年之前在创新和知识产权方面的历史实践，通过历史数据和关键事件，展现华为从 20 世纪 90 年代创业早期开始的研发和创新历程。

华为首席法务官宋柳平在深圳总部召开的"知识产权：保护科技创新的前进引擎"论坛上表示："我们希望通过今天发布的 2020 版白皮书，展示华为 30 年来技术创新发展的历程，以及公司对知识产权一贯的尊重、保护和贡献。希望它能够更加透明地让大家看见华为是如何一步步走到今天的。"

该白皮书指出，持续的创新投入使华为成为全球最大的专利持有企业之一。截至 2020 年年底，华为全球共持有有效授权专利 4 万余族（超 10 万件），90% 以上专利为发明专利。

华为知识产权部部长丁建新表示："华为实际上从成立一开始就是一个非常重视创新的公司。今天列举的华为在 2000 年前后的专利申请数据记录了世纪之初，也就是 20 多年前的研发创新活动。与行业内的主要厂商相比，当时的专利申请数量就处于同一水平。华为今天的成功是长期自主创新研发投入的结果。"

华为早在 1995 年就开始申请第一件中国专利，1999 年申请第一件美国专利。2008 年，首次在世界知识产权组织 PCT（专利合作条约）专利申请排名第一。2019 年，华为在欧洲专利授权数量排名第二位，在美国排名第十位。华为同时也是累计获得中国授权专利最多的公司。

丁建新还透露，华为 2019—2021 年的知识产权收入在 12 亿~13 亿美元，并公布了华为对 5G 多模手机的收费标准：华为对遵循 5G 标准的单台手机专利许可费上限为 2.5 美元，并提供适用于手机售价的合理百分比费率。

他表示："华为作为 5G 标准的重要技术贡献者，遵循 FRAND（公平、合理、无歧视）原则，我们希望今天提供的信息可以为 5G 技术的实施者提供透明的成本预期，增加投资的确定性，并促进 5G 技术的普及。"

世界知识产权组织原总干事 Francis Gurry 评价："华为发布 5G 标准基本专利（SEP）费率，将推动业界广泛采用和使用旨在确保可操作性、可靠性和透明竞争的标准，同时为其研发投资提供公平的回报。"

长期持续以客户为中心的研发创新，是华为生存和发展的根本。华为经过30多年的发展，在产业领域的多个方向做到了技术和解决方案世界领先，这是华为多年以来坚持战略投入、厚积薄发的必然结果。

该白皮书还指出：过去30多年，华为聚焦信息及通信领域，为世界30多亿人带来了先进、便捷的网络连接。无论是在北极圈、珠穆朗玛峰、撒哈拉沙漠、南美热带雨林，还是在地震、海啸、疾病，甚至战争等极端情况，我们都全力保障客户网络安全稳定运行。我们致力把数字世界带给每个人、每个家庭、每个组织，构建万物互联的智能世界。为了实现这个理想，华为高度重视技术创新与研究，坚持将每年收入的10%以上投入研发中。2018年，华为研发费用达1 000多亿元，接近年度收入的15%，在《2018年欧盟工业研发投资排名》中位列全球第五。持续的投入转化为我们向客户持续提供创新产品、高效服务的能力。经过20年的持续研发投入，华为在4G时代成为ICT（信息与通信技术）行业的主要专利权人之一，并在5G时代进一步取得领先地位。我们坚信尊重和保护知识产权是创新的必由之路，通过知识产权许可或交叉许可活动，与全世界分享自有知识产权，积极促进创新成果产业化；我们将众多研究成果以论文形式公开发表，每年向国际标准组织、开源社区贡献大量技术提案、代码，以推动产业加速发展。截至2018年年底，累计获得授权专利87 805项，其中有11 152项是美国专利。

1.1.1.2 毕老师的专利卖了5.2亿元

中国青年网2019年5月27日发布题为《一个专利卖5.2亿元教授团队分了4个亿！背后原因让人振奋》的文章。一项专利卖了5.2亿元，研究团队分走4个亿，还一举打破了国外专利垄断。更令人吃惊的是，最初研究团队只有教授和他儿子两个人。这位教授就是毕玉遂，在山东理工大学工作。

2017年，山东理工大学创造了一项中国高校专利转让纪录。他们与补天新材料技术有限公司签订专利技术独占许可协议，价值5.2亿元，毕玉遂团队分得4个亿元。为啥能分4个亿？"这不是学校给了毕教授4个亿，而是毕教授帮学校挣了1个亿。"山东理工大学党委书记吕传毅说，学校对毕教授的奖励不是特殊照顾，我们作为山东省三所科研体制改革试点高校之一，政策允许成果转化收益的80%划归科研团队所有。不仅学校给力，还有一项政策让毕教授得到了实惠。按照工资、薪金所得纳税，4亿元专利转让费要交1.4亿多元的税。到了2018年，国家明确科技成果转化收入中给予科技人员的现金奖励，可减按50%依法缴纳个人所得税。"这一政策，让我少缴7 000多万元个人所得税。"毕玉遂说。为什么教授能分4个亿？这个卖了大价钱的专利名字叫《无氯氟聚氨酯新型化学发泡剂》。说起来简单，但是合成不含氯氟的聚氨酯化学发泡剂，在毕玉遂之前，对国际化学界来说，就是天方夜谭。发泡剂是生产聚氨酯泡沫材料的重要原料。聚氨酯泡沫材料在日常生活中随处可见，软质泡沫可应用于床垫、沙发等，硬质泡沫可应用于冰箱、建筑外墙隔热保温、板材、管道保温等行业。要生产这些产品必须用发泡剂，欧美国家已经研发出四代聚氨酯发泡剂，但都含有氯氟元素，并一直垄断着全球市场。毕玉遂认为，自己可以挑战化学发泡剂。让他没有想到的是，白手起家会如此难。"没有研究基础，写不了项目书，我没法申请科研经费，钱都得自己垫。"毕玉遂说，再加上的确没有任何现成基础理论，光是琢磨理论就花了5年。直到2008年，毕玉遂终于有了完整思路。他开始与儿子一起搞实验。2011年，他们终于合成了反应所需的聚氨酯化学发泡剂新物质。这个新物质不含氯氟，不会破坏臭氧层。中国人可能研究出了不含氯氟的化学发泡剂！2012 年年初，实验刚有进展，几个国际化学巨头企业闻风而至，要求参观、检测、合作。"我也很想知道这个化学发泡剂到底行不行。"毕玉遂答应了一家化学巨头，带着样品应约到华东理工大学检测。"测试时，我们的样品一滴都不敢外漏，生怕泄密。"毕玉遂回忆说。检测结果很理想，毕玉遂 10 多年的努力终于成功了。

1.1.2　涉及的专利法律条文

《中华人民共和国专利法》在 1984 年 3 月 12 日第六届全国人民代表大会常务委员会第四次会议上通过；根据 1992 年 9 月 4 日第七届全国人民代表大会常务委员会第二十七次会议《关于修改〈中华人民共和国专利法〉的决定》第一次修正；根据 2000 年 8 月 25 日第九届全国人民代表大会常务委员会第十七次会议《关于修改〈中华人民共和国专利法〉的决定》第二次修正；根据 2008 年 12 月 27 日第十一届全国人民代表大会常务委员会第六次会议《关于修改〈中华人民共和国专利法〉的决定》第三次修正；根据 2020 年 10 月 17 日第十三届全国人民代表大会常务委员会第二十二次会议《关于修改〈中华人民共和国专利法〉的决定》第四次修正。以下为《中华人民共和国专利法》节选：

第一条　为了保护专利权人的合法权益，鼓励发明创造，推动发明创造的应用，提高创新能力，促进科学技术进步和经济社会发展，制定本法。

第十条　专利申请权和专利权可以转让。

中国单位或者个人向外国人、外国企业或者外国其他组织转让专利申请权或者专利权的，应当依照有关法律、行政法规的规定办理手续。

转让专利申请权或者专利权的，当事人应当订立书面合同，并向国务院专利行政部门登记，由国务院专利行政部门予以公告。专利申请权或者专利权的转让自登记之日起生效。

第十一条　发明和实用新型专利权被授予后，除本法另有规定的以外，任何单位或者个人未经专利权人许可，都不得实施其专利，即不得为生产经营目的制造、使用、许诺销售、销售、进口其专利产品，或者使用其专利方法以及使用、许诺销售、销售、进口依照该专利方法直接获得的产品。

外观设计专利权被授予后，任何单位或者个人未经专利权人许可，都不得实施其专利，即不得为生产经营目的制造、许诺销售、销售、进口其外观设计专利产品。

第十二条　任何单位或者个人实施他人专利的，应当与专利权人订立实施许可合同，向专利权人支付专利使用费。被许可人无权允许合同规定以外的任何单位或者个人实施该专利。

第十三条　发明专利申请公布后，申请人可以要求实施其发明的单位或者个人支付适当的费用。

第十五条　被授予专利权的单位应当对职务发明创造的发明人或者设计人给予奖励；发明创造专利实施后，根据其推广应用的范围和取得的经济效益，对发明人或者设计人给予合理的报酬。

国家鼓励被授予专利权的单位实行产权激励，采取股权、期权、分红等方式，使发明人或者设计人合理分享创新收益。

第四十八条　国务院专利行政部门、地方人民政府管理专利工作的部门应当会同同级相关部门采取措施，加强专利公共服务，促进专利实施和运用。

第四十九条　国有企业事业单位的发明专利，对国家利益或者公共利益具有重大意义的，国务院有关主管部门和省、自治区、直辖市人民政府报经国务院批准，可以决定在批准的范围内推广应用，允许指定的单位实施，由实施单位按照国家规定向专利权人支付使用费。

第五十条　专利权人自愿以书面方式向国务院专利行政部门声明愿意许可任何单位或者个人实施其专利，并明确许可使用费支付方式、标准的，由国务院专利行政部门予以公告，实行开放许可。就实用新型、外观设计专利提出开放许可声明的，应当提供专利权评价报告。

专利权人撤回开放许可声明的，应当以书面方式提出，并由国务院专利行政部门予以公告。开放许可声明被公告撤回的，不影响在先给予的开放许可的效力。

第五十一条　任何单位或者个人有意愿实施开放许可的专利的，以书面方式通知专利权人，并依照公告的许可使用费支付方式、标准支付许可使用费后，即获得专利实施许可。

开放许可实施期间，对专利权人缴纳专利年费相应给予减免。

实行开放许可的专利权人可以与被许可人就许可使用费进行协商后给予普通许可，但不得就该专利给予独占或者排他许可。

1.1.3　知识产权要点点评

1.1.3.1　促进进步与社会发展

《中华人民共和国专利法》第一条规定："为了保护专利权人的合法权益，鼓励发明创造，推动发明创造的应用，提高创新能力，促进科学技术进步和经济社会发展，制定本法。"

2014年6月9日，习近平总书记在中国科学院第十七次院士大会、中国工程院第十二次院士大会上的讲话指出，今天，我们比历史上任何时期都更接近中华民族伟大复兴的目标，比历史上任何时期都更有信心、有能力实现这个目标。而要实现这个目标，我们就必须坚定不移贯彻科教兴国战略和创新驱动发展战略，坚定不移走科技强国之路。

科技是国家强盛之基，创新是民族进步之魂。自古以来，科学技术就以一种不可逆转、不可抗拒的力量推动着人类社会向前发展。16世纪以来，世界发生了多次科技革命，每一次都深刻影响了世界力量格局。从某种意义上说，科技实力决定着世界政治经济力量对比的变化，也决定着各国各民族的前途命运。

中华民族是富有创新精神的民族。我们的先人们早就提出："周虽旧邦，其命维新。""天行健，君子以自强不息。""苟日新，日日新，又日新。"可以说，创新精神是中华民族最鲜明的禀赋。在5 000多年文明发展进程中，中华民族创造了高度发达的文明，我们的先人们发明了造纸术、火药、印刷术、指南针，在天文、算学、医学、农学等多个领域创造了累累硕果，为世界贡献了无数科技创新成果，对世界文明进步影响深远、贡献巨大，也使我国长期居于世界强国之列。

当前，全党全国各族人民正在为全面建成小康社会、实现中华民族伟大复兴的中国梦而团结奋斗。我们比以往任何时候都更加需要强大的科技创新力量。党的十八大作出了实施创新驱动发展战略的重大部署，强调科技创新是提高社会生产力和综合国力的战略支撑，必须摆在国家发展全局的核心位置。这是党中央综合分析国内外大势、立足我国发展全局作出的重大战略抉择。

21 世纪以来，新一轮科技革命和产业变革正在孕育兴起，全球科技创新呈现新的发展态势和特征。学科交叉融合加速，新兴学科不断涌现，前沿领域不断延伸，物质结构、宇宙演化、生命起源、意识本质等基础科学领域正在或有望取得重大突破性进展。信息技术、生物技术、新材料技术、新能源技术广泛渗透，带动几乎所有领域发生了以绿色、智能、泛在为特征的群体性技术革命。传统意义上的基础研究、应用研究、技术开发和产业化的边界日趋模糊，科技创新链条更加灵巧，技术更新和成果转化更加快捷，产业更新换代不断加快。科技创新活动不断突破地域、组织、技术的界限，演化为创新体系的竞争，创新战略竞争在综合国力竞争中的地位日益重要。科技创新，就像撬动地球的杠杆，总能创造令人意想不到的奇迹。当代科技发展历程充分证明了这个过程。

面对科技创新发展新趋势，世界主要国家都在寻找科技创新的突破口，抢占未来经济科技发展的先机。我们不能在这场科技创新的大赛场上落伍，必须迎头赶上、奋起直追、力争超越。

实施创新驱动发展战略，最根本的是要增强自主创新能力，最紧迫的是要破除体制机制障碍，最大限度解放和激发科技作为第一生产力所蕴藏的巨大潜能。面向未来，增强自主创新能力，最重要的就是要坚定不移走中国特色自主创新道路，坚持自主创新、重点跨越、支撑发展、引领未来的方针，加快创新型国家建设步伐。

我国科技发展的方向就是创新、创新、再创新。要高度重视原始性专业基础理论突破，加强科学基础设施建设，保证基础性、系统性、前沿性技术研究和技术研发持续推进，强化自主创新成果的源头供给。要积极主动整合和利用好全球创新资源，从我国现实需求、发展需求出发，有选择、有重点地参加国际大科学装置和科研基地及其中心建设和利用。要准确把握重点领域科技发展的战略机遇，选准关系全局和长远发展的战略必争领域和优先方向，通过高效合理配置，深入推进协同创新和开放创新，构建高效强大的共性关键技术供给体系，努力实现关键技术重大突破，把关键技术掌握在自己手里。

实施创新驱动发展战略是一个系统工程。科技成果只有同国家需要、人民要求、市场需求相结合，完成从科学研究、实验开发到推广应用的三级跳，才能真正实现创新价值、实现创新驱动发展。

2021 年 9 月，中共中央、国务院印发了《知识产权强国建设纲要（2021—2035 年）》，并发出通知，要求各地区各部门结合实际认真贯彻落实。该纲要的主要内容如下：

为统筹推进知识产权强国建设，全面提升知识产权创造、运用、保护、管理和服务水平，充分发挥知识产权制度在社会主义现代化建设中的重要作用，制定本纲要。

1. 战略背景

党的十八大以来，在以习近平同志为核心的党中央坚强领导下，我国知识产权事业发展取得显著成效，知识产权法规制度体系逐步完善，核心专利、知名品牌、精品版权、优良植物新品种、优质地理标志、高水平集成电路布图设计等高价值知识产权拥有量大幅增加，商业秘密保护不断加强，遗传资源、传统知识和民间文艺的利用水平稳步提升，知识产权保护效果、运用效益和国际影响力显著提升，全社会知识产权意识大幅提高，涌现出一批知识产权竞争力较强的市场主体，走出了一条中国特色知识产权发展之路，有力保障创新型国家建设和全面建成小康社会目标的实现。

进入新发展阶段，推动高质量发展是保持经济持续健康发展的必然要求，创新是引领发展的第一动力，知识产权作为国家发展战略性资源和国际竞争力核心要素的作用更加凸显。实施知识产权强国战略，回应新技术、新经济、新形势对知识产权制度变革提出的挑战，加快推进知识产权改革发展，协调好政府与市场、国内与国际，以及知识产权数量与质量、需求与供给的联动关系，全面提升我国知识产权综合实力，大力激发全社会创新活力，建设中国特色、世界水平的知识产权强国，对于提升国家核心竞争力，扩大高水平对外开放，实现更高质量、更有效率、更加公平、更可持续、更为安全的发展，满足人民日益增长的美好生活需要，具有重要意义。

2. 总体要求

（1）指导思想。

坚持以习近平新时代中国特色社会主义思想为指导，全面贯彻党的十九大和十九届二中、三中、四中、五中全会精神，紧紧围绕统筹推进"五位一体"总体布局和协调推进"四个全面"战略布局，坚持稳中求进工作总基调，以推动高质量发展为主题，以深化供给侧结构性改革为主线，以改革创新为根本动力，以满足人民日益增长的美好生活需要为根本目的，立足新发展阶段，贯彻新发展理念，构建新发展格局，牢牢把握加强知识产权保护是完善产权保护制度最重要的内容和提高国家经济竞争力最大的激励，打通知识产权创造、运用、保护、管理和服务全链条，更大力度加强知识产权保护国际合作，建设制度完善、保护严格、运行高效、服务便捷、文化自觉、开放共赢的知识产权强国，为建设创新型国家和社会主义现代化强国提供坚实保障。

（2）工作原则。

——法治保障，严格保护。落实全面依法治国基本方略，严格依法保护知识产权，切实维护社会公平正义和权利人合法权益。

——改革驱动，质量引领。深化知识产权领域改革，构建更加完善的要素市场化配置体制机制，更好发挥知识产权制度激励创新的基本保障作用，为高质量发展提供源源不断的动力。

——聚焦重点，统筹协调。坚持战略引领、统筹规划，突出重点领域和重大需求，推动知识产权与经济、科技、文化、社会等各方面深度融合发展。

——科学治理，合作共赢。坚持人类命运共同体理念，以国际视野谋划和推动知识产权改革发展，推动构建开放包容、平衡普惠的知识产权国际规则，让创新创造更多惠及各国人民。

（3）发展目标。

到2025年，知识产权强国建设取得明显成效，知识产权保护更加严格，社会满意度达到并保持较高水平，知识产权市场价值进一步凸显，品牌竞争力大幅提升，专利密集型产业增加值占GDP比重达到13%，版权产业增加值占GDP比重达到7.5%，知识产权使用费年进出口总额达到3 500亿元，每万人口高价值发明专利拥有量达到12件（上述指标均为预期性指标）。

到2035年，我国知识产权综合竞争力跻身世界前列，知识产权制度系统完备，知识产权促进创新创业蓬勃发展，全社会知识产权文化自觉基本形成，全方位、多层次参与知识产权全球治理的国际合作格局基本形成，中国特色、世界水平的知识产权强国基本建成。

其中，与知识产权价值有关的内容包括以下部分：

……

（6）构建公正合理、评估科学的政策体系。坚持严格保护的政策导向，完善知识产权权益分配机制，健全以增加知识价值为导向的分配制度，促进知识产权价值实现。完善以强化保护为导向的专利商标审查政策。健全著作权登记制度、网络保护和交易规则。完善知识产权审查注册登记政策调整机制，建立审查动态管理机制。建立健全知识产权政策合法性和公平竞争审查制度。建立知识产权公共政策评估机制。

……

（11）完善以企业为主体、市场为导向的高质量创造机制。以质量和价值为标准，改革完善知识产权考核评价机制。引导市场主体发挥专利、商标、版权等多种类型知识产权组合效应，培育一批知识产权竞争力强的世界一流企业。深化实施中小企业知识产权战略推进工程。优化国家科技计划项目的知识产权管理。围绕生物育种前沿技术和重点领域，加快培育一批具有知识产权的优良植物新品种，提高授权品种质量。

……

（13）建立规范有序、充满活力的市场化运营机制。提高知识产权代理、法律、信息、咨询等服务水平，支持开展知识产权资产评估、交易、转化、托管、投融资等增值服务。实施知识产权运营体系建设工程，打造综合性知识产权运营服务枢纽平台，建设若干聚焦产业、带动区域的运营平台，培育国际化、市场化、专业化知识产权服务机构，开展知识产权服务业分级分类评价。完善无形资产评估制度，形成激励与监管相协调的管理机制。积极稳妥发展知识产权金融，健全知识产权质押信息平台，鼓励开展各类知识产权混合质押和保险，规范探索知识产权融资模式创新。健全版权交易和服务平台，加强作品资产评估、登记认证、质押融资等服务。开展国家版权创新发展建设试点工作。打造全国版权展会授权交易体系。

1.1.3.2　专利权与知识产权

吴伟仁主编的《国防科技工业知识产权案例点评》介绍，根据 1967 年 7 月 14 日在斯德哥尔摩签订的，1970 年 4 月 26 日生效的《建立世界知识产权组织公约》第二条第八款对"知识产权"的范围作了以下定义，如图 1-1 所示：

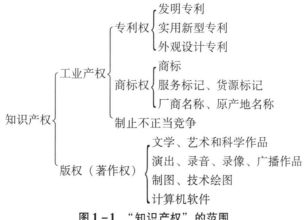

图 1-1　"知识产权"的范围

1994 年 4 月 15 日签署、1995 年 1 月 1 日生效的世界贸易组织《与贸易有关的知识产权协定》（简称《TRIPS 协定》）第一条对"知识产权"的范围作了以下定义：

（1）版权与有关权；

（2）商标；

（3）工业品外观设计；

（4）地理标志；

（5）专利；

（6）集成电路布图设计（拓扑图）；

（7）未披露的信息。

知识产权是指自然人或法人对自然人通过智力劳动所创造的智力成果，依法确认并享有的权利。

智力成果从实质意义上讲是人类利用已经掌握的知识和技能，通过创造性智力劳动取得的成果；或者说是人才与知识等资金智力资源有机结合，通过创造性的智力劳动所取得的直接产品。

一部智能手机中到底包含多少专利？从华为手机收费案例可以看到，截至 2020 年年底，华为全球共持有有效授权专利 4 万余族（超 10 万件），90% 以上专利为发明专利。华为 2019—2021 年的知识产权收入为 12 亿 ~13 亿美元，华为对 5G 多模手机的收费标准为：对遵循 5G 标准的单台手机专利许可费上限为 2.5 美元，并提供适用于手机售价的合理百分比费率。德国专利分析公司 IPlytics 的研究数据显示，截至 2020 年 1 月 1 日，全球 5G 标准专利申请数量为 21 571 件，其中华为以 3 147 件位居全球第一。三星、中兴通讯紧随其后。对手机收费不只华为一家公司，目前还没有权威的统计数据，应该有几万件甚至几十万件。一部 5G 手机要包括滑动解锁、显示屏、Wi－Fi、蓝牙、全球定位系统、近场通信、电池管理、音频、摄像头技术、视频编码技术、照片格式、应用处理器、预装软件、通信和互联网短信（SMS）、多媒体信息服务（MMS）、网络软件（UPnP）、USB、用户界面（如触摸缩放）等，每个领域都集成了众多专利，这还不包括 5G 技术涉及的专利。

2014 年，两位智能手机诉讼领域的律师联合英特尔高管共同出具过一份报告"The Smartphone Royalty Stack：Surveying Royalty Demands for the Components Within Modern Smartphones"。据他们的统计推算，一部售价 400 美元的智能手机，涉及的各种专利费要高达 120 美元，占售价的 30%，甚至超过了设备的零部件成本。

在一个专利卖了 5.2 亿元的案例中，从国家知识产权局网站检索毕玉遂团队涉及发泡剂的专利有两项：

（1）"含有碳酸二烷基酯和醇胺盐的聚氨酯复合发泡剂"，申请号：CN201910479927.0，申请日：2019 年 6 月 4 日，公开（公告）号：CN112029134A，公开（公告）日：2020 年 12 月 4 日，申请（专利权）人：毕戈华、毕玉遂，发明人：毕戈华、毕玉遂、韩珂。

（2）"含有碳酸二烷基酯的聚氨酯复合发泡剂"，申请号：CN201910479928.5，申请日：2019 年 6 月 4 日，公开（公告）号：CN112029140A，公开（公告）日：2020 年 12 月 4 日，申请（专利权）人：毕戈华、毕玉遂，发明人：毕戈华、毕玉遂、韩珂。

可见，该项技术签订技术转让在先，之后以发明人个人为申请人申报的专利，其目的就是对所发明的技术实施保护，如果在技术转让前申请专利，其技术内容必然要提前公布。截至 2022 年 3 月 21 日，该两项专利还没有授权。

1.1.3.3　知识产权的法律特征

西南政法大学张玉敏教授在《谈谈知识产权的法律特征》中论述了知识产权的法律特征。

研究一种权利的法律特征，是为了弄清楚该权利在主体、客体、内容等方面的特点，并把它和其他权利区别开来，使该权利能够成为一种独立于现有民事权利的新型权利，并指导人们的学习和司法实践。我国学界对知识产权的法律特征有不同的归纳。我们认为，以下特点可以作为知识产权的法律特征：

1. 知识产权的对象

它是人为的具有商业价值的信息。

2. 知识产权是对世权、支配权

对世权又称绝对权，是指权利的效力可以对抗一切人，即除权利人之外的任何人都负有不得侵害、干涉其权利的消极义务，而没有协助其实现权利的积极义务。在这一点上，知识产权与物权相同，与属于相对权的债权不同。支配权是权利人可以根据自己的意志，对权利的保护对象进行直接支配，并排除他人干涉的权利。权利人对作为其权利对象的信息可以用法律许可的任何一种方式进行商业性利用，也可以按自己的意志进行处分。他人未经许可不得进行商业性使用。在这方面，知识产权与物权没有什么区别，因此，知识产权被称为"准物权"。因此，物权法的一些基本原理和制度，可适用于知识产权。

3. 知识产权具有法定性

知识产权对一个国家的经济文化和科技发展具有重大影响，各国都根据自己的国情，从有利于本国经济和科技发展的角度出发设计自己的知识产权制度。知识产权产生和发展的历史充分证明了知识产权是法定权利，而不是自然权利。所谓法定性，是指知识产权的种类、内容、取得和变动方式等都必须依照法律的规定，当事人不得自由创设。法定性是由知识产权是对世权、支配权决定的，因为其效力可以对抗一切人，其内容必须法定，以便社会一般人有所遵循，避免侵权，同时，也便于交易。

4. 知识产权可分地域取得和行使

这一特点通常被表述为地域性。我们认为，表述为可分地域取得和行使更为准确。

分地域取得是指同一信息可依照法律规定的程序和条件，同时或先后在不同的国家（地区）分别取得相应的知识产权。由于信息具有可无限传播和可共享的特点，信息所有人从保护自身利益出发，自然希望能够在已经使用或可能使用其信息的所有地方，取得独占使用权。信息可以无限传播和可共享的特点，为信息在两个以上的国家（地区）取得保护提供了事实上的可能性；所有人垄断信息的使用以谋求商业利益最大化的要求使信息的域外保护成为必要；相关国际公约的建立使信息的域外保护有了法律上的可能性。因此，在今天的国际条件下，同一信息可以同时或先后在不同的国家（地区）取得知识产权，而且各国（地区）对知识产权的保护是相互独立的，所以，权利人可以在取得权利的不同地域范围内分别行使其权利。物质财产权由于其保护对象的唯一性，不可能分地域取得，当然也不能分地域行使。

可分地域取得和行使是知识产权区别于其他民事权利的最重要的特征之一。发达国家的大公司利用这一点，在凡有市场利益的国家和地区申请专利权、商标权和其他知识产权，实施知识产权圈地战略，把知识产权的作用发挥到了极致。而我国的企业则很少到外国申请知识产权，因此，即使在我国取得了知识产权，实际上也丢掉了在广大国际市场上的商业利益。

5. 可分别授予多人行使

知识产权的权利人不仅可以在不同的国家（地区）分别行使其权利，而且可以在同一国家（地区）内同时或先后将知识产权相同的或不同的权能分别授予多人行使。这包括两种情况：其一，不同的权能可以分别授予多人行使，例如，著作权人将一件作品的出版权授予某出版社，将改编权授予某作家，而将摄制电影的权利授予某电影制片厂；其二，相同的权能亦可授予多人行使，例如，专利权人通过普通许可使用合同将专利实施权授予两个以上的企业，著作权人将同一作品的公开表演权授予两个以上的表演团体，商标权人将商标使用权授予两个以上的企业等。所有权的权能虽然也可以与所有权分离，但是，所有权标的物的最终使用人只能是一人，以使用标的物为内容的权能只能授予一人行使，与知识产权相比，所有权权能与所有权分离的形式是很有限的。

权利的可分授性是知识产权区别于其他民事权利特别是物权的又一重要特征，这一特征使知识产权的权利人享有更多的选择自由，权利人可以通过多种方式行使自己的权利，谋求最大的经济效益。所谓知识产权的运用，就是要学会在同一个国家（地区）和不同的国家（地区）最大限度地利用自己的知识产权，去开拓和占领市场，获取尽可能大的经济利益。

吴伟仁主编的《国防科技工业知识产权案例点评》表述的知识产权的法律特征如下：

1. 无形性

知识产权是一种无形财产权，无形性是知识产权区别于有形财产权的主要特征。

无形性，又称非物质性，是指精神产品的存在不具有一定的形态，不占有一定的空间；人们对它的"占有"不是一种实在而具体的控制，而是表现为认识和利用。

某一物质产品，在一定时空条件下，所有人能有效地控制自己的有形财产，以排除他人的不法侵占。而一项精神产品则不同，使用精神产品不会像物质产品那样引起全部或部分损耗，也不局限在一定场合由一定的主体实际使用，而可以在无限的范围内由多数主体同时使用。

2. 独占性（或专有性）

知识产权是一种独占性权利。它具有排他性的特点，即这种权利为权利人所专有，并受法律保护，未经权利人同意，任何人不能享受或使用该项权利，权利人对这种权利可以自己行使，也可以转让他人行使，并从中收取报酬。

3. 地域性

地域性是指依一个国家或地区的法律产生的知识产权，只在该权利产生的领域内有效，在该地区或国家以外不具有效力。

4. 时间性

知识产权具有严格的时间性，受到时间的限制，这种权利仅在法律规定的期限内受到法律保护，一旦超过了这个有效期限，权利就会自动消灭，智力成果即成为整个社会的共同财富，为全人类所共同享有。

华为手机收费和一个专利卖了5.2亿元两个案例，都是通过专利这一知识产权实现的价值。专利作为一种无形财产权，具有上述四种法律特征。

1.1.3.4　无形资产的评估方法

根据吴伟仁主编的《国防科技工业知识产权案例点评》的表述，资产是个经济概念。在我国财务会计制度中，称资产是企业拥有或控制的，能以货币计量的经济资源，其含义是资金运用或资金来源的存在形态和分布。在资产评估中作为评估对象的资产，实际上是一种经济权利。这种经济权利能为拥有者带来经济利益，它既包括了具有实物形态或非实物形态的财产权，也包括一切获益权。资产有多种不同的分类方法：按其存在形态可分为有形资产和无形资产。有形资产包括房屋、机器设备和流动资金等；无形资产包括土地使用权、特许经营权和知识产权等。

无形资产同有形资产一样，具有价值和使用价值，在使用中能够给企业带来较丰厚的经济效益和产生较大的社会效益。

《企业财务通则》第二十条有这样的一段表述：无形资产是指企业长期使用但没有实物形态的资产，包括专利权、商标权、著作权、土地使用权、非专利技术、商誉等。

目前，无形资产的价值只在股份制企业、合资企业的企业会计资产负债表上体现，其他企业一般没有充分反映，只有在产权交易、产权转让时，经过资产评估确认后，才能体现。

资产评估是一项社会经济活动，是对资产在某一时点的价格进行评定估算。无形资产的评估方法有三种：成本法、市场法、收益法，但人们较多采用的是收益法进行知识产权类无形资产的评估。

1. 成本法

运用成本法评估无形资产的价值，是将研制、开发无形资产的投入资本，作为无形资产的价值进行估价。

2. 市场法

市场法，又称为市场价格比较法，是指在市场上找一个类似的资产，分析它的交易过程和售价，与评估对象进行比较，参照市场交易资产的价格，对评估资产进行估价。

3. 收益法

收益法，又称为收益现值法。收益法是评估无形资产的一种重要方法。

估算无形资产的价值，通常按以下步骤进行：计算无形资产所产生的收益，确定收益折现率或资本化率，确定无形资产的寿命年限，计算无形资产的价值。

成本法、市场法和收益法这三种无形资产评估方法是通常情况下所使用的方法，本节的华为手机收费和一个专利卖了5.2亿元两个案例中的专利费用是明确的，不可能采用上述三种方法中的一种进行评估，这个具体费用的取得是个复杂的过程，通常需要通过商务谈判才能确定。

《中华人民共和国专利法》第十二条规定："任何单位或者个人实施他人专利的，应当与专利权人订立实施许可合同，向专利权人支付专利使用费。被许可人无权允许合同规定以外的任何单位或者个人实施该专利。"

1.1.3.5　专利权的转让与许可

根据吴伟仁主编的《国防科技工业知识产权案例点评》的表述，专利权的许可方式主要采取专利许可贸易的形式，专利许可贸易是通过签订许可证合同，持有方（也称出让方）许可使用方（也称受让方）使用其专利技术，使用方向持有方支付一定数额的费用。通过专利技术的许可，持有方得到经济补偿，使用方取得专利技术，增加了技术优势和竞争能力，对双方都是有利的。

专利许可证在国际上有以下种类：一般许可证、独占许可证、独家许可证和交叉许可证等。

一般许可证是最常见的一种，是指出让方允许受让方在规定的地区内使用专利技术，同时自己保留使用该技术的权利及再向第三者转让该项技术的权利。受让方向出让方支付一定的使用费。

独占许可证是指受让方不仅有权在规定的地区使用该项专利技术，而且具有排他权，包括出让方在内的一切其他人均不可使用该项技术，受让方有权向第三方发放许可证。独占许可证的转让费高于一般许可证的转让费。

独家许可证，除了不能排斥出让方自己使用该项技术外，其余条件与独占许可证基本相同。独家许可证的转让费高于一般许可证的转让费，略低于独占许可证的转让费。

交叉许可证是技术贸易双方以价值相当的技术互惠交换的一种许可证。这种许可证多见于改进发明的专利权人与原发明的专利权人之间。改进发明的专利权人必须利用原发明，是在原发明基础上进行改进，原发明也需要使用改进发明的技术，这在专利技术上是许可的。

本节的华为手机收费和毕老师的专利卖了 5.2 亿元两个案例中涉及的许可问题，华为手机收费属于一般许可协议，单价一般比较低；而毕玉遂团队涉及发泡剂的专利许可是独占许可协议，单价就很高。

1.1.3.6　理解党的二十大报告与创新和知识产权

习近平总书记在党的二十大报告中指出：中国共产党第二十次全国代表大会，是在全党全国各族人民迈上全面建设社会主义现代化国家新征程、向第二个百年奋斗目标进军的关键时刻召开的一次十分重要的大会。大会全面总结了过去五年的工作和新时代十年的伟大变革，深入分析了国内国际形势，系统阐述了开辟马克思主义中国化时代化新境界、新时代新征程中国共产党的使命任务等重大理论和实践问题，科学谋划了未来五年乃至更长时期党和国家事业发展的目标任务和大政方针，选举产生了新一届中央领导集体，审议通过了《中国共产党章程（修正案）》，取得了一系列重大政治成果、理论成果、实践成果，对于我们党在新时代新征程上团结带领全国各族人民全面建设社会主义现代化国家、全面推进中华民族伟大复兴，具有重大的现实意义和深远的历史意义。

大会的主题是：高举中国特色社会主义伟大旗帜，全面贯彻新时代中国特色社会主义思想，弘扬伟大建党精神，自信自强、守正创新，踔厉奋发、勇毅前行，为全面建设社会主义现代化国家、全面推进中华民族伟大复兴而团结奋斗。大会的主题，是大会精神的集中体现，是大会报告的灵魂和主旨。

习近平总书记在党的二十大报告中提出：全党同志务必不忘初心、牢记使命，务必谦虚谨慎、艰苦奋斗，务必敢于斗争、善于斗争，坚定历史自信，增强历史主动，谱写新时代中国特色社会主义更加绚丽的华章。这"三个务必"，与毛泽东同志 70 多年前提出的"两个务必"既一脉相承又与时俱进。从"两个务必"到"三个务必"，体现了我们党一以贯之加强作风建设、弘扬光荣传统和优良作风的鲜明立场，体现了新时代坚持和发展中国特色社会主义对党员干部的新要求。

习近平总书记在党的二十大报告中指出：继续推进实践基础上的理论创新，首先要把握好新时代中国特色社会主义思想的世界观和方法论，坚持好、运用好贯穿其中的立场观点方法。对此，报告从 6 个方面做出概括和阐述，强调必须坚持人民至上、坚持自信自立、坚持守正创新、坚持问题导向、坚持系统观念、坚持胸怀天下。

第一，必须坚持人民至上。人民性是马克思主义的本质属性，党的理论是来自人民、为了人民、造福人民的理论，人民的创造性实践是理论创新的不竭源泉。一切脱离人民的理论都是苍白无力的，一切不为人民造福的理论都是没有生命力的。我们要站稳人民立场、把握人民愿望、尊重人民创造、集中人民智慧，形成为人民所喜爱、所认同、所拥有的理论，使之成为指导人民认识世界和改造世界的强大思想武器。

第二，必须坚持自信自立。中国人民和中华民族从近代以后的深重苦难走向伟大复兴的光明前景，从来就没有教科书，更没有现成答案。党的百年奋斗成功道路是党领导人民独立自主探索开辟出来的，马克思主义的中国篇章是中国共产党人依靠自身力量实践出来的，贯穿其中的一个基本点就是中国的问题必须从中国基本国情出发，由中国人自己来解答。我们要坚持对马克思主义的坚定信仰、对中国特色社会主义的坚定信念，坚定道路自信、理论自信、制度自信、文化自信，以更加积极的历史担当和创造精神为发展马克思主义作出新的贡献，既不能刻舟求剑、封闭僵化，也不能照抄照搬、食洋不化。

第三，必须坚持守正创新。我们从事的是前无古人的伟大事业，守正才能不迷失方向、不犯颠覆性错误，创新才能把握时代、引领时代。我们要以科学的态度对待科学、以真理的精神追求真理，坚持马克思主义基本原理不动摇，坚持党的全面领导不动摇，坚持中国特色社会主义不动摇，紧跟时代步伐，顺应实践发展，以满腔热忱对待一切新生事物，不断拓展认识的广度和深度，敢于说前人没有说过的新话，敢于干前人没有干过的事情，以新的理论指导新的实践。

第四，必须坚持问题导向。问题是时代的声音，回答并指导解决问题是理论的根本任务。今天我们所面临问题的复杂程度、解决问题的艰巨程度明显加大，给理论创新提出了全新要求。我们要增强问题意识，聚焦实践遇到的新问题、改革发展稳定存在的深层次问题、人民群众急难愁盼问题、国际变局中的重大问题、党的建设面临的突出问题，不断提出真正解决问题的新理念新思路新办法。

第五，必须坚持系统观念。万事万物是相互联系、相互依存的。只有用普遍联系的、全面系统的、发展变化的观点观察事物，才能把握事物发展规律。我国是一个发展中大国，仍处于社会主义初级阶段，正在经历广泛而深刻的社会变革，推进改革发展、调整利益关系往往牵一发而动全身。我们要善于通过历史看现实、透过现象看本质，把握好全局和局部、当前和长远、宏观和微观、主要矛盾和次要矛盾、特殊和一般的关系，不断提高战略思维、历史思维、辩证思维、系统思维、创新思维、法治思维、底线思维能力，为前瞻性思考、全局性谋划、整体性推进党和国家各项事业提供科学思想方法。

第六，必须坚持胸怀天下。中国共产党是为中国人民谋幸福、为中华民族谋复兴的党，也是为人类谋进步、为世界谋大同的党。我们要拓展世界眼光，深刻洞察人类发展进步潮流，积极回应各国人民普遍关切，为解决人类面临的共同问题作出贡献，以海纳百川的宽阔胸襟借鉴吸收人类一切优秀文明成果，推动建设更加美好的世界。

这"六个必须坚持"体现了习近平新时代中国特色社会主义思想的核心要求，是在实践中继续开辟马克思主义中国化时代化新境界必须遵循的世界观和方法论，必须坚持和运用好的立场观点方法。全党要增强政治自觉、思想自觉、行动自觉，坚持不懈用习近平新时代中国特色社会主义思想武装头脑、指导实践、推动工作，全面准确领会其丰富内涵、思想体系和实践要求，把这一思想贯彻落实到党和国家工作各方面全过程。

习近平总书记在党的二十大报告中指出：加强企业主导的产学研深度融合，强化目标导向，提高科技成果转化和产业化水平。强化企业科技创新主体地位，发挥科技型骨干企业引领支撑作用，营造有利于科技型中小微企业成长的良好环境，推动创新链产业链资金链人才链深度融合。这些重要论述，明确了强化企业科技创新主体地位的战略意义，深化了对创新发展规律的认识，完善了创新驱动发展战略体系布局，为新时代更好发挥企业创新主力军作用指明了方向，我们要深入学习、深刻领会、全面贯彻。

习近平总书记在党的二十大报告中"实施科教兴国战略，强化现代化建设人才支撑"部分提到的"创新"最多，并唯一提到"知识产权"。

教育、科技、人才是全面建设社会主义现代化国家的基础性、战略性支撑。必须坚持科技是第一生产力、人才是第一资源、创新是第一动力，深入实施科教兴国战略、人才强国战略、创新驱动发展战略，开辟发展新领域新赛道，不断塑造发展新动能新优势。

我们要坚持教育优先发展、科技自立自强、人才引领驱动，加快建设教育强国、科技强国、人才强国，坚持为党育人、为国育才，全面提高人才自主培养质量，着力造就拔尖创新人才，聚天下英才而用之。

（1）办好人民满意的教育。教育是国之大计、党之大计。培养什么人、怎样培养人、为谁培养人是教育的根本问题。育人的根本在于立德。全面贯彻党的教育方针，落实立德树人根本任务，培养德智体美劳全面发展的社会主义建设者和接班人。坚持以人民为中心发展教育，加快建设高质量教育体系，发展素质教育，促进教育公平。加快义务教育优质均衡发展和城乡一体化，优化区域教育资源配置，强化学前教育、特殊教育普惠发展，坚持高中阶段学校多样化发展，完善覆盖全学段学生资助体系。统筹职业教育、高等教育、继续教育协同创新，推进职普融通、产教融合、科教融汇，优化职业教育类型定位。加强基础学科、新兴学科、交叉学科建设，加快建设中国特色、世界一流的大学和优势学科。引导规范民办教育发展。加大国家通用语言文字推广力度。深化教育领域综合改革，加强教材建设和管理，完善学校管理和教育评价体系，健全学校家庭社会育人机制。加强师德师风建设，培养高素质教师队伍，弘扬尊师重教社会风尚。推进教育数字化，建设全民终身学习的学习型社会、学习型大国。

（2）完善科技创新体系。坚持创新在我国现代化建设全局中的核心地位。完善党中央对科技工作统一领导的体制，健全新型举国体制，强化国家战略科技力量，优化配置创新资源，优化国家科研机构、高水平研究型大学、科技领军企业定位和布局，形成国家实验室体系，统筹推进国际科技创新中心、区域科技创新中心建设，加强科技基础能力建设，强化科技战略咨询，提升国家创新体系整体效能。深化科技体制改革，深化科技评价改革，加大多元化科技投入，加强知识产权法治保障，形成支持全面创新的基础制度。培育创新文化，弘扬科学家精神，涵养优良学风，营造创新氛围。扩大国际科技交流合作，加强国际化科研环境建设，形成具有全球竞争力的开放创新生态。

（3）加快实施创新驱动发展战略。坚持面向世界科技前沿、面向经济主战场、面向国家重大需求、面向人民生命健康，加快实现高水平科技自立自强。以国家战略需求为导向，集聚力量进行原创性引领性科技攻关，坚决打赢关键核心技术攻坚战。加快实施一批具有战略性全局性前瞻性的国家重大科技项目，增强自主创新能力。加强基础研究，突出原创，鼓励自由探索。提升科技投入效能，深化财政科技经费分配使用机制改革，激发创新活力。加强企业主导的产学研深度融合，强化目标导向，提高科技成果转化和产业化水平。强化企业科技创新主体地位，发挥科技型骨干企业引领支撑作用，营造有利于科技型中小微企业成长的良好环境，推动创新链产业链资金链人才链深度融合。

（4）深入实施人才强国战略。培养造就大批德才兼备的高素质人才，是国家和民族长远发展大计。功以才成，业由才广。坚持党管人才原则，坚持尊重劳动、尊重知识、尊重人才、尊重创造，实施更加积极、更加开放、更加有效的人才政策，引导广大人才爱党报国、敬业奉献、服务人民。完善人才战略布局，坚持各方面人才一起抓，建设规模宏大、结构合理、素质优良的人才队伍。加快建设世界重要人才中心和创新高地，促进人才区域合理布局和协调发展，着力形成人才国际竞争的比较优势。加快建设国家战略人才力量，努力培养造就更多大师、战略科学家、一流科技领军人才和创新团队、青年科技人才、卓越工程师、大国工匠、高技能人才。加强人才国际交流，用好用活各类人才。深化人才发展体制机制改革，真心爱才、悉心育才、倾心引才、精心用才，求贤若渴，不拘一格，把各方面优秀人才集聚到党和人民事业中来。

1.1.3.7　理解到 2035 年我国发展的总体目标与提升科技创新

习近平总书记所作的党的二十大报告对全面建成社会主义现代化强国"分两步走"总的战略安排作出了精辟阐述，从 8 个方面明确了第一步到 2035 年我国发展的总体目标。

第一，经济实力、科技实力、综合国力大幅跃升，人均国内生产总值迈上新的大台阶，达到中等发达国家水平。实现人均国内生产总值达到中等发达国家水平，意味着我国将成功跨越中等收入阶段，并在高收入阶段继续向前迈进一大步。届时，我国经济实力、科技实力、综合国力将大幅跃升，社会生产力、国际竞争力、国际影响力将再迈上新的大台阶。

第二，实现高水平科技自立自强，进入创新型国家前列。坚持走中国特色自主创新道路，在创新型国家建设上取得长足发展，在关键共性技术、前沿引领技术、现代工程技术、颠覆性技术创新等方面取得重大突破，实现关键核心技术自主可控，进入创新型国家前列，把发展主导权牢牢掌握在自己手中。

第三，建成现代化经济体系，形成新发展格局，基本实现新型工业化、信息化、城镇化、农业现代化。推进"新四化"同步发展、建成现代化经济体系和形成新发展格局，既是我国实现社会主义现代化的基本路径，也是重要目标。届时，我国将迈向制造强国、质量强国、航天强国、交通强国、网络强国、数字中国，以城市群和都市圈为依托的大中小城市协调发展格局基本形成、以人为核心的新型城镇化基本实现，农业现代化短板加快补齐，乡村振兴取得决定性进展。

第四，基本实现国家治理体系和治理能力现代化，全过程人民民主制度更加健全，基本建成法治国家、法治政府、法治社会。支撑中国特色社会主义制度的根本制度、基本制度、重要制度等各方面制度将更加完善。人民当家作主制度体系更加健全，人民依法实行民主选举、民主协商、民主决策、民主管理、民主监督得到充分保证。依法治国、依法执政、依法行政共同推进，法治国家、法治政府、法治社会一体建设，形成科学立法、严格执法、公正司法、全民守法的良好格局。

第五，建成教育强国、科技强国、人才强国、文化强国、体育强国、健康中国，国家文化软实力显著增强。教育、科技、人才是全面建设社会主义现代化国家的基础性、战略性支撑，文化、体育、健康是人全面发展的应有之义。建成教育强国、科技强国、人才强国、文化强国、体育强国、健康中国，意味着我国将总体实现教育现代化、实现高水平科技自立自强，国民思想道德素养、科学文化素质明显提高，社会文明程度达到新高度，人民身体素养和健康水平、体育综合实力和国际影响力居于世界前列，国家文化软实力和中华文化影响力全面提升。

第六，人民生活更加幸福美好，居民人均可支配收入再上新台阶，中等收入群体比重明显提高，基本公共服务实现均等化，农村基本具备现代生活条件，社会保持长期稳定，人的全面发展、全体人民共同富裕取得更为明显的实质性进展。在幼有所育、学有所教、劳有所得、病有所医、老有所养、住有所居、弱有所扶上不断取得进步，居民人均可支配收入随着经济增长将再上新台阶，分配制度更加完善，基本公共服务实现均等化，中等收入群体显著扩大，农村基础设施和基本公共服务明显改善，改革发展成果更多更公平惠及全体人民，促进人的全面发展，朝着实现全体人民共同富裕迈出坚实步伐。

第七，广泛形成绿色生产生活方式，碳排放达峰后稳中有降，生态环境根本好转，美丽中国目标基本实现。我国生态文明制度体系将更加完善，绿色生产方式和生活方式蔚然成风，碳排放总量在达峰后稳中有降，空气质量和水环境质量根本改善，土壤环境安全得到有效保障，山水林田湖草沙生态功能稳定恢复，蓝天白云、绿水青山将成为常态。

第八，国家安全体系和能力全面加强，基本实现国防和军队现代化。平安中国建设达到更高水平，国家安全法治体系、战略体系、政策体系、人才体系和运行机制更加健全，粮食安全、能源安全、重要产业链供应链安全和公共安全能力全面提高。同国家现代化进程相一致，全面推进军事理论现代化、军队组织形态现代化、军事人员现代化、武器装备现代化，基本实现国防和军队现代化。

习近平总书记在党的二十大报告中指出，"提升国家创新体系整体效能"。这一重要论断，阐明了加快实现高水平科技自立自强、建设科技强国的关键着力点。对此，需要深刻理解、准确把握、全面落实。

第一，加强党对科技工作的全面领导。新时代10年，在长期努力的基础上，我国国家创新体系整体效能持续提升，国家创新体系建设处于历史上最好时期。在规模方面，研发经费、研发人员、基础设施等的规模已处于世界前列；在结构方面，国家实验室、国家科研机构、高水平研究型大学、科技领军企业等国家战略科技力量不断发展壮大，呈现多样性的结构特征；在能力方面，我国已成功进入创新型国家行列，全球创新指数排名从2012年的第34位上升到2022年的第11位。这些历史性成就和历史性变革，是在以习近平同志为核心的党中央坚强领导下取得的。实践证明，加强党对科技工作的全面领导，是我国科技事业发展的根本政治保证，是党的领导政治优势的充分体现。要以习近平新时代中国特色社会主义思想为指导，把党的领导落实到科技事业各领域各方面各环节，坚决拥护"两个确立"，增强"四个意识"、坚定"四个自信"、做到"两个维护"，在政治立场、政治方向、政治原则、政治道路上始终同以习近平同志为核心的党中央保持高度一致。加强党中央集中统一领导，完善党中央对科技工作统一领导的体制，建立权威的决策指挥体系。强化统筹谋划和总体布局，调动各方面积极性，加速聚集创新要素，优化配置创新资源，努力实现创新驱动系统能力整合，增强科技创新活动的组织力、战斗力。

第二，构建体系化全局性科技发展新格局。提升国家创新体系整体效能，要坚持系统观念，坚持科技创新和制度创新"双轮驱动"，形成国家科技创新体系化能力，构建新时代科技发展新格局。坚持面向世界科技前沿、面向经济主战场、面向国家重大需求、面向人民生命健康，加强顶层设计，补短板、建长板、强能力、成体系。健全新型举国体制，以国家战略需求为导向，集聚力量进行原创性、引领性科技攻关，着力解决影响制约国家发展全局和长远利益的重大科技问题，坚决打赢关键核心技术攻坚战。围绕国家急迫需要和长远需求，加快实施一批具有战略性全局性前瞻性的国家重大科技项目，增强自主创新能力。加强科技基础能力建设，在力量构建、资源配置、基础设施、科研平台、政策法规、技术标准、创新生态、科技人才等方面夯实基础。

第三，强化国家战略科技力量。以国家目标和战略需求为导向，加快组建一批国家实验室，重组现有国家重点实验室，形成国家实验室体系。优化国家科研机构、高水平研究型大学、科技领军企业定位和布局。建立国家战略科技力量履职尽责、优势互补的协作机制，增强体系化创新能力。统筹推进国际科技创新中心、区域科技创新中心建设，打造世界科学前沿领域和新兴产业技术创新、全球科技创新要素的汇聚地。强化企业科技创新主体地位，发挥科技型骨干企业引领支撑作用，加强企业主导的产学研深度融合，推动创新链、产业链、资金链、人才链深度融合，提高科技成果转化和产业化水平。强化科技战略咨询，发挥国家科技咨询委员会、国家科技高端智库和战略科学家决策支撑作用。

第四，深化科技体制改革。着力破解深层次体制机制障碍，着力营造良好政策环境，深化科技评价改革，加大多元化科技投入，加强知识产权法治保障，形成支持全面创新的基础制度。提升科技投入效能，深化财政科技经费分配使用机制改革，激发创新活力。营造有利于科技型中小微企业成长的良好环境。培育创新文化，弘扬科学家精神，涵养优良学风，营造创新氛围。

第五，扩大国际科技交流合作。积极主动融入全球创新体系，用好全球创新资源。实施更加开放包容、互惠共享的国际科技合作战略，以持续提升科技自主创新能力夯实国际合作基础，以更加开放的思维和举措推进国际科技交流合作。加强国际化科研环境建设，形成具有全球竞争力的开放创新生态。

习近平总书记在党的二十大报告中指出，"加快实现高水平科技自立自强"。这是以习近平同志为核心的党中央立足当前、着眼长远、把握大势，有效应对风险挑战，确保实现新时代新征程党的历史使命作出的重大战略抉择，充分彰显了坚定不移走中国特色自主创新道路的决心和信心，为新时代科技发展指明了方向。必须坚持科技是第一生产力、人才是第一资源、创新是第一动力，深刻认识高水平科技自立自强作为我国现代化建设基础性、战略性支撑的重大意义。

1.2　商标的价值

1.2.1　商标价值的案例

1.2.1.1　iPad 商标 6 000 万美元

"iPad 商标侵权案"是指美国苹果公司（以下简称"苹果公司"）和英国 IP 申请发展有限公司（以下简称"IP 公司"）起诉唯冠科技（深圳）有限公司（以下简称"唯冠深圳公

司"），不履行 iPad 转让商标义务。该案件经过三次开庭，最终判定苹果公司败诉。2012 年 2 月，唯冠深圳公司要求在上海地区禁售 iPad 的听证会结束，苹果提请驳回禁售令。2012 年 6 月，广东省高级人民法院通报，苹果公司支付 6 000 万美元一揽子解决 iPad 商标纠纷。

据百度百科介绍：2000 年，当时苹果公司并未推出 iPad 平板电脑，唯冠集团旗下的唯冠台北公司在多个国家与地区分别注册了 iPad 商标。2001 年，唯冠集团旗下的唯冠深圳公司又在中国大陆注册了 iPad 商标的两种类别。

2009 年 12 月 23 日，唯冠集团 CEO 和主席杨荣山授权麦世宏签署了相关协议，将 10 个商标的全部权益转让给 IP 公司，其中包括中国大陆的商标转让协议。协议签署之后，IP 公司向唯冠台北公司支付了 3.5 万英镑购买所有的 iPad 商标，然后 IP 公司以 10 万英镑的价格，将上述 10 个 iPad 商标所有权转让给了苹果公司。

2012 年 2 月 17 日，惠州市中级法院已经判当地苹果经销商构成侵权，禁止其销售苹果 iPad 相关产品。这是国内法院首次认定苹果商标侵权。

2012 年 2 月 22 日消息，iPad 商标侵权案上海听证会结束，唯冠深圳要求苹果贸易（上海）有限公司停止销售。苹果公司认为唯冠深圳公司 iPad 产品未进入市场，商标权不稳定，申请禁止本案审理。庭审持续了 4 个小时。

原告唯冠深圳公司方面的诉求包括：要求苹果停止销售带有 iPad 商标的产品，拆除店面的相关标识，销毁相关宣传品以及在媒体上刊文消除影响，赔偿诉讼费用 1 万元等。

被告苹果公司出示的一个证据是涉及关键的 iPad 商标中国大陆地区的转让协议呈批表，唯冠深圳公司的负责人杨荣山在这个表上批了"准"字。

目前举证质证的环节已经完成。被告苹果贸易（上海）有限公司提请法院驳回原告"禁售令"诉讼请求，并且终止本案的审理。

2012 年 7 月 2 日消息，据广东省高级人民法院官方透露，苹果公司与唯冠深圳公司就 iPad 商标案达成和解，苹果公司向唯冠深圳公司支付 6 000 万美元。2012 年 6 月 25 日，广东省高级人民法院向双方送达了民事调解书，该调解书正式生效。苹果公司于 2012 年 6 月 28 日向该案的一审法院广东省深圳市中级人民法院（以下简称"深圳中院"）申请强制执行上述民事调解书。深圳中院于 2012 年 7 月 2 日向国家工商总局商标局送达了将涉案 iPad 商标过户给苹果公司的裁定书和协助执行通知书。

这意味着，苹果公司与唯冠深圳公司 iPad 商标权属纠纷案圆满解决。

1.2.1.2 "小米"赔偿 3 000 万元

21 世纪经济报道 2022 年 2 月 13 日发布题为《小米起诉"小米"！判令赔偿 3 000 万元》的文章。根据广东省高级人民法院微信公众号消息，小米科技公司在近期一起商标侵权起诉中获赔 3 000 万元，成功维护了自己的知识产权。

该案名称为"小米科技公司诉深圳小米公司等侵害商标权及不正当竞争纠纷案"，由深圳中院审理判决。

小米科技公司 2010 年成立之后，深圳小米公司于 2012 年成立，其在天猫平台开设店铺，公开进行招商合作，并将他人生产的商品标注自己为制造商对外进行销售。比如，深圳小米公司在店铺中销售充电器、移动电源、风扇、按摩仪等 182 款商品，销售页面均标注"小米数码专营店"，其中 114 款商品的销售标题中标注"小米数码专营店""小米专营店""小米"。

小米科技公司主张深圳小米公司的上述行为构成商标侵权及不正当竞争，请求判令深圳小米公司赔偿其经济损失及合理维权费用 3 000 万元。

深圳中院生效判决认为，深圳小米公司在涉案 114 款被诉商品销售标题中标注"小米数码专营店""小米专营店""小米"的行为构成商标侵权，销售金额共计 1.35 亿元，以同行业企业的利润率 30.78% 为参考，同时根据涉案商标的知名度、深圳小米公司的使用方式、经营方式等，酌情认定涉案商标对被告获利的贡献率为 30%。

深圳中院认为，深圳小米公司明知涉案商标仍故意侵权，侵权行为时间长、范围广、规模大、侵权获利巨大，且同时实施多种侵权行为，属于情节严重，故综合上述因素确定适用 3 倍惩罚性赔偿，据此计算商标侵权赔偿数额为 3 740 余万元。在此基础上叠加不正当竞争赔偿部分的赔偿数额及合理维权费用后，已经超出本案诉讼主张，故判决全额支持小米科技公司 3 000 万元的诉请。

1.2.2　涉及的商标法律条文

《中华人民共和国商标法》在 1982 年 8 月 23 日第五届全国人民代表大会常务委员会第二十四次会议上通过；根据 1993 年 2 月 22 日第七届全国人民代表大会常务委员会第三十次会议《关于修改〈中华人民共和国商标法〉的决定》第一次修正；根据 2001 年 10 月 27 日第九届全国人民代表大会常务委员会第二十四次会议《关于修改〈中华人民共和国商标法〉的决定》第二次修正；根据 2013 年 8 月 30 日第十二届全国人民代表大会常务委员会第四次会议《关于修改〈中华人民共和国商标法〉的决定》第三次修正；根据 2019 年 4 月 23 日第十三届全国人民代表大会常务委员会第十次会议《关于修改〈中华人民共和国建筑法〉等八部法律的决定》第四次修正。以下为《中华人民共和国商标法》节选：

第一条　为了加强商标管理，保护商标专用权，促使生产、经营者保证商品和服务质量，维护商标信誉，以保障消费者和生产、经营者的利益，促进社会主义市场经济的发展，特制定本法。

第三条　经商标局核准注册的商标为注册商标，包括商品商标、服务商标和集体商标、证明商标；商标注册人享有商标专用权，受法律保护。

本法所称集体商标，是指以团体、协会或者其他组织名义注册，供该组织成员在商事活动中使用，以表明使用者在该组织中的成员资格的标志。

本法所称证明商标，是指由对某种商品或者服务具有监督能力的组织所控制，而由该组织以外的单位或者个人使用于其商品或者服务，用以证明该商品或者服务的原产地、原料、制造方法、质量或者其他特定品质的标志。

集体商标、证明商标注册和管理的特殊事项，由国务院工商行政管理部门规定。

第四条　自然人、法人或者其他组织在生产经营活动中，对其商品或者服务需要取得商标专用权的，应当向商标局申请商标注册。不以使用为目的的恶意商标注册申请，应当予以驳回。

本法有关商品商标的规定，适用于服务商标。

第五条　两个以上的自然人、法人或者其他组织可以共同向商标局申请注册同一商标，共同享有和行使该商标专用权。

第四十二条　转让注册商标的，转让人和受让人应当签订转让协议，并共同向商标局提出申请。受让人应当保证使用该注册商标的商品质量。

转让注册商标的，商标注册人对其在同一种商品上注册的近似的商标，或者在类似商品上注册的相同或者近似的商标，应当一并转让。

对容易导致混淆或者有其他不良影响的转让，商标局不予核准，书面通知申请人并说明理由。

转让注册商标经核准后，予以公告。受让人自公告之日起享有商标专用权。

第四十三条　商标注册人可以通过签订商标使用许可合同，许可他人使用其注册商标。许可人应当监督被许可人使用其注册商标的商品质量。被许可人应当保证使用该注册商标的商品质量。

经许可使用他人注册商标的，必须在使用该注册商标的商品上标明被许可人的名称和商品产地。

许可他人使用其注册商标的，许可人应当将其商标使用许可报商标局备案，由商标局公告。商标使用许可未经备案不得对抗善意第三人。

第六十三条　侵犯商标专用权的赔偿数额，按照权利人因被侵权所受到的实际损失确定；实际损失难以确定的，可以按照侵权人因侵权所获得的利益确定；权利人的损失或者侵权人获得的利益难以确定的，参照该商标许可使用费的倍数合理确定。对恶意侵犯商标专用权，情节严重的，可以在按照上述方法确定数额的一倍以上五倍以下确定赔偿数额。赔偿数额应当包括权利人为制止侵权行为所支付的合理开支。

人民法院为确定赔偿数额，在权利人已经尽力举证，而与侵权行为相关的账簿、资料主要由侵权人掌握的情况下，可以责令侵权人提供与侵权行为相关的账簿、资料；侵权人不提供或者提供虚假的账簿、资料的，人民法院可以参考权利人的主张和提供的证据判定赔偿数额。

权利人因被侵权所受到的实际损失、侵权人因侵权所获得的利益、注册商标许可使用费难以确定的，由人民法院根据侵权行为的情节判决给予五百万元以下的赔偿。

人民法院审理商标纠纷案件，应权利人请求，对属于假冒注册商标的商品，除特殊情况外，责令销毁；对主要用于制造假冒注册商标的商品的材料、工具，责令销毁，且不予补偿；或者在特殊情况下，责令禁止前述材料、工具进入商业渠道，且不予补偿。

假冒注册商标的商品不得在仅去除假冒注册商标后进入商业渠道。

第六十四条　注册商标专用权人请求赔偿，被控侵权人以注册商标专用权人未使用注册商标提出抗辩的，人民法院可以要求注册商标专用权人提供此前三年内实际使用该注册商标的证据。注册商标专用权人不能证明此前三年内实际使用过该注册商标，也不能证明因侵权行为受到其他损失的，被控侵权人不承担赔偿责任。

销售不知道是侵犯注册商标专用权的商品，能证明该商品是自己合法取得并说明提供者的，不承担赔偿责任。

第六十五条　商标注册人或者利害关系人有证据证明他人正在实施或者即将实施侵犯其注册商标专用权的行为，如不及时制止将会使其合法权益受到难以弥补的损害的，可以依法在起诉前向人民法院申请采取责令停止有关行为和财产保全的措施。

第六十七条　未经商标注册人许可，在同一种商品上使用与其注册商标相同的商标，构成犯罪的，除赔偿被侵权人的损失外，依法追究刑事责任。

伪造、擅自制造他人注册商标标识或者销售伪造、擅自制造的注册商标标识，构成犯罪的，除赔偿被侵权人的损失外，依法追究刑事责任。

销售明知是假冒注册商标的商品，构成犯罪的，除赔偿被侵权人的损失外，依法追究刑事责任。

1.2.3　知识产权要点点评

1.2.3.1　商标权及转让

《中华人民共和国商标法》第四条规定："自然人、法人或者其他组织在生产经营活动中，对其商品或者服务需要取得商标专用权的，应当向商标局申请商标注册。不以使用为目的的恶意商标注册申请，应当予以驳回。"唯冠深圳公司于 2000 年在中国大陆注册了 iPad 两种类型的商标，唯冠台北公司也在多个国家和地区注册了 iPad 商标。苹果公司于 2006 年开始策划推出 iPad 时发现，iPad 商标权归唯冠公司所有。苹果公司设立了一个全资子公司——IP 公司，2009 年 12 月 23 日，唯冠集团法务部处长与 IP 公司在中国台湾签订商标转让协议，将 10 个商标的全部权益转让给 IP 公司，IP 公司为此向唯冠台北公司支付了 3.5 万英镑，但是唯冠台北公司和唯冠深圳公司都有自己的 iPad 商标。之后 IP 公司以 10 万英镑的价格，将从唯冠台北公司购买的 10 个 iPad 商标所有权转让给苹果公司。2010 年 1 月 27 日，苹果公司在新闻发布会上向市场介绍了他们的新产品 iPad 平板电脑。2010 年 2 月，苹果公司到中国商标局办理商标转让手续，结果却发现中国大陆的两个商标办不了手续，因为这两个商标属于唯冠深圳公司。

根据《中华人民共和国商标法》第四十二条的规定："转让注册商标的，转让人和受让人应当签订转让协议，并共同向商标局提出申请……转让注册商标经核准后，予以公告。受让人自公告之日起享有商标专用权。"IP 公司购买的 iPad 商标是唯冠台北公司的，不包括唯冠深圳公司的 iPad 商标，因此办不了转让注册商标。

1.2.3.2　商标的价值与赔偿

根据百度百科分享，据广东省高级人民法院（以下简称"广东高院"）透露，在 2012 年 2 月 29 日公开审理 iPad 商标案后，承办案件的合议庭认为，为使纠纷双方利益最大化，调解是最佳选择。唯冠深圳公司债权人已达数百人，其最大的财产估值主要集中在 iPad 商标的价值上，诉讼前，涉案商标已被数个银行申请轮候查封，一旦该商标价值发生贬损，将会导致债权人更大的损失。应用无形资产评估的市场法、收益法和成本法已经不足以确定 iPad 商标的价值。广东高院称，高院最大限度地满足了双方当事人的合理诉求。业内人士称，该案的成功调解实现了 iPad 商标的价值最大化，极大地保护了债权人的权益，开创了涉外商标权权属纠纷解决的新路径。

在"小米"赔偿 3 000 万元案例中，侵害商标权及不正当竞争纠纷积极适用书证提出命令和依职权调查取证，有效解决了赔偿基数的事实认定难题，并据此对该案适用 3 倍惩罚性赔偿，判令被告赔偿 3 000 万元。作为全国首例在惩罚性赔偿中适用书证提出命令的案件，深圳中院在有效解决赔偿基数证明难题的同时，充分肯定了被告自身对获利的贡献，合理酌定贡献率和惩罚倍数，有效规避了因惩罚倍数放大效应导致的错伤风险，从而使原被告双方在一审宣判后均服判息诉，对如何精细化适用惩罚性赔偿作出了良好示范。

1.3　商业秘密的价值

1.3.1　商业秘密价值的案例

1.3.1.1　价值 7.49 亿元的商业秘密

2019 年 3 月 4 日，鲁西化工发布公告（证券代码：000830，证券简称：鲁西化工，公告编号：2019 - 005）指出，近日鲁西化工收到聊城市中级人民法院送达的戴维、陶氏申请承认和执行外国仲裁裁决一案的《应诉通知书》［案号：（2019）鲁 15 协外认 1 号］。申请人戴维、陶氏认为：鲁西化工违反《低压羰基合成技术不使用和保密协议》（以下简称《保密协议》），使用了商业洽谈中知悉的信息，提出了包括经济赔偿在内的仲裁申请。斯德哥尔摩商会仲裁机构于 2017 年 11 月作出仲裁裁决，主要裁决结果为：仲裁庭宣布，鲁西化工使用了受保护信息设计、建设、运营其丁辛醇工厂，因此违反了并正继续违反《保密协议》。鲁西化工应当赔偿各项费用合计约 7.49 亿元。

2010 年鲁西化工为评估申请方低压羰基合成技术，曾与申请方进行接触，并应申请方要求与申请方签署《保密协议》一份。此后，鲁西化工与申请方进行了商业洽谈。经最终评估，鲁西化工采购了申请方竞争对手的技术，未与申请方达成合作。现申请方认为鲁西化工违反《保密协议》，使用了商业洽谈中知悉的信息，提出了包括经济赔偿在内的仲裁申请。

鲁西化工对本次仲裁的说明：

（1）鲁西化工认为，在与申请方进行商业洽谈期间，申请方向鲁西化工展示的仅为一般商业或技术推介信息，不包含在保密信息内。申请方在申请书中也未能明确指出或证明其所认定的保密信息向鲁西化工进行过展示。

（2）虽然申请方宣称在申请中披露了大量的文件是保密的，但是这些文件大部分或者全部是公众广泛知晓并可以获得的信息。因此，根据《保密协议》的条款或法律规定，该等信息也不是保密信息。

（3）申请方在申请书中未能明确指出或证明，其所宣称的保密信息已被鲁西化工使用。

（4）鲁西化工选择采用了申请方竞争对手的技术，鲁西化工使用的技术有合法的来源，与申请方无关。

1.3.1.2　价值 1.59 亿元的技术秘密

最高人民法院知识产权法庭 2021 年 2 月 27 日宣判了嘉兴市中华化工有限责任公司（以下简称"嘉兴中华化工公司"）等与王龙集团有限公司（以下简称"王龙集团公司"）等侵害技术秘密纠纷上诉案，被诉侵权人王龙集团公司等盗用香料"香兰素"技术秘密，被判赔偿技术秘密权利人 1.59 亿元。这也是人民法院史上判决赔偿额最高的侵害商业秘密案件。

2021 年 2 月 26 日上午，最高人民法院知识产权法庭公开宣判了嘉兴中华化工公司等与王龙集团公司等侵害技术秘密纠纷上诉案。该案的涉案产品为香兰素，公开资料显示，香兰素具有香荚兰豆香气及浓郁的奶香，起增香和定香作用，广泛用于化妆品、烟草、糕点、糖果以及烘烤食品等行业，是全球产量最大的合成香料品种之一。

资料显示，嘉兴中华化工公司始建于 1976 年，属国家中型企业，为全国化工企业 500强之一和中国香兰素生产基地。其主导产品"久珠"牌香兰素 2005 年被授予浙江省名牌产品和浙江省著名商标，并被评为"浙江省 2005—2006 年度重点培育和扶持的出口名牌"。2011 年 3 月 18 日，嘉兴中华化工公司"香兰素生产绿色工艺"被中国轻工业联合会授予科学技术进步一等奖。

嘉兴中华化工公司研发出生产香兰素的新工艺，并作为技术秘密加以保护。该工艺实施安全，易于操作，效果良好，相较于传统工艺而言优越性显著，基于这一工艺，嘉兴中华化工公司一跃成为全球最大的香兰素制造商（本案侵权行为发生前），占据全球香兰素市场约60% 的份额。

中国裁判文书网的民事裁定书显示，2010 年，嘉兴中华化工公司前员工——傅祥根从王龙集团公司获得报酬后，将香兰素技术秘密披露给王龙集团公司监事、宁波王龙科技股份有限公司（以下简称"王龙科技公司"）董事长王国军，并进入王龙科技公司的香兰素车间工作。

自 2011 年 6 月起，王龙科技公司开始生产香兰素，并在短时间内成为全球第三大香兰素制造商。从开始生产香兰素至今，王龙集团公司等侵害涉案技术秘密生产的香兰素产品销售地域遍及全球主要市场，并对标嘉兴中华化工公司争夺客户和市场。

一审判定侵权后，仍未停止生产香兰素。由于王龙集团公司、王龙科技公司等系非法获取涉案技术秘密，没有实质性的研发成本投入，故能以较低价格销售香兰素产品，对嘉兴中华化工公司的原有国际和国内市场形成了较大冲击。2015 年，喜孚狮王龙香料（宁波）有限公司（以下简称"喜孚狮王龙公司"）成立，持续使用王龙科技公司作为股权出资的香兰素生产设备生产香兰素。

2018 年，嘉兴中华化工公司、上海欣晨公司向浙江省高级人民法院起诉，两公司认为王龙集团公司、王龙科技公司、喜孚狮王龙公司、傅祥根、王国军侵害了其享有的香兰素技术秘密，请求法院判令上述被告停止侵权并赔偿 5.02 亿元。

一审法院认定王龙集团公司、王龙科技公司、喜孚狮王龙公司、傅祥根构成侵犯涉案部分技术秘密，判令其停止侵权、赔偿经济损失 300 万元及合理维权费用 50 万元。同时，一审法院在诉中裁定王龙科技公司、喜孚狮王龙公司停止使用涉案技术秘密生产香兰素，但王龙科技公司、喜孚狮王龙公司实际并未停止其使用行为。

除王国军外，本案各方当事人均不服一审判决，向最高人民法院提出上诉。二审中，嘉兴中华化工公司、上海欣晨公司将其赔偿请求降至 1.77 亿元（含合理开支）。

最高人民法院知识产权法庭二审认定，王龙集团公司、王龙科技公司、喜孚狮王龙公司、傅祥根、王国军侵犯涉案全部技术秘密。根据权利人提供的经济损失相关数据，综合考虑侵权行为情节严重、涉案技术秘密商业价值极大、王龙科技公司等侵权人拒不执行生效行为保全裁定等因素，判决撤销一审判决，改判上述各侵权人连带赔偿技术秘密权利人 1.59亿元（含合理维权费用 349 万元）。

1.3.2　涉及的商业秘密法律条文

《中华人民共和国反不正当竞争法》在 1993 年 9 月 2 日第八届全国人民代表大会常务委员会第三次会议上通过；2017 年 11 月 4 日第十二届全国人民代表大会常务委员会第三十次会议修订；根据 2019 年 4 月 23 日第十三届全国人民代表大会常务委员会第十次会议《关于修改〈中华人民共和国建筑法〉等八部法律的决定》修正。以下为《中华人民共和国反不正当竞争法》节选：

第一条　为了促进社会主义市场经济健康发展，鼓励和保护公平竞争，制止不正当竞争行为，保护经营者和消费者的合法权益，制定本法。

第二条　经营者在生产经营活动中，应当遵循自愿、平等、公平、诚信的原则，遵守法律和商业道德。

本法所称的不正当竞争行为，是指经营者在生产经营活动中，违反本法规定，扰乱市场竞争秩序，损害其他经营者或者消费者的合法权益的行为。

本法所称的经营者，是指从事商品生产、经营或者提供服务（以下所称商品包括服务）的自然人、法人和非法人组织。

第九条　经营者不得实施下列侵犯商业秘密的行为：

（1）以盗窃、贿赂、欺诈、胁迫、电子侵入或者其他不正当手段获取权利人的商业秘密；

（2）披露、使用或者允许他人使用以前项手段获取的权利人的商业秘密；

（3）违反保密义务或者违反权利人有关保守商业秘密的要求，披露、使用或者允许他人使用其所掌握的商业秘密；

（4）教唆、引诱、帮助他人违反保密义务或者违反权利人有关保守商业秘密的要求，获取、披露、使用或者允许他人使用权利人的商业秘密。

经营者以外的其他自然人、法人和非法人组织实施前款所列违法行为的，视为侵犯商业秘密。

第三人明知或者应知商业秘密权利人的员工、前员工或者其他单位、个人实施本条第一款所列违法行为，仍获取、披露、使用或者允许他人使用该商业秘密的，视为侵犯商业秘密。

本法所称的商业秘密，是指不为公众所知悉、具有商业价值并经权利人采取相应保密措施的技术信息、经营信息等商业信息。

第十七条　经营者违反本法规定，给他人造成损害的，应当依法承担民事责任。经营者的合法权益受到不正当竞争行为损害的，可以向人民法院提起诉讼。

因不正当竞争行为受到损害的经营者的赔偿数额，按照其因被侵权所受到的实际损失确定；实际损失难以计算的，按照侵权人因侵权所获得的利益确定。经营者恶意实施侵犯商业秘密行为，情节严重的，可以在按照上述方法确定数额的一倍以上五倍以下确定赔偿数额。赔偿数额还应当包括经营者为制止侵权行为所支付的合理开支。

经营者违反本法第六条、第九条规定，权利人因被侵权所受到的实际损失、侵权人因侵权所获得的利益难以确定的，由人民法院根据侵权行为的情节判决给予权利人五百万元以下的赔偿。

第二十一条　经营者以及其他自然人、法人和非法人组织违反本法第九条规定侵犯商业秘密的，由监督检查部门责令停止违法行为，没收违法所得，处十万元以上一百万元以下的罚款；情节严重的，处五十万元以上五百万元以下的罚款。

第二十七条　经营者违反本法规定，应当承担民事责任、行政责任和刑事责任，其财产不足以支付的，优先用于承担民事责任。

第三十一条　违反本法规定，构成犯罪的，依法追究刑事责任。

1.3.3　知识产权要点点评

1.3.3.1　商业秘密的认定

《中华人民共和国反不正当竞争法》第九条规定："本法所称的商业秘密，是指不为公众所知悉、具有商业价值并经权利人采取相应保密措施的技术信息、经营信息等商业信息。"

在鲁西化工 7.49 亿元的商业秘密案中，鲁西化工认为，"仲裁过程中，仲裁程序存在严重瑕疵，仲裁员存在严重的偏见，仲裁结果明显不公正"，未主动履行裁决。之后，戴维、陶氏向鲁西化工所在地的聊城市中级人民法院申请了承认外国仲裁裁决，聊城市中级人民法院于 2019 年 7 月 2 日举行了听证，鲁西化工没有披露听证细节。

可以肯定的是，鲁西化工签署的《保密协议》绝对是本案的关键。虽然无从知晓《保密协议》的具体条款是如何约定的，但肯定是因为其中有对鲁西化工严重不利的条款，才导致鲁西化工被裁决承担如此巨额的违约赔偿责任。

香兰素是全球广泛使用的香料，香兰素案原告嘉兴中华化工公司与上海欣晨公司共同研发出生产香兰素的新工艺，并作为技术秘密加以保护。

2010 年，嘉兴中华化工公司前员工、被告傅祥根从被告王龙集团公司获得报酬 40 万元后，将香兰素技术秘密披露给王龙集团公司（本案被告）监事、王龙科技公司法定代表人、本案被告之一王国军，并进入被告王龙科技公司的香兰素车间工作。

从 2011 年 6 月起，王龙科技公司开始生产香兰素，并很快占据 10% 左右的全球香兰素市场份额，原告公司市场份额则从 60% 滑落到 50%。

本案中，2002 年 11 月 22 日嘉兴中华化工公司和上海欣晨公司签订合同共同研发生产香兰素的新工艺。自 2003 年起，嘉兴中华化工公司先后制定了文件控制程序规定、设备/设施管理程序、档案与信息化管理安全保密制度对涉案商业秘密予以保护。

可见，生产香兰素的新工艺是不为公众所知悉、具有商业价值并经权利人采取相应保密措施的技术信息，属于《中华人民共和国反不正当竞争法》第九条规定的商业秘密。

1.3.3.2　商业秘密的价值

"香兰素"商业秘密案系我国法院生效判决赔偿额最高的侵害商业秘密案件。最高人民法院知识产权法庭通过该案判决，依法保护了重要产业核心技术，切实加大了对恶意侵权的打击力度，明确了以侵权为业公司的法定代表人的连带责任，依法将涉嫌犯罪线索移送公安机关，推进了民事侵权救济与刑事犯罪惩处的衔接，彰显了人民法院严格依法保护知识产权、严厉打击恶意侵权行为的鲜明司法态度，是强化商业秘密司法保护的典范之作，对司法实践具有很强的指导意义。

商业秘密是重要的知识产权，是企业最核心和最具竞争力的无形财富，更是企业创新、市场竞争的战略性资源，越来越受到关注。有统计显示，科技公司约 60% 的创新成果最初都是以技术秘密方式存在的。而侵犯商业秘密的手段多样，成本很低，加上我国很多企业商业秘密保护意识偏低，商业秘密侵权纠纷不断，成为困扰和制约中小企业做大做强的重要问题。商业秘密保护中的民刑交叉、民刑衔接问题，反不正当竞争和知识产权保护的交叉问题，都是长期困扰司法实践的难题。目前，民法典、反不正当竞争法、刑法等对商业秘密保护已作出有关规定。国家市场监管总局正在研究制定《商业秘密保护规定》，通过"界定 +

列举"的方式，明晰商业秘密的内涵和外延，细化侵犯商业秘密的行为构成。

自 2011 年 6 月起，王龙科技公司等三被告公司开始生产香兰素，并很快占据 10% 左右的全球香兰素市场份额，原告公司市场份额则从 60% 滑落到 50%，原告公司损失巨大。法律对赔偿数额计算的规定为按照其因被侵权所受到的实际损失确定；实际损失难以计算的，按照侵权人因侵权所获得的利益确定；二者均无法确定的，由人民法院以法定赔偿方式计算赔偿数额。而在实务中，实际损失额、损失和侵权行为的关系界定上存在相当的难度，因侵权所获利益的数据掌握在侵权人手中，原告很难知悉，作为被告的侵权人一般不会主动提供，根据谁主张谁举证的原则，原告需要承担举证不能的不利后果，人民法院直接以法定赔偿方式计算赔偿数额。

2018 年，原告向浙江省高级人民法院起诉，认为王龙科技公司等三被告公司、傅祥根、王国军侵害其享有的香兰素技术秘密，请求法院判令上述被告停止侵权并赔偿 5.02 亿元。一审法院认定王龙科技公司等三被告公司、傅祥根构成侵犯涉案部分技术秘密，判令其停止侵权、赔偿经济损失 300 万元及合理维权费用 50 万元。同时，一审法院在诉中裁定被告公司停止使用涉案技术秘密生产香兰素，但被告公司实际并未停止其使用行为。

除王国军外，本案各方当事人均不服一审判决，向最高人民法院提出上诉。二审中，二原告公司将其赔偿请求降至 1.77 亿元（含合理开支）。最高人民法院知识产权法庭二审认定，王龙科技公司等三被告公司、傅祥根、王国军侵犯涉案全部技术秘密。判决撤销一审判决，改判上述各侵权人连带赔偿技术秘密权利人 1.59 亿元（含合理维权费用 349 万元）。

关于赔偿数额：

1. 原告主张的三种赔偿额计算方式

（1）按营业利润计算。公证机构随机抽取原告嘉兴中华化工公司 2011—2017 年销售数据确定年平均销售单价，乘以被告公司生产销售香兰素产品数量，确定营业额，该营业额乘以嘉兴中华化工公司同期营业利润率，得出三被告公司利用涉案技术秘密获利 116 804 409 元。

（2）按销售利润计算。根据二原告公司（嘉兴中华化工公司与上海欣晨公司）的销售价格、销售利润率，乘以被告公司生产销售香兰素产品数量，得出三被告公司利用涉案技术秘密获利 155 829 455.20 元。

（3）按价格侵蚀计算。根据原告提供的证据计算方法，对嘉兴中华化工公司香兰素产品的价格侵蚀导致的损害达 790 814 699 元。

2. 一审法院赔偿额认定

一审法院以原告提交的证据不足以证明其因侵权行为受到的实际损失为由，以法定赔偿方式来计算本案赔偿数额。

3. 二审法院赔偿额认定

二审法院认为原告主张的第一种和第二种计算方式均有一定的合理性，第三种计算方式其准确性受制于多种因素，因此仅将其作为参考。结合本案各项因素考虑，特别是王龙集团公司等被诉侵权人拒绝提供侵权产品销售数据，存在举证妨碍、不诚信诉讼等情节，决定依据销售利润计算本案侵权损害赔偿数额。

1.4　著作权的价值

1.4.1　著作权价值的案例

1.4.1.1　仿冒"乐高"赔了 3.3 亿元

红星新闻 2020 年 12 月 29 日发布了题为《3.3 亿乐拼仿冒乐高案终审宣判，主犯获刑 6 年罚款 9 000 万》的文章。2020 年 12 月 29 日上午，涉案金额高达 3.3 亿元的"乐拼"仿冒"乐高"案，在上海市高级人民法院（以下简称"上海高院"）终审落槌，法院驳回李某等人的上诉，维持原判。根据原判，李某以侵犯著作权罪被判处有期徒刑 6 年，并处罚金 9 000 万元；其余 8 名被告人分别被判处有期徒刑 4 年 6 个月至 3 年不等刑罚，并处相应罚金。

本案由上海高院院长刘晓云、知识产权庭庭长刘军华、刑事庭副庭长罗开卷组成合议庭审理，刘晓云担任审判长。上海市人民检察院指派检察长张本才、检察四部主任胡春健、检察员陆川出庭履行职务。

2011 年 6 月，李某创办广东美致智教科技股份有限公司（以下简称"美致公司"），经营玩具的研发、生产及销售。在他的努力下，美致公司的经营状况蒸蒸日上，不仅开发出具有自主知识产权的玩具 400 多种，业务范围也逐步拓展至 AI 机器人等高技术含量领域。

"2015 年，我发现身边有朋友做积木玩具行业很赚钱，就开始投钱做积木玩具了。"李某说。然而，对于这个市场前景看好的新增业务，这一次，李某却没有走"自主研发"的道路，而是"瞄"上了知名玩具品牌"乐高"。

自 2015 年起，在未经乐高公司许可的情况下，李某伙同闫某等 8 人，购买新款乐高系列玩具，通过拆解研究、电脑建模、复制图纸、委托他人开制模具等方式，设立玩具生产厂，专门复制乐高拼装积木玩具产品，然后冠以"乐拼"品牌，通过线上、线下等方式销售。

与此同时，《会计鉴定意见书》还显示，2017 年 9 月 11 日—2019 年 4 月 23 日，李某等人生产销售的侵权产品数量为 424 万余盒，涉及 634 种型号，合计 3 亿余元。2019 年 4 月 23 日在相关仓库扣押待销售的侵权产品数量为 60 万余盒，涉及 344 种型号，合计 3 050 万余元。

2020 年 9 月 2 日，上海市第三中级人民法院审理后认为，被告人李某等 9 人以营利为目的，未经著作权人许可，复制发行乐高公司享有著作权的美术作品，情节特别严重，其行为均已构成侵犯著作权罪。考虑部分被告人具有从犯、自首、立功、坦白等情节予以从轻处罚，以侵犯著作权罪对李某判处有期徒刑 6 年，并处罚金 9 000 万元；对闫某等 8 人判处有期徒刑 4 年零 6 个月至 3 年不等，并处相应罚金。

一审宣判后，李某、闫某、张某、王某、杜某、吕某不服，提出上诉。

在二审庭审中，控辩双方围绕"乐高公司被侵权拼装玩具是否属于美术作品""李某等人侵犯著作权犯罪的非法经营数额是否正确""本案是否属于单位犯罪""原判量刑是否适当"等问题展开了辩论。

"美术作品指的是绘画、书画等具有审美意义的造型作品，乐高体现拼装意义，本案把拼装玩具定义为美术作品于法无据。"王某的辩护人在庭审中表示。李某则认为，一审认定的犯罪数额没有考虑到销售退货和客户返利的情况，因此他有异议。闫某提出"本案应认定为单位犯罪"。除此以外，6位上诉人及其辩护人均表示，一审"判得太重"，要求撤销原判、依法改判。

到底被侵权的乐高玩具是不是美术作品？经审理，上海高院认为，根据著作权法的相关法律法规，"美术作品，是指绘画、书法、雕塑等以线条、色彩或者其他方式构成的有审美意义的平面或立体的造型艺术作品"。本案中，被侵权的拼装立体模型共计663款，这些立体模型所承载的表达，均系乐高公司独立创作，具有独创性及独特的审美意义，故拼装完成的立体玩具均属于我国著作权法所保护的美术作品范畴。

至于非法经营数额的计算，上海高院认为，原判结合《会计鉴定意见书》及相关证据，认定李某等人侵犯著作权犯罪的非法经营数额为3.3亿余元正确，应予确认。李某及其辩护人虽然提出原判未考虑销售退货和客户返利情况，影响了非法经营数额的认定，但无证据证实，因此法院不予采纳。

同时，根据《中华人民共和国刑法》规定，单位犯罪是指以单位名义实施犯罪违法所得主要归属于单位的犯罪。本案中，复刻乐高玩具由主犯李某决定，各从犯分工负责实施。从生产销售环节看，仿冒乐高玩具的乐拼玩具以已经注销的利豪玩具厂名义生产经营。而且，从银行账户明细看，生产销售乐拼玩具的收支均通过案外人个人账户进出，违法所得并未归属相关单位，被告人领取的工资都是现金发放，故本案属于团伙作案，不符合单位犯罪的要件。

至于量刑问题，上海高院认为，根据《中华人民共和国刑法》及相关司法解释规定，李某等人的行为均构成侵犯著作权罪，且属于"有其他特别严重情节"，应当判处3年以上7年以下有期徒刑，并处罚金，罚金数额一般在违法所得的1倍以上5倍以下，或者按照非法经营数额的50%以上1倍以下确定。考虑到本案不仅给权利人的商誉和经济利益造成重大损失，还破坏了市场经济秩序，具有严重的社会危害性，依法应予严厉惩处。一审法院结合部分被告人具有从犯、自首、立功、坦白等情节作出原判，并无不当。

2020年12月29日上午，上海高院作出终审判决，驳回李某等6人的上诉，维持原判。

1.4.1.2 盗版图书罚近千万并获刑

中国青年报社2020年11月30日发布了题为《"童话大王"郑渊洁实名举报盗版图书案宣判10人获刑》的文章。2020年11月27日下午，淮安市中级人民法院（以下简称"淮安中院"）一审对由作家郑渊洁实名举报的淮安"2·22"特大侵犯著作权案公开宣判，以犯侵犯著作权罪，依法判处被告单位北京欣盛建达图书有限公司（以下简称"欣盛公司"）和北京宏瑞建兴文化传播有限公司（以下简称"宏瑞公司"）罚金各50万元；被告人王成、李会雄分别被判处有期徒刑4年、3年零6个月实刑，并分处罚金300万元和260万元；漆文娟等7名被告人被判3年以下不等缓刑，并共判罚金63万元；以犯非法制造、销售非法制造的注册商标标识罪，判处被告人吴学青有期徒刑3年，缓刑4年，并处罚金6万元。其中一名被告人因特殊原因未能到庭，法庭将择期对其宣判。

该案由"童话大王"郑渊洁北京皮皮鲁总动员文化科技有限公司（以下简称"皮皮鲁公司"）实名举报，中宣部版权管理局、全国"扫黄打非"办、公安部及最高检四部门挂牌督办，经查明印刷、销售侵犯著作权书籍100余万册，被侵权出版社21家，总码洋（总定价）9 000 余万元，涉案金额 1 000 余万元。由于案件社会影响大、涉案数额巨大，该案被列为 2019 年度全国"扫黄打非"十大案件。2020 年 10 月 20 日下午，淮安市中级人民法院一审公开开庭审理此案，由该院知识产权庭庭长孙晓明担任审判长组成合议庭，淮安市检察院派员出庭支持公诉。

2018 年 10 月，郑渊洁独家授权的皮皮鲁公司发现，在一些网购平台网站上，欣盛公司、宏瑞公司低价销售郑渊洁系列图书。同年 12 月，在与网店提出交涉无果后，皮皮鲁公司在公证机构的见证下，从欣盛公司、宏瑞公司的网店购买了 11 套皮皮鲁系列图书。经鉴定，其中 10 套属于盗版。后郑渊洁委托皮皮鲁公司向全国"扫黄打非"办公室实名举报。

2019 年 2 月 22 日，由全国"扫黄打非"办公室、江苏省"扫黄打非"办公室和淮安市"扫黄打非"办公室，淮安市文化市场综合执法支队、淮安市公安局淮阴分局以及浙江少儿出版社代表组成的队伍，对王成设在淮安市淮阴区某厂区的盗版书仓库突击检查，王成安排在仓库的 2 名员工被现场抓获。现场查获的图书中包括《皮皮鲁分身记》《皮皮鲁遥控老师》《肚子里有个火车站》《皮肤国的大麻烦》《幼儿园里我最棒》《蚯蚓的日记》等 57 种，共计 132 591 册。经鉴定，均为侵权盗版图书。与以往侵权盗版案件不同的是，该案是一起"新型犯罪"，真假混杂是其一大特色。

经查，2017 年 4 月以来，王成为牟取更多利润，以其实际经营，其母亲及其本人担任法人的欣盛公司、宏瑞公司为掩护，将公司原有的销售范围由建筑类书籍拓展至少儿类和社会类书籍，并取得销售图书许可，在购买侵犯著作权的书籍印刷文稿后，交由被告人李会雄等 5 人进行印刷，并贴上被告人吴学青印制的"防伪标识"。侵犯著作权书籍印刷后，王成安排被告人漆文娟等 5 人通过网络平台进行销售，再从仓储点通过物流发货，形成制版、印刷、储存、运输、销售、制作防伪标识等"一条龙"。为躲避侦查、迷惑客户，有意将相关环节分离，形成"在北京接单、在河北印刷、在淮安（北京通州）发货"。为让人难以识别，王成还"别有用心"地从正规渠道购买极少量正版书籍，挂在网络平台，进行盗版、正版混搭销售。印刷、销售书籍的选择基本是"什么火印什么"，小说、绘本、教辅、童书等"来者不拒"，郑渊洁、余华、路遥等多位知名作家的图书被盗版。

1.4.2　涉及的著作权法律条文

《中华人民共和国著作权法》在 1990 年 9 月 7 日第七届全国人民代表大会常务委员会第十五次会议上通过；根据 2001 年 10 月 27 日第九届全国人民代表大会常务委员会第二十四次会议《关于修改〈中华人民共和国著作权法〉的决定》第一次修正；根据 2010 年 2 月 26 日第十一届全国人民代表大会常务委员会第十三次会议《关于修改〈中华人民共和国著作权法〉的决定》第二次修正；根据 2020 年 11 月 11 日第十三届全国人民代表大会常务委员会第二十三次会议《关于修改〈中华人民共和国著作权法〉的决定》第三次修正。以下为《中华人民共和国著作权法》节选：

第一条　为保护文学、艺术和科学作品作者的著作权，以及与著作权有关的权益，鼓励有益于社会主义精神文明、物质文明建设的作品的创作和传播，促进社会主义文化和科学事业的发展与繁荣，根据宪法制定本法。

第八条　著作权人和与著作权有关的权利人可以授权著作权集体管理组织行使著作权或者与著作权有关的权利。依法设立的著作权集体管理组织是非营利法人，被授权后可以以自己的名义为著作权人和与著作权有关的权利人主张权利，并可以作为当事人进行涉及著作权或者与著作权有关的权利的诉讼、仲裁、调解活动。

著作权集体管理组织根据授权向使用者收取使用费。使用费的收取标准由著作权集体管理组织和使用者代表协商确定，协商不成的，可以向国家著作权主管部门申请裁决，对裁决不服的，可以向人民法院提起诉讼；当事人也可以直接向人民法院提起诉讼。

著作权集体管理组织应当将使用费的收取和转付、管理费的提取和使用、使用费的未分配部分等总体情况定期向社会公布，并应当建立权利信息查询系统，供权利人和使用者查询。国家著作权主管部门应当依法对著作权集体管理组织进行监督、管理。

著作权集体管理组织的设立方式、权利义务、使用费的收取和分配，以及对其监督和管理等由国务院另行规定。

第二十二条　作者的署名权、修改权、保护作品完整权的保护期不受限制。

第二十三条　自然人的作品，其发表权、本法第十条第一款第五项至第十七项规定的权利的保护期为作者终生及其死亡后五十年，截止于作者死亡后第五十年的 12 月 31 日；如果是合作作品，截止于最后死亡的作者死亡后第五十年的 12 月 31 日。

法人或者非法人组织的作品、著作权（署名权除外）由法人或者非法人组织享有的职务作品，其发表权的保护期为五十年，截止于作品创作完成后第五十年的 12 月 31 日；本法第十条第一款第五项至第十七项规定的权利的保护期为五十年，截止于作品首次发表后第五十年的 12 月 31 日，但作品自创作完成后五十年内未发表的，本法不再保护。

视听作品，其发表权的保护期为五十年，截止于作品创作完成后第五十年的 12 月 31 日；本法第十条第一款第五项至第十七项规定的权利的保护期为五十年，截止于作品首次发表后第五十年的 12 月 31 日，但作品自创作完成后五十年内未发表的，本法不再保护。

第二十六条　使用他人作品应当同著作权人订立许可使用合同，本法规定可以不经许可的除外。

许可使用合同包括下列主要内容：

（1）许可使用的权利种类；

（2）许可使用的权利是专有使用权或者非专有使用权；

（3）许可使用的地域范围、期间；

（4）付酬标准和办法；

（5）违约责任；

（6）双方认为需要约定的其他内容。

第二十七条　转让本法第十条第一款第五项至第十七项规定的权利，应当订立书面合同。

权利转让合同包括下列主要内容：

（1）作品的名称；

（2）转让的权利种类、地域范围；

（3）转让价金；

（4）交付转让价金的日期和方式；

（5）违约责任；

（6）双方认为需要约定的其他内容。

第二十八条　以著作权中的财产权出质的，由出质人和质权人依法办理出质登记。

第二十九条　许可使用合同和转让合同中著作权人未明确许可、转让的权利，未经著作权人同意，另一方当事人不得行使。

第三十条　使用作品的付酬标准可以由当事人约定，也可以按照国家著作权主管部门会同有关部门制定的付酬标准支付报酬。当事人约定不明确的，按照国家著作权主管部门会同有关部门制定的付酬标准支付报酬。

第三十一条　出版者、表演者、录音录像制作者、广播电台、电视台等依照本法有关规定使用他人作品的，不得侵犯作者的署名权、修改权、保护作品完整权和获得报酬的权利。

第五十条　下列情形可以避开技术措施，但不得向他人提供避开技术措施的技术、装置或者部件，不得侵犯权利人依法享有的其他权利：

（1）为学校课堂教学或者科学研究，提供少量已经发表的作品，供教学或者科研人员使用，而该作品无法通过正常途径获取；

（2）不以营利为目的，以阅读障碍者能够感知的无障碍方式向其提供已经发表的作品，而该作品无法通过正常途径获取；

（3）国家机关依照行政、监察、司法程序执行公务；

（4）对计算机及其系统或者网络的安全性能进行测试；

（5）进行加密研究或者计算机软件反向工程研究。

前款规定适用于对与著作权有关的权利的限制。

第五十三条　有下列侵权行为的，应当根据情况，承担本法第五十二条规定的民事责任；侵权行为同时损害公共利益的，由主管著作权的部门责令停止侵权行为，予以警告，没收违法所得，没收、无害化销毁处理侵权复制品以及主要用于制作侵权复制品的材料、工具、设备等，违法经营额五万元以上的，可以并处违法经营额一倍以上五倍以下的罚款；没有违法经营额、违法经营额难以计算或者不足五万元的，可以并处二十五万元以下的罚款；构成犯罪的，依法追究刑事责任：

（1）未经著作权人许可，复制、发行、表演、放映、广播、汇编、通过信息网络向公众传播其作品的，本法另有规定的除外；

（2）出版他人享有专有出版权的图书的；

（3）未经表演者许可，复制、发行录有其表演的录音录像制品，或者通过信息网络向公众传播其表演的，本法另有规定的除外；

（4）未经录音录像制作者许可，复制、发行、通过信息网络向公众传播其制作的录音录像制品的，本法另有规定的除外；

（5）未经许可，播放、复制或者通过信息网络向公众传播广播、电视的，本法另有规定的除外；

（6）未经著作权人或者与著作权有关的权利人许可，故意避开或者破坏技术措施的，故意制造、进口或者向他人提供主要用于避开、破坏技术措施的装置或者部件的，或者故意为他人避开或者破坏技术措施提供技术服务的，法律、行政法规另有规定的除外；

（7）未经著作权人或者与著作权有关的权利人许可，故意删除或者改变作品、版式设计、表演、录音录像制品或者广播、电视上的权利管理信息的，知道或者应当知道作品、版式设计、表演、录音录像制品或者广播、电视上的权利管理信息未经许可被删除或者改变，仍然向公众提供的，法律、行政法规另有规定的除外；

（8）制作、出售假冒他人署名的作品的。

第五十四条　侵犯著作权或者与著作权有关的权利的，侵权人应当按照权利人因此受到的实际损失或者侵权人的违法所得给予赔偿；权利人的实际损失或者侵权人的违法所得难以计算的，可以参照该权利使用费给予赔偿。对故意侵犯著作权或者与著作权有关的权利，情节严重的，可以在按照上述方法确定数额的一倍以上五倍以下给予赔偿。

权利人的实际损失、侵权人的违法所得、权利使用费难以计算的，由人民法院根据侵权行为的情节，判决给予五百元以上五百万元以下的赔偿。

赔偿数额还应当包括权利人为制止侵权行为所支付的合理开支。

人民法院为确定赔偿数额，在权利人已经尽了必要举证责任，而与侵权行为相关的账簿、资料等主要由侵权人掌握的，可以责令侵权人提供与侵权行为相关的账簿、资料等；侵权人不提供，或者提供虚假的账簿、资料等的，人民法院可以参考权利人的主张和提供的证据确定赔偿数额。

人民法院审理著作权纠纷案件，应权利人请求，对侵权复制品，除特殊情况外，责令销毁；对主要用于制造侵权复制品的材料、工具、设备等，责令销毁，且不予补偿；或者在特殊情况下，责令禁止前述材料、工具、设备等进入商业渠道，且不予补偿。

第五十五条　主管著作权的部门对涉嫌侵犯著作权和与著作权有关的权利的行为进行查处时，可以询问有关当事人，调查与涉嫌违法行为有关的情况；对当事人涉嫌违法行为的场所和物品实施现场检查；查阅、复制与涉嫌违法行为有关的合同、发票、账簿以及其他有关资料；对于涉嫌违法行为的场所和物品，可以查封或者扣押。

主管著作权的部门依法行使前款规定的职权时，当事人应当予以协助、配合，不得拒绝、阻挠。

第五十六条　著作权人或者与著作权有关的权利人有证据证明他人正在实施或者即将实施侵犯其权利、妨碍其实现权利的行为，如不及时制止将会使其合法权益受到难以弥补的损害的，可以在起诉前依法向人民法院申请采取财产保全、责令作出一定行为或者禁止作出一定行为等措施。

第五十七条　为制止侵权行为，在证据可能灭失或者以后难以取得的情况下，著作权人或者与著作权有关的权利人可以在起诉前依法向人民法院申请保全证据。

第五十八条　人民法院审理案件，对于侵犯著作权或者与著作权有关的权利的，可以没收违法所得、侵权复制品以及进行违法活动的财物。

第五十九条　复制品的出版者、制作者不能证明其出版、制作有合法授权的，复制品的发行者或者视听作品、计算机软件、录音录像制品的复制品的出租者不能证明其发行、出租的复制品有合法来源的，应当承担法律责任。

在诉讼程序中，被诉侵权人主张其不承担侵权责任的，应当提供证据证明已经取得权利人的许可，或者具有本法规定的不经权利人许可而可以使用的情形。

1.4.3　知识产权要点点评

1.4.3.1　著作权与美术作品

仿冒"乐高"案中，经中国版权保护中心版权鉴定委员会鉴定，"乐拼"的"Great Wall of China""PRIMITIVE TRIBE""FAIRY TALE""TECHNICIAN"玩具分别与乐高公司的"Great Wall of China""THE FLINTSTONES""DISNEY PRINCESS""ALL Terrain Tow Truck"玩具基本相同，构成复制关系。"乐拼"的"NINJAG Thunder Swordsman"图册与乐高公司的"NINJAGO Masters of Spinjitzu"图册相同，构成复制关系。

经审理，上海高院认为，根据著作权法的相关法律法规，"美术作品，是指绘画、书法、雕塑等以线条、色彩或者其他方式构成的有审美意义的平面或立体的造型艺术作品"。本案中，被侵权的拼装立体模型共计 663 款，这些立体模型所承载的表达，均系乐高公司独立创作，具有独创性及独特的审美意义，故拼装完成的立体玩具均属于我国著作权法所保护的美术作品范畴。

1.4.3.2　著作权的价值与处罚

仿冒"乐高"案中，《会计鉴定意见书》显示，2017 年 9 月 11 日—2019 年 4 月 23 日，李某等人生产销售的侵权产品数量为 424 万余盒，涉及 634 种型号，合计 3 亿余元。2019 年 4 月 23 日在相关仓库扣押待销售的侵权产品数量为 60 万余盒，涉及 344 种型号，合计 3 050 万余元。2020 年 9 月 2 日，上海市第三中级人民法院审理后认为，被告人李某等 9 人以营利为目的，未经著作权人许可，复制发行乐高公司享有著作权的美术作品，情节特别严重，其行为均已构成侵犯著作权罪。考虑部分被告人具有从犯、自首、立功、坦白等情节予以从轻处罚，以侵犯著作权罪对李某判处有期徒刑 6 年，并处罚金 9 000 万元；对闫某等 8 人判处有期徒刑 4 年零 6 个月至 3 年不等，并处相应罚金。

二审庭审中，上海高院认为，原判结合《会计鉴定意见书》及相关证据，认定李某等人侵犯著作权犯罪的非法经营数额为 3.3 亿余元正确，应予确认。李某及其辩护人虽然提出原判未考虑销售退货和客户返利情况，影响了非法经营数额的认定，但无证据证实，因此法院不予采纳。同时，根据《中华人民共和国刑法》规定，单位犯罪是指以单位名义实施犯罪违法所得主要归属于单位的犯罪。本案中，复刻乐高玩具由主犯李某决定，各从犯分工负责进行实施。从生产销售环节看，仿冒乐高玩具的乐拼玩具以已经注销的利豪玩具厂名义生产经营。而且，从银行账户明细看，生产销售乐拼玩具的收支均通过案外人个人账户进出，违法所得并未归属相关单位，被告人领取的工资都是现金发放，故本案属于团伙作案，不符合单位犯罪的要件。

至于量刑问题，上海高院认为，根据《中华人民共和国刑法》及相关司法解释规定，李某等人的行为均构成侵犯著作权罪，且属于"有其他特别严重情节"，应当判处 3 年以上 7 年以下有期徒刑，并处罚金，罚金数额一般在违法所得的 1 倍以上 5 倍以下，或者按照非法经营数额的 50% 以上 1 倍以下确定。考虑到本案不仅给权利人的商誉和经济利益造成重大损失，还破坏了市场经济秩序，具有严重的社会危害性，依法应予严厉惩处。一审法院结合部分被告人具有从犯、自首、立功、坦白等情节作出原判，并无不当。2020 年 12 月 29 日上午，上海高院作出终审判决，驳回李某等 6 人的上诉，维持原判。

郑渊洁系列图书盗版案中，由中宣部版权管理局、全国"扫黄打非"办、公安部及最高检四部门挂牌督办，经查明印刷、销售侵犯著作权书籍 100 余万册，被侵权出版社 21 家，总码洋（总定价）9 000 余万元，涉案金额 1 000 余万元。

2020 年 10 月 20 日下午，淮安市中级人民法院一审公开开庭审理此案，由该院知识产权庭庭长孙晓明担任审判长组成合议庭，淮安市检察院派员出庭支持公诉。2020 年 11 月 27 日下午，淮安市中级人民法院一审对由作家郑渊洁实名举报的淮安"2·22"特大侵犯著作权案公开宣判，以犯侵犯著作权罪，依法判处被告单位欣盛公司和宏瑞公司罚金各 50 万元；被告人王成、李会雄分别被判处有期徒刑 4 年、3 年零 6 个月实刑，并分处罚金 300 万元和 260 万元；漆文娟等 7 名被告人被判 3 年以下不等缓刑，并共判罚金 63 万元；以犯非法制造、销售非法制造的注册商标标识罪，判处被告人吴学青有期徒刑 3 年，缓刑 4 年，并处罚金 6 万元。其中一名被告人因特殊原因未能到庭，法庭将择期对其宣判。

法院经审理后认为，被告单位欣盛公司、宏瑞公司，王成等 10 名被告人以营利为目的，未经著作权人许可复制发行其文字作品，属于《中华人民共和国刑法》第二百一十七条规定的"情节特别严重"；被告人王成系被告单位欣盛公司、宏瑞公司直接负责的主管人员，被告人漆文娟、王哲星、王洪福系被告单位的直接责任人员，其行为均已触犯刑律，他们系共同故意犯罪，构成侵犯著作权罪。被告人吴学青伪造、销售伪造的他人注册商标标识，属于《中华人民共和国刑法》第二百一十五条规定的"情节特别严重"，应该以非法制造、销售非法制造的注册商标标识罪追究刑事责任。

第2章
知识产权的获取

2.1 专利权的获取

2.1.1 专利权获取的案例

2.1.1.1 自己发文章破坏授权

北京某大学于1999年12月提交了一份发明专利申请。在实质审查过程中,审查员于2001年2月发出了《第一次审查意见通知书》,通知书中列出了审查员检索出的两份对比文件,根据两份对比文件公开的技术内容,审查员作出了该项专利申请不具备创造性审查意见。其中,对比文件1是在1999年4月出版的某化学学报上公开发表的,对比文件2是在1999年6月出版的某化学学报上公开发表的。

在《审查意见通知书》中指出,权利要求1的制备方法与对比文件1的合成方法相比,主要区别技术特征已被对比文件2所公开。而且,对比文件2中明确说明其发明正是为了解决对比文件1所存在的问题,因此,对于所属技术领域的技术人员来说,按照对比文件2的指示将其技术内容与对比文件1的技术方案组合在一起设计出权利要求1的制备方法无须花费创造性劳动,并且效果是可以预见的,所以权利要求1的主题与现有技术相比不具备突出的实质性特点和显著进步,不符合有关创造性的规定。因此,该项发明专利申请不具有获取专利权的前景。

发明人之一某教授收到该审查意见后,提出要与审查员会晤。

该教授对审查员讲:"你提出的两篇对比文件,对比文件1是我自己发表的,对比文件2是我带的博士生发表的,并且我和那位博士生都是该项专利申请的发明人,这更加证明了该技术方法是我们首先提出来的,其技术方法在国内外是首创的、领先的"。

2.1.1.2 国外专利破坏授权

沈阳A公司从1988年开始与油田共同开发研制了"石油螺杆泵采油系统",共申请了11项专利,其中1项为发明专利,另10项为实用新型专利,并已全部授权。核心专利的名称为《石油井下螺杆泵定子组合结构》实用新型专利,它是由两根端定子、若干中间子定子以及子定子与子定子之间的固连接箍组成,子定子的数量由整根定子的总长度来确定,由于子定子较短,便于加工成型,确保了定子质量,增加了定子使用寿命。采用这种定子结构的采油系统吸取了国外先进机型的优点,又结合了我国实际。2000年该采油系统取得国家GB/T 9001认证,并在大庆、吉林、辽河、大港、中原、长庆、新疆、青海及华北等九大油田使用,为A公司创造了可观的经济效益。

1996年年初,A公司发现B公司仿制该公司的"石油螺杆泵采油系统",随即向B公司发出函告，告之自己已经取得了专利权，要求 B 公司停止生产。但 B 公司置之不理，于是 A 公司为了保护自己的专利权于 1996 年 10 月向省专利管理局提出了专利侵权纠纷调处请求，要求 B 公司停止侵权行为，并赔偿给专利权人造成的经济损失。B 公司为了逃避侵权责任，于 1997 年 4 月对 A 公司"石油螺杆泵采油系统"中的核心专利《石油井下螺杆泵定子组合结构》向专利复审委员会提出了无效宣告请求。B 公司宣告该专利权无效的证据有三：加拿大科罗德公司的产品目录复印件；出版时间为 1985 年 10 月的《采油工艺》专辑相关页复印件；授权公告日为 1989 年 5 月、申请号为 CN88206361.8 的中国实用新型专利说明书。对此，专利权人 A 公司对这三个证据逐个进行了反驳，指出了这三个证据与本专利的区别所在。专利复审委员会成立了合议组，经过审理后，于 1999 年 10 月作出审查决定，维持该专利权有效。

B 公司仍不甘心承担侵权责任，对国外的专利文献和非专利文献进行了全面的检索，又收集了相关证据，于 1999 年 11 月，即收到专利复审委员会维持该专利权有效决定一个月内，向专利复审委员会提出了第二次无效宣告请求。这次 B 公司提出了以 1976 年 9 月公开的美国专利 US3982858 为证据，以不具备新颖性和创造性为理由，再次要求专利复审权无效。尽管专利权人对 B 公司提供的证据进行了有力的反驳，但专利复审委员会组成的合议组最终还是宣告了 A 公司的专利无效。

专利复审委员会无效决定的理由是：请求人 B 公司提供的证据中，美国专利 US3982858，公告日为 1976 年 9 月最为相关，可作为判断该专利新颖性和创造性的已有技术。美国专利 US3982858 公开了一种"用于螺杆泵的分段定子结构"，并具体披露了以下特征：该螺杆泵定子组合结构具有多个定子分段部分以及多个中空的管连接件，多个定子分段部分彼此通过中空的管连接件相连，从而构成整根定子。美国专利 US3982858 与《石油井下螺杆泵定子组合结构》实用新型专利的权利要求 1 的区别之处在于：权利要求 1 中分段定子通过固连接件相连，而固连接件和管连接件是管路领域常用的连接手段，二者所起效果实质上是相同的。鉴于美国专利与该专利的发明目的相同，均是为了提高定子的制造质量，延长定子的使用寿命，在美国专利的基础上经过上述替换得出该权利要求 1 所要求保护的技术方案，对所属技术领域的技术人员来说是显而易见的，而且不会产生方式为公众所知的技术，即现有技术。本案中的 B 公司通过国外专利文献检索，查到了一篇 A 公司《石油井下螺杆泵定子组合结构》实用新型专利申请日前公开的现有技术——美国 US3982858 专利文献，致使 A 公司的该项实用新型专利因不具有创造性而被宣告无效。

2.1.1.3　提前销售产品破坏授权

自 1991 年起，北京某研究所就开始"喷印机——无接触喷墨打印机"的研制和开发工作，并投入了大量人力、设备和资金。经过多年的潜心研究，终于在 1993 年取得突破性的进展。该产品在研制过程中参照了国外先进的喷印机技术，并对工作环境、使用要求作了适合我国国情的改进，同时简化了部分结构，因此较国外同类喷印机价格低廉，使用环境要求不高，企业一般都能利用现有压缩空气源，喷印机接上即可方便地运行，是食品加工等行业喷印生产日期的必备设备，因而具有很强的竞争力，市场前景看好。该喷印机是利用预先编好的程序，在多种材料（纸、玻璃、金属、木材、塑料或橡胶等）的不同形状的产品表面喷印数码、文字或简单图形，墨水经超声波喷嘴雾化成墨滴，落在被喷印物表面形成字符。

该研究所于 1993 年 4 月将"喷印机——无接触喷墨打印机"申请了实用新型专利，并于 1994 年 1 月获得专利局批准授权。此后该研究所成立了专门的技术攻关小组，加工、生产，并将产品推向市场，当时年销售额达到近 200 万元。然而，不久市场上就出现了与该产品相同的喷印机，而且与该研究所有着供货合同的客户纷纷转向。该研究所为了维护自己的知识产权不受侵害，组织人员进行了调查、取证，准备与侵权者对簿公堂，状告对方侵犯了自己的专利权。但是调查结果令人吃惊，原来市场上的同类产品，竟是该项专利权的发明人之一跳槽后组织生产的。由于该发明人原是该课题组的负责人，掌握了该研究所在专利申请前公开销售的证据，因而当该研究所提出要求他停止侵权行为时，该发明人称如果该研究所请求专利管理机关进行处理或向法院起诉，要求其停止侵权，赔偿损失，他就向专利复审委员会宣告专利权无效。这样该研究所处于非常尴尬的局面，为避免两败俱伤，最终没有提出诉讼请求，并经双方协商，各自维持原状销售。结果这一年该研究所仅销售 20 台喷印机，对方销售 18 台，该研究所销售额减少约 108 万元、利润损失约 80 万元。

2.1.1.4 先申请者获得专利权

法国某公司利用其本国申请权优先（优先申请日：1986 年 8 月 21 日，优先申请号：FR8611946），于 1987 年 8 月在中国申请了一项名为《核反应堆安全壳基础》的发明专利，并且取得了专利权。该专利保护的主要技术方案是：一种核反应堆的带圆筒形围墙安全壳的基础，该圆筒形围墙与基础相连，该基础包括一个嵌入地面的混凝土水平底座，两组压在底座上并支撑着安全壳的倾斜截锥形混凝土板，第一组各板向底座内侧倾斜，第二组各板则向底座外侧倾斜，围绕并面对第一组各板配置，并连接在圆筒形围墙上。

1997 年 7 月，上海某研究设计院有关专家对该项专利认真研究之后，给出了以下评价意见：

"这件专利给出了一种核反应堆安全壳的新的设计方案。与已有的设计相比，这种方案使安全壳基础的受力状况有较大的改善。安全壳基础由于消除了张应力和应变的集中现象，因而处于更好地承受应力的情况。上海某研究设计院于 1985 年年初完成的 A 项目的安全壳基础的设计方案，与该专利的方案基本相同，只是没有申请专利。A 项目安全壳基础已完工 11 年，运行了 5 年并经过 2 次加压考验。事实证明该研究设计院的设计是成功的。"

此外，该研究设计院的研究人员将自己的"核电厂安全壳基础设计"方案公开发表，刊载在 1989 年 3 月《核科学与工程》杂志上。

2.1.2 涉及的专利法律条文

以下为《中华人民共和国专利法》（2020 年修正）节选：

第五条 对违反法律、社会公德或者妨害公共利益的发明创造，不授予专利权。

对违反法律、行政法规的规定获取或者利用遗传资源，并依赖该遗传资源完成的发明创造，不授予专利权。

第二十二条 授予专利权的发明和实用新型，应当具备新颖性、创造性和实用性。

新颖性，是指该发明或者实用新型不属于现有技术；也没有任何单位或者个人就同样的发明或者实用新型在申请日以前向国务院专利行政部门提出过申请，并记载在申请日以后公布的专利申请文件或者公告的专利文件中。

创造性，是指与现有技术相比，该发明具有突出的实质性特点和显著的进步，该实用新型具有实质性特点和进步。

实用性，是指该发明或者实用新型能够制造或者使用，并且能够产生积极效果。

本法所称现有技术，是指申请日以前在国内外为公众所知的技术。

第二十三条　授予专利权的外观设计，应当不属于现有设计；也没有任何单位或者个人就同样的外观设计在申请日以前向国务院专利行政部门提出过申请，并记载在申请日以后公告的专利文件中。

授予专利权的外观设计与现有设计或者现有设计特征的组合相比，应当具有明显区别。

授予专利权的外观设计不得与他人在申请日以前已经取得的合法权利相冲突。

本法所称现有设计，是指申请日以前在国内外为公众所知的设计。

第二十四条　申请专利的发明创造在申请日以前六个月内，有下列情形之一的，不丧失新颖性：

（1）在国家出现紧急状态或者非常情况时，为公共利益目的首次公开的；

（2）在中国政府主办或者承认的国际展览会上首次展出的；

（3）在规定的学术会议或者技术会议上首次发表的；

（4）他人未经申请人同意而泄露其内容的。

第二十五条　对下列各项，不授予专利权：

（1）科学发现；

（2）智力活动的规则和方法；

（3）疾病的诊断和治疗方法；

（4）动物和植物品种；

（5）原子核变换方法以及用原子核变换方法获得的物质；

（6）对平面印刷品的图案、色彩或者二者的结合作出的主要起标识作用的设计。

对前款第（4）项所列产品的生产方法，可以依照本法规定授予专利权。

第二十六条　申请发明或者实用新型专利的，应当提交请求书、说明书及其摘要和权利要求书等文件。

请求书应当写明发明或者实用新型的名称，发明人的姓名，申请人姓名或者名称、地址，以及其他事项。

说明书应当对发明或者实用新型作出清楚、完整的说明，以所属技术领域的技术人员能够实现为准；必要的时候，应当有附图。摘要应当简要说明发明或者实用新型的技术要点。

权利要求书应当以说明书为依据，清楚、简要地限定要求专利保护的范围。

依赖遗传资源完成的发明创造，申请人应当在专利申请文件中说明该遗传资源的直接来源和原始来源；申请人无法说明原始来源的，应当陈述理由。

第二十七条　申请外观设计专利的，应当提交请求书、该外观设计的图片或者照片以及对该外观设计的简要说明等文件。

申请人提交的有关图片或者照片应当清楚地显示要求专利保护的产品的外观设计。

第二十八条　国务院专利行政部门收到专利申请文件之日为申请日。如果申请文件是邮寄的，以寄出的邮戳日为申请日。

第二十九条　申请人自发明或者实用新型在外国第一次提出专利申请之日起十二个月内，或者自外观设计在外国第一次提出专利申请之日起六个月内，又在中国就相同主题提出专利申请的，依照该外国同中国签订的协议或者共同参加的国际条约，或者依照相互承认优先权的原则，可以享有优先权。

申请人自发明或者实用新型在中国第一次提出专利申请之日起十二个月内，或者自外观设计在中国第一次提出专利申请之日起六个月内，又向国务院专利行政部门就相同主题提出专利申请的，可以享有优先权。

第三十条　申请人要求发明、实用新型专利优先权的，应当在申请的时候提出书面声明，并且在第一次提出申请之日起十六个月内，提交第一次提出的专利申请文件的副本。

申请人要求外观设计专利优先权的，应当在申请的时候提出书面声明，并且在三个月内提交第一次提出的专利申请文件的副本。

申请人未提出书面声明或者逾期未提交专利申请文件副本的，视为未要求优先权。

第三十一条　一件发明或者实用新型专利申请应当限于一项发明或者实用新型。属于一个总的发明构思的两项以上的发明或者实用新型，可以作为一件申请提出。

一件外观设计专利申请应当限于一项外观设计。同一产品两项以上的相似外观设计，或者用于同一类别并且成套出售或者使用的产品的两项以上外观设计，可以作为一件申请提出。

第三十二条　申请人可以在被授予专利权之前随时撤回其专利申请。

第三十三条　申请人可以对其专利申请文件进行修改，但是，对发明和实用新型专利申请文件的修改不得超出原说明书和权利要求书记载的范围，对外观设计专利申请文件的修改不得超出原图片或者照片表示的范围。

第三十四条　国务院专利行政部门收到发明专利申请后，经初步审查认为符合本法要求的，自申请日起满十八个月，即行公布。国务院专利行政部门可以根据申请人的请求早日公布其申请。

第三十五条　发明专利申请自申请日起三年内，国务院专利行政部门可以根据申请人随时提出的请求，对其申请进行实质审查；申请人无正当理由逾期不请求实质审查的，该申请即被视为撤回。

国务院专利行政部门认为必要的时候，可以自行对发明专利申请进行实质审查。

第三十六条　发明专利的申请人请求实质审查的时候，应当提交在申请日前与其发明有关的参考资料。

发明专利已经在外国提出过申请的，国务院专利行政部门可以要求申请人在指定期限内提交该国为审查其申请进行检索的资料或者审查结果的资料；无正当理由逾期不提交的，该申请即被视为撤回。

第三十七条　国务院专利行政部门对发明专利申请进行实质审查后，认为不符合本法规定的，应当通知申请人，要求其在指定的期限内陈述意见，或者对其申请进行修改；无正当理由逾期不答复的，该申请即被视为撤回。

第三十八条　发明专利申请经申请人陈述意见或者进行修改后，国务院专利行政部门仍然认为不符合本法规定的，应当予以驳回。

第三十九条　发明专利申请经实质审查没有发现驳回理由的，由国务院专利行政部门作出授予发明专利权的决定，发给发明专利证书，同时予以登记和公告。发明专利权自公告之日起生效。

第四十条　实用新型和外观设计专利申请经初步审查没有发现驳回理由的，由国务院专利行政部门作出授予实用新型专利权或者外观设计专利权的决定，发给相应的专利证书，同时予以登记和公告。实用新型专利权和外观设计专利权自公告之日起生效。

第四十一条　专利申请人对国务院专利行政部门驳回申请的决定不服的，可以自收到通知之日起三个月内向国务院专利行政部门请求复审。国务院专利行政部门复审后，作出决定，并通知专利申请人。

专利申请人对国务院专利行政部门的复审决定不服的，可以自收到通知之日起三个月内向人民法院起诉。

第四十五条　自国务院专利行政部门公告授予专利权之日起，任何单位或者个人认为该专利权的授予不符合本法有关规定的，可以请求国务院专利行政部门宣告该专利权无效。

第四十六条　国务院专利行政部门对宣告专利权无效的请求应当及时审查和作出决定，并通知请求人和专利权人。宣告专利权无效的决定，由国务院专利行政部门登记和公告。

对国务院专利行政部门宣告专利权无效或者维持专利权的决定不服的，可以自收到通知之日起三个月内向人民法院起诉。人民法院应当通知无效宣告请求程序的对方当事人作为第三人参加诉讼。

第四十七条　宣告无效的专利权视为自始即不存在。

宣告专利权无效的决定，对在宣告专利权无效前人民法院作出并已执行的专利侵权的判决、调解书，已经履行或者强制执行的专利侵权纠纷处理决定，以及已经履行的专利实施许可合同和专利权转让合同，不具有追溯力。但是因专利权人的恶意给他人造成的损失，应当给予赔偿。

依照前款规定不返还专利侵权赔偿金、专利使用费、专利权转让费，明显违反公平原则的，应当全部或者部分返还。

2.1.3　知识产权要点点评

2.1.3.1　专利授权须具备三性

《中华人民共和国专利法》第二十二条规定："授予专利权的发明和实用新型，应当具备新颖性、创造性和实用性。

新颖性，是指该发明或者实用新型不属于现有技术；也没有任何单位或者个人就同样的发明或者实用新型在申请日以前向国务院专利行政部门提出过申请，并记载在申请日以后公布的专利申请文件或者公告的专利文件中。

创造性，是指与现有技术相比，该发明具有突出的实质性特点和显著的进步，该实用新型具有实质性特点和进步。

实用性，是指该发明或者实用新型能够制造或者使用，并且能够产生积极效果。

本法所称现有技术，是指申请日以前在国内外为公众所知的技术。"

在判断专利是否具备三性时，都要用到"所属技术领域的技术人员"，其含义在中国专利局1993年修订的《专利审查指南》中，曾将"所属技术领域的技术人员"定义为："所属技术领域的技术人员与审查员不同，他是一种假想的人。他知晓发明所属技术领域所有的现有技术，具有该技术领域中普通技术人员所具有的一般知识和能力，他的知识随着时间的不同而不同"。在上述规定中，"所属技术领域的技术人员"被定义为"知晓发明所属技术领域所有现有技术"的人，用当时审查员中流行的话来说就是："本领域普通技术人员"对申请日之前的所有现有技术"无所不知、无所不晓"。

2.1.3.2　不授予专利权情况

《中华人民共和国专利法》中明确规定不授予专利权的有两条：

第五条　对违反法律、社会公德或者妨害公共利益的发明创造，不授予专利权。

对违反法律、行政法规的规定获取或者利用遗传资源，并依赖该遗传资源完成的发明创造，不授予专利权。

第二十五条　对下列各项，不授予专利权：

（1）科学发现；

（2）智力活动的规则和方法；

（3）疾病的诊断和治疗方法；

（4）动物和植物品种；

（5）原子核变换方法以及用原子核变换方法获得的物质；

（6）对平面印刷品的图案、色彩或者二者的结合作出的主要起标识作用的设计。

对前款第（4）项所列产品的生产方法，可以依照本法规定授予专利权。

2.1.3.3　发表文章与文献检索

根据吴伟仁主编的《国防科技工业知识产权案例点评》进行点评。《中华人民共和国专利法》第二十二条规定："授予专利权的发明和实用新型，应当具备新颖性、创造性和实用性。新颖性，是指该发明或者实用新型不属于现有技术；也没有任何单位或者个人就同样的发明或者实用新型在申请日以前向国务院专利行政部门提出过申请，并记载在申请日以后公布的专利申请文件或者公告的专利文件中。创造性，是指与现有技术相比，该发明具有突出的实质性特点和显著的进步，该实用新型具有实质性特点和进步。实用性，是指该发明或者实用新型能够制造或者使用，并且能够产生积极效果。本法所称现有技术，是指申请日以前在国内外为公众所知的技术。"在 2.1.1.1 小节的案例中，北京某大学提交的发明专利申请在实质审查过程中，审查员检索出的影响创造性的两篇对比文件是该项专利申请的发明人自己发表的，如果不是因为自己发表文章公开了自己专利申请中的技术内容，是一定能够取得专利权的。

审查员对发明专利申请的审查，主要是以文献为主，检索专利申请日前公开发表的各类文献，针对权利要求书中的每一项权利要求所保护的技术内容逐一地进行新颖性和创造性审查。新颖性的审查办法，简单而言，是权利要求记载的技术内容与现有技术公开的技术内容进行一对一的比较，如果权利要求记载的技术内容与现有技术公开的技术内容有差别，就应该说具有新颖性；如果没有差别，就不具有新颖性。创造性的审查办法，简单而言，是权利要求记载的技术内容与现有技术公开的技术内容进行一对多的比较，如果权利要求记载的技术内容被两篇或两篇以上现有技术公开的技术内容所覆盖，就不具有创造性；如果没有被覆盖，就具有创造性。在实际审查工作中，新颖性和创造性的审查基准是很复杂的，要根据专利局的《专利审查指南》进行审查。

很多人的发明专利申请没有取得专利权，往往是由于他人在其专利申请前已经申请了专利并取得了专利权，通过专利文献公开影响其专利申请的新颖性和创造性。因此，在发明专利实质审查过程中，能够通过新颖性。

案例《石油井下螺杆泵定子组合结构》实用新型专利就是由于 A 公司在申请日前没有

进行国外专利文献检索，使该专利被 B 公司要求无效了。

2.1.3.4 专利创造性的判断

新修订的《专利审查指南》于 2021 年 1 月 15 日起施行。《专利审查指南》第二部分第四章第 3.2.1 节对发明创造性判断中突出的实质性特点的判断方法作了规定，即判断要求保护的发明相对于现有技术是否显而易见，通常可按照三个步骤进行：①确定最接近的现有技术；②确定发明的区别特征和发明实际解决的技术问题；③判断要求保护的发明对本领域的技术人员来说是否显而易见。该判断方法简称"三步法"。其中，区别特征的认定是评述创造性的重要环节，是评价创造性的前提和基础，直接影响到发明是否具备创造性的结论。

《专利审查指南》指出判断要求保护的发明对本领域技术人员来说是否显而易见，要从最接近的现有技术和发明实际解决的技术问题出发，判断要求保护的发明对本领域的技术人员来说是否显而易见。

在判断过程中，要确定的是现有技术整体上是否存在某种技术启示，即现有技术中是否给出将上述区别特征应用到该最接近的现有技术以解决其存在的技术问题（即发明实际解决的技术问题）的启示，这种启示会使本领域的技术人员在面对所述技术问题时，有动机改进该最接近的现有技术并获得要求保护的发明。如果现有技术存在这种技术启示，则发明是显而易见的，不具有突出的实质性特点。

2.1.3.5 使用公开丧失专利授权

根据吴伟仁主编的《国防科技工业知识产权案例点评》进行点评。《中华人民共和国专利法》第二十二条规定："授予专利权的发明和实用新型，应当具备新颖性、创造性和实用性。新颖性，是指该发明或者实用新型不属于现有技术；也没有任何单位或者个人就同样的发明或者实用新型在申请日以前向国务院专利行政部门提出过申请，并记载在申请日以后公布的专利申请文件或者公告的专利文件中。创造性，是指与现有技术相比，该发明具有突出的实质性特点和显著的进步，该实用新型具有实质性特点和进步。实用性，是指该发明或者实用新型能够制造或者使用，并且能够产生积极效果。本法所称现有技术，是指申请日以前在国内外为公众所知的技术。"

在 2.1.1.3 小节的案例中，该研究所在申请日之前就公开销售了其"喷印机——无接触喷墨打印机"产品，通过公开销售为公众所知，因此，该产品在专利申请时就已丧失新颖性。即使该研究所取得了该产品的专利权，也会为以后的主张权利埋下隐患。因为利害关系人在掌握了公开销售的证据后，可以通过无效程序向专利复审委员请求宣告该专利权无效，这也是该研究所没有进行专利侵权诉讼的原因。通过这个案例，我们可以认识到在专利申请前一定要注意对技术的保密，切勿因提前公开销售使自己的专利权丧失。

2.1.3.6 创新技术须早申请专利

根据吴伟仁主编的《国防科技工业知识产权案例点评》进行点评。《中华人民共和国专利法》第九条规定："两个以上的申请人分别就同样的发明创造申请专利的，专利权授予最先申请的人。"在 2.1.1.4 小节的案例中，尽管该研究设计院于 1985 年就在 A 项目的安全壳基础设计中应用了与法国某公司《核反应堆安全壳基础》发明专利基本相同的技术方案，但由于该研究设计院没有及时申请专利，让法国某公司在中国取得了专利权。

根据《中华人民共和国专利法》第六十三条第二款（注：2020 年修正后为第七十五条第二款）的规定："在专利申请日前已经制造相同产品、使用相同方法或者已经做好制造、使用的必要准备，并且仅在原有范围内继续制造、使用的不视为侵犯专利权"，在 2.1.1.4 小节的案例中，该研究设计院在法国某公司专利申请日前，就已经在 A 项目中应用了与法国某公司《核反应堆安全壳基础》发明专利基本相同的技术方案，因此，该研究设计院只得到了受限制的先用权。

此外，该研究设计院设计方案公开发表的日期在法国某公司的优先权日之后，因此，不能破坏法国某公司的该项专利的新颖性。取得科技成果后，要根据不同的情况采取不同的措施，认为有市场并易被他人仿制的科技成果要及时申请专利；有市场但不易被仿制的要采取商业秘密保护；对没有市场或市场份额很小的，也可以采取及时公开的办法，将成果贡献于社会，破坏他人取得相同技术方案的专利独占权。

2.2　商标的获取

2.2.1　商标获取的案例

2.2.1.1　"上岛"咖啡商标案

2019 年 6 月 26 日，法律快车法律案例报道"上岛"咖啡商标战。"上岛"咖啡在全国已开 800 多家门店，加上由上岛衍生的子品牌，上岛体系已在中国大陆拥有超过 3 000 家门店，无形资产在 5 亿元以上。

北京高级人民法院（以下简称"北京高院"）一纸终审判决，将"上岛"逼向绝境，800 余家加盟店面临被"摘牌"的危险，上海上岛咖啡公司（以下简称"上海上岛"）和杭州上岛咖啡公司（以下简称"杭州上岛"）之争有了最终说法。

1968 年，陈文敏在台湾创建台湾上岛咖啡店。1986 年，陈文敏向台湾智慧财产局注册"上岛及图"商标（"上岛"二字构成一个完整的图案）。

1997 年 7 月，海南上岛农业开发有限公司（以下简称"海南上岛公司"）成立，台商游昌胜任董事长、陈文敏任总经理，集合了 8 个股东在海南开了第一家上岛咖啡厅。据游昌胜介绍，公司筹备期间，为建立企业标识，总经理陈文敏提供了上岛及图共三份图样，供投资股东们选择，经大家商议，最终选定其中一张图样作为本公司经营商标。因咖啡店手续尚在办理中，决定先以投资人之一魏胜森在天津已有公司广泰国际工贸有限公司（以下简称"广泰公司"）名义注册。陈文敏说，广泰公司注册商标一事他事先并不知情。

1997 年 7 月，广泰公司就"上岛及图"商标（即争议商标）向国家商标局提出注册申请，该商标于 1998 年 9 月核准注册于第 30 类"咖啡、咖啡饮料、可可产品、茶糖"等商品，就此埋下"地雷"。

1999 年 5 月，广泰公司将"上岛及图"商标转让给海南上岛公司。2000 年，因各种纠纷不断，8 个股东觉得这样下去也不是办法，就决定分道扬镳。上岛董事会决定由 8 个股东分区开发经营。2000 年 7 月，海南上岛公司又召开董事会，议题包括公司总部转移至上海、上岛咖啡商标注册转让事宜。同日签署的《上岛咖啡注册商标转移协议》载明："原海南上岛公司登记注册的商标，在上海公司注册完毕之后，无条件地转移至上海公司。"陈文敏签字同意。

陈文敏与人合资组建杭州上岛，陈文敏与杭州上岛签订许可协议，许可杭州上岛独占使用"上岛图案"美术作品。杭州上岛很快就发展到 100 多家。

因为原海南上岛公司股东在其他地区没有打开局面，只剩下上海上岛和杭州上岛两家公司分庭抗礼，上海上岛向全国市场拓展。2003 年 4 月，上海上岛去杭州举报陈文敏商标侵权。杭州市商标局很快作出处罚决定，认定杭州上岛未经"上岛及图"商标专用权人上海上岛的授权许可而生产、销售咖啡产品，责令其停止侵权、没收侵权产品及包装，杭州市商标局同时查封了杭州上岛的一批门店。上海上岛还在杭州、宁波等几家法院告杭州上岛侵犯其商标权。到这里，原本是合作伙伴的陈文敏与上海上岛结下了宿怨。

陈文敏、杭州上岛于 2003 年 4 月以"上岛及图"商标注册行为侵犯陈文敏的著作权为由，向商标评审委员会（以下简称"商评委"）提出撤销"上岛及图"注册商标申请。2003 年 8 月，上海上岛向商评委提交答辩，认为陈文敏参与了争议商标注册的全过程，该商标的注册不侵犯陈文敏的著作权："陈文敏所提证据材料是一份过期的商标注册证，且出自台湾。陈文敏不能依据《伯尔尼公约》享受我国法律保护。根据陈文敏提供的有效台胞证件显示，其是台湾无业人员，而非正常来大陆的经商人员，在我国境内亦无经常居所，不能依据《伯尔尼公约》享受我国公民待遇。"

2003 年 9 月，杭州上岛和陈文敏向上海市第二中级人民法院（以下简称"上海二中院"）提起了诉讼，认为上海上岛将"上岛图案"作为商标使用，侵犯了陈文敏的著作权和杭州上岛对陈文敏美术作品的独占使用权。

上海二中院判决认定，陈文敏完全了解"上岛图案"美术作品已被用于第 30 类商品商标注册，也同意将相关注册商标转让给上海上岛。虽然工商注册材料未显示陈文敏系海南上岛公司的股东，但陈文敏作为该公司的总经理，对自己在任期间公司所发生的、与自己有重大利益关系的有关商标注册、转让的重大事项推托不知，不合常理。根据现有证据，不足以认定上海上岛使用注册商标以及"上岛图案"美术作品的行为侵犯了陈文敏的著作权及杭州上岛对"上岛图案"美术作品的使用权。

陈文敏不服该判决，提起上诉。后在二审过程中陈文敏又申请撤诉。上海二中院判决书生效。

2004 年 7 月，商评委不认同上海二中院的生效判决书，撤销了"上岛及图"商标。陈文敏在先创用的"上岛及图"标识的图案设计具有一定的独创性，应当视为受我国著作权法保护的作品，陈文敏对该作品享有的著作权受著作权法保护。根据著作权法规定，著作权的许可使用属于要式法律行为，使用他人作品应当经过著作权人明确许可，并同著作权人订立许可使用合同。上海上岛称陈文敏知晓本案争议商标的注册过程，但未提交"上岛及图"商标原始注册人广泰公司与著作人陈文敏订立的著作权许可使用合同，或者陈文敏明确许可广泰公司将其作品"上岛及图"图案申请商标注册的书面授权文件，或者其他能够证明陈文敏授权注册的证据。鉴于没有证据表明陈文敏明确许可广泰公司将其享有著作权的"上岛及图"图案申请商标注册，可以认定广泰公司是在未经授权的情况下，擅自将陈文敏在先享有著作权的"上岛及图"标识图案申请商标注册，其行为侵犯了陈文敏享有的在先权利。撤销广泰公司注册的"上岛及图"商标。

上海上岛向北京市第一中级人民法院（以下简称"北京一中院"）就撤销注册商标提出起诉。紧接着，北京一中院判决认定：虽然著作权法规定使用他人作品应当同著作权人订立许可使用合同，但不能由此得出，没有订立书面合同，就否定许可法律关系的存在。陈文敏在争议商标提出注册申请之前，已经与大陆企业约定成立海南上岛咖啡店，可以推定其有在合作投资的企业使用"上岛及图"商标的意思表示。虽然上海上岛提供的证据不能证明广泰公司申请注册争议商标的行为得到了陈文敏书面形式的同意，但是，广泰公司于海南上岛公司成立之后将该商标转让给海南上岛公司，海南上岛公司授权他人使用争议商标，在上海上岛成立之后，又将该商标无条件转让给上海上岛，陈文敏作为海南上岛公司的总经理、董事会议的参加者以及商标转让的受益者，其不仅知晓争议商标的转让事实，而且积极促成了争议商标的使用和转让，由此可以证明争议商标的注册得到了陈文敏的认可，没有损害陈文敏享有的在先权利。对于商标使用行为的认可，必然意味着对于之前的商标注册行为的追认。判决：撤销商评委裁定书，"上岛及图"商标继续有效。

商评委、杭州上岛和陈文敏均不服北京一中院的一审判决，上诉至北京高院。商评委的上诉理由是：陈文敏在参与海南上岛公司经营期间没有对争议商标的注册问题提出争议，并不意味着其对广泰公司注册行为的追认。已经生效的法律文书并非合理的，如果有充分证据证明生效裁判中认定的事实有误，理应予以纠正。

北京高院跳过了上海上岛和杭州上岛喋喋不休的争论，而是将目光直接投向了"上岛及图"商标注册伊始，广泰公司是否事先征得了著作权所有人陈文敏的许可。北京高院认为，现有证据表明，广泰公司申请注册争议商标时没有征得陈文敏许可，侵犯了陈文敏的著作权，其行为具有违法性。上海上岛以陈文敏违反诚实信用原则、禁止反悔为由进行抗辩，不予支持。终审判决：撤销北京一中院判决；维持商评委裁定书。

2.2.1.2　"老干妈"商标案

糖酒快讯 2001 年 4 月 10 日报道了"老干妈"商标案始末。闻名全国的贵州著名品牌"老干妈"，在经过近 5 年的商标争夺战后，终于如愿以偿。2001 年 3 月 20 日，贵阳南明老干妈风味食品有限责任公司（以下简称"贵阳老干妈公司"）接到北京市高级人民法院的判决书，要求被告停止不正当竞争行为，全额支持贵阳老干妈公司 40 万元的诉讼请求。

贵阳老干妈公司的前身是陶华碧 1994 年创立的"实惠饭店"，当时陶女士以现在的"风味豆豉""风味油辣椒"作为配菜调味品，免费供给顾客食用，顾客食用后纷纷要求购买，"实惠饭店"调味品和陶华碧"老干妈"的称谓不胫而走。由于供不应求，陶女士干脆将饭店更名为"贵阳南明陶氏风味食品厂"，转向重点生产风味豆豉等辣椒食品。随着企业的发展，1997 年更名为现在的"贵阳南明老干妈风味食品有限责任公司"。

1994 年年底，贵阳老干妈公司开始使用"老干妈"品牌，1996 年，风味豆豉开始使用经理李贵山设计的包装瓶瓶贴，这种瓶贴于 1998 年 8 月获得了国家专利局的外观专利授权。

几年来，贵阳老干妈公司的产品畅销 30 多个省市，2000 年，贵阳老干妈公司总产值达 1.5 亿元，利润和税收达 2 400 余万元。目前，贵阳老干妈公司已发展成日产 16 万瓶的贵州最大的辣椒制品生产企业，带动了贵州辣椒种植、包装等相关配套产业的发展。

"老干妈"声名鹊起，各地假冒、仿冒者蜂拥而至，市场上出现"老干妈"成群的尴尬现象，在众多"老干妈"中，湖南华越食品有限公司"老干妈"最为出名。1997 年 9 月，湖南华越食品有限公司（以下简称"华越公司"）与原生产"夜郎女"辣椒制品的贵阳南明唐蒙食品厂（以下简称"唐蒙食品厂"）签订《关于联合生产"老干妈"系列调味品合同》，合同规定，由唐蒙食品厂提供技术，华越公司提供生产设备、设施和场地。

当时这两家企业是否知道贵阳"老干妈"已是全国知名商品？在唐蒙食品厂厂长蒙开贵对工商部门的陈述笔录中，蒙开贵曾坦白地对华越公司法定代表人易长庚说："老干妈是别家产品，在贵阳还是知名产品，做不得。"而易长庚说："如果生产老干妈出事，责任由我公司承担。"

1997年11月，华越公司与唐蒙食品厂联产的"老干妈"风味豆豉上市，该产品的包装瓶贴与贵阳老干妈公司的极为相似，除陶华碧肖像换成刘湘球肖像，以及产品批号、执行标准、生产厂家等文字不同外，其余图案的色彩、图形、文字均相同。此外，华越公司产品的外包装纸箱与贵阳老干妈公司的也极为相仿。对此，贵阳老干妈公司曾多次向有关执法部门投诉，迫于压力，华越公司将产品瓶贴稍作改动。华越公司1998年1月向国家专利局申请外观设计专利时，瓶贴除黄色椭圆图案变成黄色菱形图案外，其余均未有实质性变化。尽管如此，国家专利局仍然在贵阳老干妈公司瓶贴获外观专利2个月后，向华越公司授予了此瓶贴的外观专利。

1998年4月前，贵阳老干妈公司先后4次向国家商标局申请注册"老干妈"，被国家商标局以"老干妈"为普通人称称谓驳回。1998年6月，贵阳老干妈公司再次申请注册"陶华碧老干妈及图"商标。同年10月，华越公司向国家商标局申请注册"刘湘球老干妈及图"商标，但2个月后，国家商标局只对华越公司的"刘湘球老干妈和图"商标进行了公告。贵阳老干妈公司对此不服提出异议，同时，华越公司也以其商标已获注册为由，向国家商标局提出了"陶华碧老干妈及图"商标的异议。2000年8月，国家商标局对两个异议裁定：两家共同使用"老干妈"品牌。据悉，《中华人民共和国商标法》明文规定，商标的注册有排他性和唯一性，国家商标局的这一裁定令人费解。在向商标局提出商标异议的同时，贵阳老干妈公司还一纸诉状，将华越公司告上了北京法庭，起诉华越公司老干妈及其销售者之一——北京燕莎望京购物中心，请求法院判定被告停止侵权，赔礼道歉，赔偿经济损失40万元。2000年8月，北京市第二中级人民法院作出了判决，认为贵阳老干妈公司所使用的"老干妈"风味豆豉包装瓶贴设计具有一定的独创性，应予以保护，被告华越公司在最初使用"老干妈"商品名称时，有明显的"搭便车"嫌疑，故华越公司构成不正当竞争行为。

但判决书并未完全支持贵阳老干妈公司的全部诉讼请求，只是要求被告赔偿贵阳老干妈公司经济损失15万元，驳回贵阳老干妈公司的其他诉讼请求。判决书认为，由于国家商标局已对被告的"刘湘球老干妈及图"商标予以核准注册，现行法规中司法不能干预商标裁定和专利授权，故法院判决只要求华越公司停止使用和销毁其获外观专利前的"老干妈"瓶贴。

贵州老干妈公司对商标局裁定和法院判决均不服，2001年1月18日，向北京市高级人民法院提起上诉，并向国家商标局商标评审委员会提出商标异议复审。

2个月后，北京市高级人民法院作出终审判决，判定本案为不正当竞争，华越公司停止在风味豆豉产品上使用"老干妈"商品名称；停止使用与贵阳老干妈公司风味豆豉瓶贴近似的瓶贴；赔偿贵阳老干妈公司经济损失40万元；北京燕莎望京购物中心停止销售华越公司老干妈风味豆豉。"老干妈"商标争夺战终于尘埃落定。

经中国商标网检索，"老干妈"商标是贵阳南明老干妈风味食品有限责任公司于1998年4月13日申请，初审公告日期为2003年2月21日，注册公告日期为2003年5月21日，专用权期限为2013年5月21日—2023年5月20日。"陶华碧老干妈及图"商标是贵阳南明老干妈风味食品有限责任公司于1998年12月30日申请，初审公告日期为2000年1月7

日，注册公告日期为 2000 年 4 月 7 日，专用权期限为 2020 年 4 月 7 日—2030 年 4 月 6 日。

2.2.1.3 "QQ"轿车商标案

2014 年 9 月 14 日，北京市高级人民法院就腾讯公司诉国家商标行政管理总局商标评审委员会一案作出终审判决：支持商评委此前作出的裁定，判令腾讯公司撤销汽车等商品的QQ 注册商标，奇瑞公司在这场商标争夺战中获得胜利。

早在 2003 年，在奇瑞"QQ"轿车上市 2 个月前，奇瑞公司就在汽车等 12 类商品上向国家商标局申请注册了第 3494779 号"QQ"商标，但后来腾讯公司在商标初始公告时提出了异议。2005 年 5 月 19 日，腾讯公司在第 12 类汽车等商品上申请注册"QQ"商标，2008年 3 月 7 日获准注册。2009 年 11 月 26 日，奇瑞公司以上述商标注册违反相关规定为由，向商评委提出撤销争议商标的申请。

商评委在奇瑞公司对争议"QQ"商标提出撤销申请后，作出裁定书，认定争议商标的注册构成《中华人民共和国商标法》第三十一条（注：2019 年修正后为第三十二条）所指的商标被他人先予注册并对商标产生一定影响的情形，据此裁定争议商标予以撤销。北京市高级人民法院维持商评委此前的裁定，判令腾讯公司撤销汽车等商品的"QQ"注册商标。

法院认为腾讯公司在汽车等商品上申请争议商标时，理应知晓奇瑞公司在此类商品上的"QQ"商标已经具有一定知名度。因此，腾讯公司申请注册争议商标的行为具有不正当性。北京市高级人民法院最终裁定维持一审判决。这一最终裁决意味着腾讯公司与奇瑞公司之间始于 2003 年的"QQ"汽车商标争夺战，在历经 11 年后终于结束了。

2.2.1.4 "三光"商标案

据百度百科资料，2004 年 1 月 2 日，日本福见产业株式会社向中国国家商标局申请注册"三光"商标。中国国家商标局于 2006 年 5 月 28 日通过初审，并予以公告，若无异议将在 2006 年 8 月 28 日核准注册。

2006 年 8 月 10 日，此事经新闻媒体披露，引起国人一片哗然，纷纷抨击日企申请该商标"居心叵测"，并质疑国家商标局是如何审查通过该商标的。

"三光"商标 2006 年 8 月 28 日的核准注册之日即将到来，浙江导司律师事务所的两名律师向国家商标局提交异议书，异议书中提到，"三光政策"是日本军队侵华战争滔天罪行的见证，也是中国人民难以忘记的历史耻辱，作为日本的一家企业，应该知道这段历史，却在中国申请注册"三光"商标，这必定会伤害中国人民的感情。

2006 年 8 月 15 日，山东白兔商标代理公司在泉城广场征集签名，反对日企注册"三光"商标，仅一个下午，就有万余名市民在条幅上签名，该签名条幅作为异议证据递交国家商标局。

2006 年 8 月 18 日，国家商标局在官方网站"中国商标网"上公告依法撤销第 3871867号"三光"商标。

2.2.1.5 "亚细亚"商标易主

2005 年，李代广等在《中国乡镇企业》中报道，"亚细亚"商标已经易主。

"中原之行哪里去？郑州亚细亚"，这句早在 20 世纪 90 年代就开始流传的广告语，至今令许多人难以忘怀！提出这句广告语的亚细亚商场也因此名扬全国，一度成为郑州市乃至河南省商业战线上的一面旗帜！

据传，亚细亚商场在最辉煌时，其无形资产曾被评估近 10 亿元。如今郑州亚细亚商场在国家商标局注册的 34 类商标，有 23 类甚至更多早已经过期作废了，大部分商标已通过注册申请挂在别人名下。

这实际上意味着亚细亚商场的股东或债权人对以上的"亚细亚"商标"拥有的价值"已经为零，这也意味着如果其他任何商业机构或个人重新注册成功，更多的"亚细亚"将会在别的地方诞生。

2.2.2　涉及的商标法律条文

以下为《中华人民共和国商标法》（2019 年修正）节选：

第四条　自然人、法人或者其他组织在生产经营活动中，对其商品或者服务需要取得商标专用权的，应当向商标局申请商标注册。不以使用为目的的恶意商标注册申请，应当予以驳回。

本法有关商品商标的规定，适用于服务商标。

第五条　两个以上的自然人、法人或者其他组织可以共同向商标局申请注册同一商标，共同享有和行使该商标专用权。

第六条　法律、行政法规规定必须使用注册商标的商品，必须申请商标注册，未经核准注册的，不得在市场销售。

第七条　申请注册和使用商标，应当遵循诚实信用原则。

商标使用人应当对其使用商标的商品质量负责。各级工商行政管理部门应当通过商标管理，制止欺骗消费者的行为。

第八条　任何能够将自然人、法人或者其他组织的商品与他人的商品区别开的标志，包括文字、图形、字母、数字、三维标志、颜色组合和声音等，以及上述要素的组合，均可以作为商标申请注册。

第九条　申请注册的商标，应当有显著特征，便于识别，并不得与他人在先取得的合法权利相冲突。

商标注册人有权标明"注册商标"或者注册标记。

第十条　下列标志不得作为商标使用：

（1）同中华人民共和国的国家名称、国旗、国徽、国歌、军旗、军徽、军歌、勋章等相同或者近似的，以及同中央国家机关的名称、标志、所在地特定地点的名称或者标志性建筑物的名称、图形相同的；

（2）同外国的国家名称、国旗、国徽、军旗等相同或者近似的，但经该国政府同意的除外；

（3）同政府间国际组织的名称、旗帜、徽记等相同或者近似的，但经该组织同意或者不易误导公众的除外；

（4）与表明实施控制、予以保证的官方标志、检验印记相同或者近似的，但经授权的除外；

（5）同"红十字""红新月"的名称、标志相同或者近似的；

（6）带有民族歧视性的；

（7）带有欺骗性，容易使公众对商品的质量等特点或者产地产生误认的；

（8）有害于社会主义道德风尚或者有其他不良影响的。

县级以上行政区划的地名或者公众知晓的外国地名，不得作为商标。但是，地名具有其他含义或者作为集体商标、证明商标组成部分的除外；已经注册的使用地名的商标继续有效。

第十一条　下列标志不得作为商标注册：

（1）仅有本商品的通用名称、图形、型号的；

（2）仅直接表示商品的质量、主要原料、功能、用途、重量、数量及其他特点的；

（3）其他缺乏显著特征的。

前款所列标志经过使用取得显著特征，并便于识别的，可以作为商标注册。

第十二条　以三维标志申请注册商标的，仅由商品自身的性质产生的形状、为获得技术效果而需有的商品形状或者使商品具有实质性价值的形状，不得注册。

第十三条　为相关公众所熟知的商标，持有人认为其权利受到侵害时，可以依照本法规定请求驰名商标保护。

就相同或者类似商品申请注册的商标是复制、摹仿或者翻译他人未在中国注册的驰名商标，容易导致混淆的，不予注册并禁止使用。

就不相同或者不相类似商品申请注册的商标是复制、摹仿或者翻译他人已经在中国注册的驰名商标，误导公众，致使该驰名商标注册人的利益可能受到损害的，不予注册并禁止使用。

第二十二条　商标注册申请人应当按规定的商品分类表填报使用商标的商品类别和商品名称，提出注册申请。

商标注册申请人可以通过一份申请就多个类别的商品申请注册同一商标。

商标注册申请等有关文件，可以以书面方式或者数据电文方式提出。

第二十三条　注册商标需要在核定使用范围之外的商品上取得商标专用权的，应当另行提出注册申请。

第二十四条　注册商标需要改变其标志的，应当重新提出注册申请。

第二十五条　商标注册申请人自其商标在外国第一次提出商标注册申请之日起六个月内，又在中国就相同商品以同一商标提出商标注册申请的，依照该外国同中国签订的协议或者共同参加的国际条约，或者按照相互承认优先权的原则，可以享有优先权。

依照前款要求优先权的，应当在提出商标注册申请的时候提出书面声明，并且在三个月内提交第一次提出的商标注册申请文件的副本；未提出书面声明或者逾期未提交商标注册申请文件副本的，视为未要求优先权。

第二十六条　商标在中国政府主办的或者承认的国际展览会展出的商品上首次使用的，自该商品展出之日起六个月内，该商标的注册申请人可以享有优先权。

依照前款要求优先权的，应当在提出商标注册申请的时候提出书面声明，并且在三个月内提交展出其商品的展览会名称、在展出商品上使用该商标的证据、展出日期等证明文件；未提出书面声明或者逾期未提交证明文件的，视为未要求优先权。

第二十七条　为申请商标注册所申报的事项和所提供的材料应当真实、准确、完整。

第二十八条　对申请注册的商标，商标局应当自收到商标注册申请文件之日起九个月内审查完毕，符合本法有关规定的，予以初步审定公告。

第二十九条　在审查过程中，商标局认为商标注册申请内容需要说明或者修正的，可以要求申请人作出说明或者修正。申请人未作出说明或者修正的，不影响商标局作出审查决定。

第三十条　申请注册的商标，凡不符合本法有关规定或者同他人在同一种商品或者类似商品上已经注册的或者初步审定的商标相同或者近似的，由商标局驳回申请，不予公告。

第三十一条　两个或者两个以上的商标注册申请人，在同一种商品或者类似商品上，以相同或者近似的商标申请注册的，初步审定并公告申请在先的商标；同一天申请的，初步审定并公告使用在先的商标，驳回其他人的申请，不予公告。

第三十二条　申请商标注册不得损害他人现有的在先权利，也不得以不正当手段抢先注册他人已经使用并有一定影响的商标。

第三十三条　对初步审定公告的商标，自公告之日起三个月内，在先权利人、利害关系人认为违反本法第十三条第二款和第三款、第十五条、第十六条第一款、第三十条、第三十一条、第三十二条规定的，或者任何人认为违反本法第四条、第十条、第十一条、第十二条、第十九条第四款规定的，可以向商标局提出异议。公告期满无异议的，予以核准注册，发给商标注册证，并予公告。

第三十四条　对驳回申请、不予公告的商标，商标局应当书面通知商标注册申请人。商标注册申请人不服的，可以自收到通知之日起十五日内向商标评审委员会申请复审。商标评审委员会应当自收到申请之日起九个月内作出决定，并书面通知申请人。有特殊情况需要延长的，经国务院工商行政管理部门批准，可以延长三个月。当事人对商标评审委员会的决定不服的，可以自收到通知之日起三十日内向人民法院起诉。

第三十五条　对初步审定公告的商标提出异议的，商标局应当听取异议人和被异议人陈述事实和理由，经调查核实后，自公告期满之日起十二个月内作出是否准予注册的决定，并书面通知异议人和被异议人。有特殊情况需要延长的，经国务院工商行政管理部门批准，可以延长六个月。

商标局作出准予注册决定的，发给商标注册证，并予公告。异议人不服的，可以依照本法第四十四条、第四十五条的规定向商标评审委员会请求宣告该注册商标无效。

商标局作出不予注册决定，被异议人不服的，可以自收到通知之日起十五日内向商标评审委员会申请复审。商标评审委员会应当自收到申请之日起十二个月内作出复审决定，并书面通知异议人和被异议人。有特殊情况需要延长的，经国务院工商行政管理部门批准，可以延长六个月。被异议人对商标评审委员会的决定不服的，可以自收到通知之日起三十日内向人民法院起诉。人民法院应当通知异议人作为第三人参加诉讼。

商标评审委员会在依照前款规定进行复审的过程中，所涉及的在先权利的确定必须以人民法院正在审理或者行政机关正在处理的另一案件的结果为依据的，可以中止审查。中止原因消除后，应当恢复审查程序。

2.2.3　知识产权要点点评

2.2.3.1　注册商标与著作权

《中华人民共和国商标法》第九条规定："申请注册的商标，应当有显著特征，便于识别，并不得与他人在先取得的合法权利相冲突。"在2.2.1.1小节"上岛"商标案中，北京高院跳过了上海上岛和杭州上岛喋喋不休的争论，而是将目光直接投向了"上岛及图"商标注册伊始，现有证据表明，广泰公司申请注册争议商标时没有征得陈文敏许可，侵犯了陈文敏的著作权，其行为具有违法性，才有了终审判决：撤销北京一中院判决；维持商评委裁定书。

2.2.3.2 注册商标与专利权

注册商标和专利的客体不同：专利保护的发明创造内容，包括发明、实用新型和外观设计；商标保护商标本身，即与他人的商品区别开的标志，包括文字、图形、字母、数字、三维标志、颜色组合和声音等，以及上述要素的组合。

注册商标和专利的保护期限不同：发明专利权的期限为20年，实用新型专利权的期限为10年，外观设计专利权的期限为15年，均自申请日起计算，到期一般不能续展；商标保护期限为10年，但是到期可以续展，因此只要每10年续展一次就可以无限期拥有商标独占使用权。

注册商标和专利的保护内容不同：专利保护不得制造、使用、许诺销售、销售、进口同该专利相同或近似的产品；商标保护不得在同类商品上注册相同的商标，如果受保护的是驰名商标，他人即使是不同类商品也不能标注驰名商标。

注册商标和专利的申请程序不同：专利要向国家知识产权局专利局申请，经过初步审查（新型和外观）和实质审查（发明），最终授予专利权；商标向国家知识产权局商标局申请，经过初步审查，公告无异议后核准注册。

在2.2.1.2小节"老干妈"商标案中，1994年年底，贵阳老干妈公司开始使用"老干妈"品牌，1996年，风味豆豉开始使用经理李贵山设计的包装瓶瓶贴，这种瓶贴于1998年8月获得了国家专利局的外观专利授权。"老干妈及图"商标是贵阳南明老干妈风味食品有限责任公司于1998年4月13日申请注册商标的。

《中华人民共和国商标法》第四十九条规定："商标注册人在使用注册商标的过程中，自行改变注册商标、注册人名义、地址或者其他注册事项的，由地方工商行政管理部门责令限期改正；期满不改正的，由商标局撤销其注册商标。

注册商标成为其核定使用的商品的通用名称或者没有正当理由连续三年不使用的，任何单位或者个人可以向商标局申请撤销该注册商标。商标局应当自收到申请之日起九个月内作出决定。有特殊情况需要延长的，经国务院工商行政管理部门批准，可以延长三个月。"

所以才有"亚细亚"商标被作废而易主。

2.2.3.3 注册商标与产品类别

《中华人民共和国商标法》第二十二条规定："商标注册申请人应当按规定的商品分类表填报使用商标的商品类别和商品名称，提出注册申请。商标注册申请人可以通过一份申请就多个类别的商品申请注册同一商标。"第二十三条规定："注册商标需要在核定使用范围之外的商品上取得商标专用权的，应当另行提出注册申请。"

商标是区别商品或服务来源的一种标志，每一个注册商标都是指定用于某一商品或服务上的。正是为了商标检索、审查、管理工作的需要，把某些具有共同属性的商品组合到一起，编为一个类，形成了商标分类表——《商标注册用商品和服务国际分类》。

商标国际分类共包括45类，其中商品34类，服务项目11类，共包含1万多个商品和服务项目。不仅所有尼斯联盟成员国都使用此分类表，而且，非尼斯联盟成员国也可以使用该分类表。所不同的是，尼斯联盟成员可以参与分类表的修订，而非成员国则无权参与。

　　"QQ"作为腾讯QQ的简称，是一款基于互联网的即时通信软件，为大家所熟知。1999年10月，就在OICQ席卷中国即时通信市场之时，一纸律师函发到了刚刚成立3年的腾讯公司。ICQ的母公司美国在线（AOL）起诉腾讯公司侵权，要求OICQ改名。马化腾急中生智，将OICQ改名为QQ。

　　2000年4月，QQ用户注册数达10万；5月27日20时43分，QQ同时在线人数首次突破10万大关；6月，QQ注册用户数再破10万；6月21日，"移动QQ"进入联通移动新生活，对众多的腾讯QQ和联通移动电话用户来说意义深远；11月，QQ 2000版本正式发布。

　　2003年，在奇瑞"QQ"轿车上市2个月前，奇瑞公司在汽车等12类商品上向国家商标局申请注册了第3494779号"QQ"商标；2005年5月19日，腾讯公司在第12类汽车等商品上申请注册"QQ"商标，2008年3月7日获准注册。2009年11月26日，腾讯公司向商评委提出撤销争议商标的申请。商评委认定争议商标的注册构成《中华人民共和国商标法》第三十一条（注：2019年修正后为第三十二条）所指的商标被他人先予注册并对商标产生一定影响的情形，据此裁定争议商标予以撤销。法院认为腾讯公司在汽车等商品上申请争议商标时，理应知晓奇瑞公司在此类商品上的"QQ"商标已经具有一定知名度。因此，腾讯公司申请注册争议商标的行为具有不正当性。因此，北京高院最终裁定维持一审判决，判令腾讯公司撤销汽车等商品的QQ注册商标，奇瑞公司获得胜利。

2.2.3.4　不得作为商标的标志

　　《中华人民共和国商标法》第十条规定："下列标志不得作为商标使用：

　　（1）同中华人民共和国的国家名称、国旗、国徽、国歌、军旗、军徽、军歌、勋章等相同或者近似的，以及同中央国家机关的名称、标志、所在地特定地点的名称或者标志性建筑物的名称、图形相同的；

　　（2）同外国的国家名称、国旗、国徽、军旗等相同或者近似的，但经该国政府同意的除外；

　　（3）同政府间国际组织的名称、旗帜、徽记等相同或者近似的，但经该组织同意或者不易误导公众的除外；

　　（4）与表明实施控制、予以保证的官方标志、检验印记相同或者近似的，但经授权的除外；

　　（5）同'红十字''红新月'的名称、标志相同或者近似的；

　　（6）带有民族歧视性的；

　　（7）带有欺骗性，容易使公众对商品的质量等特点或者产地产生误认的；

　　（8）有害于社会主义道德风尚或者有其他不良影响的。

　　县级以上行政区划的地名或者公众知晓的外国地名，不得作为商标。但是，地名具有其他含义或者作为集体商标、证明商标组成部分的除外；已经注册的使用地名的商标继续有效。"

　　《中华人民共和国商标法》第十一条规定："下列标志不得作为商标注册：

　　（1）仅有本商品的通用名称、图形、型号的；

　　（2）仅直接表示商品的质量、主要原料、功能、用途、重量、数量及其他特点的；

　　（3）其他缺乏显著特征的。

　　前款所列标志经过使用取得显著特征，并便于识别的，可以作为商标注册。"

"三光政策"是日本军队侵华战争滔天罪行的见证，也是中国人民难以忘记的历史耻辱，这段历史中国人民不会忘记，在中国申请注册"三光"商标，必定会伤害中国人民的感情。因此国家商标局在官方网站"中国商标网"上公告依法撤销第 3871867 号"三光"商标。

2.3　商业秘密的获取

2.3.1　商业秘密获取的案例

2.3.1.1　经营信息不一定是商业秘密

北京市盈科律师事务所高级合伙人奚玉和合伙人律师何力在 2013 年第 9 期《光彩》杂志上介绍了以下案例：从事食品进出口的 A 公司于 20 世纪 70 年代开始向日渔联（即日本北海道渔联会）下属企业出口海带，并投入大量人力、物力投资开发海带加工方法及设备等专利技术。其雇员马某于 2006 年离职前 3 个月，谋划成立了由其外甥陈某为法定代表人的 B 公司。A 公司与马某之间没有限制马某离职后从事具有竞争关系业务的竞业禁止约定。马某离职后顺理成章地在 B 公司工作，并利用其在 A 公司工作时掌握的海带业务流程、技术和客户开展海带进出口经营活动。2007 年，中粮公司发出通知，决定对日渔联下属企业的海带出口贸易统一分配出口份额，将 2007 年威海海带出口日本业务交由 B 公司经营。A 公司以 B 公司侵害其商业秘密，使公司利益蒙受损失为由提起诉讼。

2.3.1.2　垃圾也能泄密

世界上最为著名的两个消费品牌公司当属联合利华和宝洁。它们的产品占据了很大的市场空间，力士、夏士莲、护舒宝、品克薯片、潘婷等都耳熟能详，它们在全球销售的各类产品几乎成为我们生活中不可缺少的部分。吴楠在 2009 年第 8 期《中国林业产业》杂志上发表了题为《垃圾泄密，宝洁联合利华"废物"大战》的文章。2001 年年初，宝洁和联合利华之间爆发了情报纠纷事件。宝洁聘用专业人员扮成清洁工人，进入联合利华内部，收集和整理从联合利华芝加哥分公司新产品办公处抛弃的办公室垃圾，从中得到了数十份关于洗发和护发产品的文件。这一收集情报的行动进行 6 个月后，才引起了联合利华的警觉，因为他们发现，办公室垃圾没有被送到垃圾处理厂，而是被秘密运到了一个私人住处。事发后，宝洁极力表示那只是员工的个别行为，最高级管理部门并不知情，并将"涉案"的 3 人开除。但随着事情越闹越大，宝洁主席约翰·派佩不得不在当年 8 月飞往伦敦联合利华总部，归还文件，保证不会使用其中的情报内容，并赔偿了 1 000 万美元现金，此后才了结此案。法庭文件显示，其实早在 1943 年，宝洁就对当时名为利华兄弟公司的联合利华下过手。宝洁买通了利华兄弟公司的一个员工，偷出了几块新产品——"天鹅"牌肥皂。经过样品分析后，宝洁用新配方改进了自己公司的"和平鸽"牌肥皂。事情败露后，宝洁被利华兄弟公司以盗窃专利罪名告上法庭，不过最终双方庭外和解，宝洁支付了赔偿金。

2.3.1.3　难防监守自盗

西安某大学在 20 世纪 70 年代初，发明了一种"电力电缆故障检测仪"。用此仪器可在地面直接查找电缆的故障位置，解决了以前检查故障电缆时，要把地面挖开查找故障而带来的检测不便问题。这种检测仪研制成功后由该大学的校办工厂生产销售。1991 年，该大学的 5 位技术人员又在原来电缆仪的基础上利用计算机技术，研制开发出了"智能型电力电缆故障测试仪"。经鉴定后，该大学将该项技术成果定为机密级，并采取了严格的保密措施，同时规定该项技术成果不对外转让，由该大学下属单位技术开发总公司成立一个电子设备厂生产该项产品；并任命原智能电缆故障测试仪课题组的成员王某担任厂长，全面负责智能电缆仪的生产经营活动。在生产期间，电子设备厂还采取了严格的保密措施，规定非生产人员不能入内，规定技术图纸放在特定地方不许带出办公室。1992 年，王某携带技术图纸，在西安的高新技术开发区另起炉灶，组建了一家智能仪表设备有限公司，生产销售与该大学相同的智能电缆仪，在以后的销售中还打着该大学的旗号，抢占了该大学原有的一大部分销售市场。

2.3.2　涉及的商业秘密法律条文

以下为《中华人民共和国反不正当竞争法》（2019 年修正）节选：

第九条　经营者不得实施下列侵犯商业秘密的行为：

（1）以盗窃、贿赂、欺诈、胁迫、电子侵入或者其他不正当手段获取权利人的商业秘密；

（2）披露、使用或者允许他人使用以前项手段获取的权利人的商业秘密；

（3）违反保密义务或者违反权利人有关保守商业秘密的要求，披露、使用或者允许他人使用其所掌握的商业秘密；

（4）教唆、引诱、帮助他人违反保密义务或者违反权利人有关保守商业秘密的要求，获取、披露、使用或者允许他人使用权利人的商业秘密。

经营者以外的其他自然人、法人和非法人组织实施前款所列违法行为的，视为侵犯商业秘密。

第三人明知或者应知商业秘密权利人的员工、前员工或者其他单位、个人实施本条第一款所列违法行为，仍获取、披露、使用或者允许他人使用该商业秘密的，视为侵犯商业秘密。

本法所称的商业秘密，是指不为公众所知悉、具有商业价值并经权利人采取相应保密措施的技术信息、经营信息等商业信息。

第三十二条　在侵犯商业秘密的民事审判程序中，商业秘密权利人提供初步证据，证明其已经对所主张的商业秘密采取保密措施，且合理表明商业秘密被侵犯，涉嫌侵权人应当证明权利人所主张的商业秘密不属于本法规定的商业秘密。

商业秘密权利人提供初步证据合理表明商业秘密被侵犯，且提供以下证据之一的，涉嫌侵权人应当证明其不存在侵犯商业秘密的行为：

（1）有证据表明涉嫌侵权人有渠道或者机会获取商业秘密，且其使用的信息与该商业秘密实质上相同；

（2）有证据表明商业秘密已经被涉嫌侵权人披露、使用或者有被披露、使用的风险；

（3）有其他证据表明商业秘密被涉嫌侵权人侵犯。

2.3.3　知识产权要点点评

2.3.3.1　商业秘密的三要件

2.3.1.1 小节的案件在审理过程中，对于对日出口海带贸易机会是否构成商业秘密的问题，双方之间存在很大分歧。那么，到底什么是商业秘密？原《中华人民共和国反不正当竞争法》（1993 年）规定，商业秘密是指不为公众所知悉、能为权利人带来经济利益、具有实用性并经权利人采取保密措施的技术信息和经营信息。2019 年新修正的《中华人民共和国反不正当竞争法》明确规定，商业秘密是指不为公众所知悉、具有商业价值并经权利人采取相应保密措施的技术信息、经营信息等商业信息。根据该定义，某项技术信息和经营信息要构成商业秘密需要同时满足以下三个要件：秘密性、商业价值性、保密性。

所谓"秘密性"，是指"不为公众所知悉"，即该技术或经营信息未进入"公有领域"，非"公知信息"或"公知技术"。所谓"商业价值性"，是指能为权利人带来经济利益、具有实用性，其最根本的特征是所有人因掌握该商业秘密而具备相对于未掌握该商业秘密的竞争对手的竞争优势。此外，商业秘密的价值是人的劳动创造的价值。所谓"保密性"，是指权利人为防止信息泄露所采取的与其商业价值等具体情况相适用的合理保护措施，该要件强调的是权利人的保密行为，而不是保密的结果。具体到该案而言，对日出口海带的贸易机会系一般市场信息，属于"公知信息"，本身并不具有秘密性，不满足商业秘密的全部构成要件，因此，不能认定为商业秘密。而在既没有违反竞业禁止义务，又没有侵犯商业秘密的情况下，马某运用自己在原用人单位学习的知识、技能为 B 公司服务，既没有违反诚实信用原则，也没有违反公认的商业道德，不属于《中华人民共和国反不正当竞争法》直接规定的不正当竞争行为。

2.3.3.2　商业秘密的保密措施

看到 2.3.1.2 小节的"垃圾泄密"后，就不难理解肯德基为保护其炸鸡保密秘方的措施了。据《北京晚报》报道，在肯德基位于美国肯塔基州路易斯维尔市的总部内，有一间守卫森严的保密房间。要进入室内，工作人员首先要打开保险库大门，然后分别打开房门上的三道锁。推开房门，里面是一个装有两道密码锁的结实档案保险柜。那里面，便是肯德基的核心商业机密——1940 年由肯德基创始人哈兰·桑德斯上校发明的炸鸡配方。别小看这张已发黄的小纸片，那可是美国最知名的商业机密之一。纸上是桑德斯上校亲手用铅笔写下的 11 种香辛料名称和调配比例。自从 20 多年前被放入档案柜保存起来，这张小纸片从未离开过肯德基总部。据说全球仅有两名高管知道秘方的内容。2008 年为了进一步完善存放条件，这张珍贵的秘方被装在一辆装甲汽车里，由大批警员护卫搬离肯德基总部。

美国媒体报道，名列《财富》全球 1 000 强的大公司，平均每年发生 2.45 次的商业间谍事件，损失总数高达 450 亿美元。商业机密关系到企业的生死存亡。在竞争激烈的商场上，将自己生产、管理、销售的信息拱手让人，无异于置己于绝境。商业间谍案件的频发，也警示中国企业与国际接轨时一定要提高保密意识，为自己构筑起安全防护墙。

从 2.3.1.3 小节的案例可以知道，其实堡垒是最容易从内部攻破的。

2.3.3.3　商业秘密认定的法律障碍

江南大学法学院江苏省知识产权法（江南大学）研究中心顾成博在 2020 年第 5 期《学海》杂志上发表的题为《经济全球化背景下我国商业秘密保护的法律困境与应对策略》的文章指出了商业秘密认定的法律障碍。

1. 客体范围认定的法律障碍

《中华人民共和国民法总则》（注：2020 年 5 月 28 日，第十三届全国人大第三次会议表决通过了《中华人民共和国民法典》，本法自 2021 年 1 月 1 日起施行。《中华人民共和国民法总则》同时废止。）第一百二十三条虽已规定商业秘密属于知识产权保护的客体，但该法没有进一步为商业秘密提供清晰的概念和具体的保护规则。实际上，《与贸易有关的知识产权协定》（以下简称《TRIPs 协定》）第三十九条已经为商业秘密提供了清晰的概念，尽管其使用"未披露信息"来表述商业秘密，但两者的含义是完全一致的。根据《TRIPs 协定》第三十九条第二款规定，符合下列三项条件的信息属于商业秘密：

（1）该信息属于秘密，即该信息的整体或者各部分的精确排列和组合并非为所属领域的人员普遍知悉或者容易获取；

（2）该信息因其秘密性而具有商业价值；

（3）该信息的合法控制人已采取合理的步骤来保持其秘密性。

基于此，商业秘密应具有秘密性、价值性和保密性三个重要特征。目前，《中华人民共和国反不正当竞争法》第九条第四款将商业秘密定义为"不为公众所知悉、具有商业价值并经权利人采取相应保密措施的技术信息、经营信息等商业信息"。这表明我国虽已采纳了《TRIPs 协定》确立的三要件标准，但二者仍然存在明显差异。因为我国将商业秘密最终定义为"技术信息、经营信息等商业信息"，而不是符合上述三项条件的"任何信息"。换句话说，我国的商业秘密概念实际上缩小了《TRIPs 协定》中商业秘密的客体范围。

此外，《中华人民共和国反不正当竞争法》没有列举商业秘密的具体内容。这种概括性的规定不仅使司法机关难以具体操作，而且可能使某些具有商业价值的重要信息难以作为商业秘密获得法律保护。对此问题，司法机关不得不依据《国家工商行政管理局关于禁止侵犯商业秘密行为的若干规定》（以下简称《规定》）第二条第五款的规定来确定商业秘密的保护范围。该条款规定"本规定所称技术信息和经营信息，包括设计、程序、产品配方、制作工艺、制作方法、管理诀窍、客户名单、货源情报、产销策略、招投标中的标底及标书内容等信息"。例如，在（2017）鄂 0103 民初 3785 号案中，武汉市江汉区人民法院便以《规定》为依据将客户名单纳入商业秘密的保护范围。尽管《规定》为司法机关提供了参考依据，但是其法律层级较低并且没有为列举的信息类型提供法律概念和认定标准，在具体适用中仍有诸多困难。《最高人民法院关于审理不正当竞争民事案件应用法律若干问题的解释》（以下简称《司法解释》）第十三条第一款虽为客户名单提供了法律概念，但该解释同样没有为其他类别的信息提供可以参考的法律概念，司法机关仍然需要根据案件情况自行认定。

2. 秘密性认定的法律障碍

秘密性是商业秘密区别于专利和公知信息的显著特征。由于《中华人民共和国反不正当竞争法》没有解释"不为公众所知悉"的具体含义，司法机关只能依据《司法解释》第九条第一款的规定来认定有关信息是否具有秘密性。该条款规定："不为公众所知悉"是指"有关信息不为其所属领域的相关人员普遍知悉和容易获得"。即便如此，证明有关信息具有秘密性仍然是一个难度较大的问题。这是因为"不为公众所知悉"的状态是一种消极的事实状态，无论权利人采取何种证明方法都无法穷尽所有情况。与此相反，证明有关信息已为公众所知悉则要相对容易一些。因为只要检索到任何有关信息被公开的记录，即可证明其已不具有秘密性。但是，根据《中华人民共和国民事诉讼法》第六十四条第一款规定，当事人对自己提出的主张，有责任提供证据。同时，《司法解释》第十四条也规定，当事人指称他人侵犯其商业秘密的，应当对其拥有的商业秘密符合法定条件负举证责任。因此，按照

"谁主张谁举证"的原则，权利人应当负责证明其所持有的信息具有秘密性。显然，这样的规定增加了权利人的举证难度，也使商业秘密侵权诉讼难以进行。在实践中，司法机关通常采取变通办法，以"优势证据规则"来衡量原告举证是否满足案件审理要求，或者通过司法鉴定和由被告举证等方式降低原告的举证难度。尽管这种变通方式有利于诉讼的进行，但由于没有法律依据而时常引发争议。鉴于上述原因，《中华人民共和国反不正当竞争法》第三十二条引入了"举证责任转移"规则，转而要求涉嫌侵权人证明权利人所主张的商业秘密不具有秘密性。这一规定较大地降低了秘密性的证明难度，也使商业秘密侵权诉讼得以顺利进行。

尽管证明秘密性的举证责任问题通过上述方式得以解决，但是司法机关如何认定有关信息是否具有秘密性仍然存在一定问题。因为这不仅是一个事实判断和法律判断相结合的问题，也是一个涉及专业性知识和技术运用的复杂问题。《中华人民共和国反不正当竞争法》对此问题并没有具体的规定。在实践中，司法机关通常采用以下三种方式认定有关信息是否具有秘密性：

（1）对于涉及专业性知识较强的技术信息，根据鉴定机构出具的鉴定材料认定有关信息是否具有秘密性。

（2）对于商业性经营信息，根据查明的事实认定有关信息是否具有秘密性。

（3）当司法鉴定机构出具的技术鉴定材料存在瑕疵或者技术鉴定材料之间存在冲突时，根据查明的案件事实认定有关信息是否具有秘密性。需要指出的是，这三种认定方式在实践中都存在问题，尤其是第三种认定方式与形式正义原则相冲突并且没有法律依据，其司法认定结果也难以令人信服。

3. 价值性认定的法律障碍

《中华人民共和国反不正当竞争法》没有提供"商业价值"的含义和认定标准。根据《司法解释》第十条的规定，商业秘密的商业价值在于通过有关信息的使用能够为权利人带来现实的或潜在的经济利益，或者能够为权利人带来竞争优势。因此，司法机关对于"价值性"的认定主要是考察以下三个因素：

（1）有关信息应在商业活动中具有价值。这意味着那些具有非商业性价值的信息则不属于商业秘密。

（2）有关信息的商业价值可以是现实的也可以是潜在的。这表明只要相关信息具有产生经济利益或带来竞争优势的客观必然性，即便其处于研发阶段尚未投入商业使用，依然属于商业秘密的范畴。例如，新型产品技术信息、股票投资信息、经营策略信息等。

（3）有关信息的价值不应受存续时间的限制。也就是说，商业秘密的价值可以是长期存在的，也可以是短期有效，甚至是一次性消亡的，只要有关信息在为权利人所用时具有商业价值即符合价值性要求。例如，商业投标中的标底信息等。需要强调的是，《中华人民共和国反不正当竞争法》已将"实用性"要件删除，这表明商业秘密的价值性与实用性无关。这是因为如果过于强调实用性则可能将一些具有商业价值但缺乏实用性的信息排除在商业秘密保护之外。例如，失败的实验数据信息等。此类信息虽不具有生产的实用性，但可能为获得此信息的竞争者降低研发成本和缩短研发时间，从而间接提升经济效益和获取竞争优势。

在司法实践中，证明有关信息具有潜在的商业价值同样是较为困难的，因为未投入使用的信息能否带来经济利益或竞争优势具有较大的不确定性。然而，如果只要求权利人证明其为有关信息的形成和获取付出了劳动成本，从而推定该信息具有潜在的商业价值，则会导致证明结论缺乏合理性和可信性。《中华人民共和国反不正当竞争法》没有为此类证明原则提供法律依据，对此问题，司法机关通常采用"关联性标准"进行审查，权利人无须对信息的商业价值作绝对化的证明，只要能够证明有关信息与创造经济利益或竞争优势存在紧密的关联性即可。例如，在（2017）云民终 226 号案中，云南省高级人民法院认为投标文件中的相关报价及技术方案决定着投标人是否具有竞争优势和能否中标。因此，这些信息无论对于投标人自身还是对于其他潜在投标人来说都具有重要的商业价值。

4. 保密性认定的法律障碍

商业秘密是经权利人"采取相应保密措施"的技术信息、经营信息等商业信息。《中华人民共和国反不正当竞争法》没有解释何种措施属于"相应"保密措施，在实践中，司法机关对于保密措施的认定主要考虑以下几个因素：

（1）权利人的主观保密意愿。权利人需要通过采取具体的保密措施向公众表明管理和保护有关信息的主观意愿。

（2）保密措施的可识别程度。权利人采取的保密措施应当足以使相对人清楚地意识到有关信息已处于保密状态。这些保密措施可以是书面通知、警示标志、视频监控、出入限制、接触限制、工作分解、密码设置和保险柜等。

（3）保密措施与商业秘密的匹配程度。权利人采取的保密措施应当与商业秘密的载体性质和商业价值等情况相适应。此外，基于"成本—收益理论"，保密措施并不需要是绝对安全的，只要他人不采取不正当手段或者不违反约定便难以获得有关信息即可。

在实践中，司法机关对于权利人是否"采取相应保密措施"的认定存在着较大分歧，难以形成一致的审判意见。这种分歧主要表现在企业是否需要明确保密的信息内容方面。例如，在（2010）苏知民终 0179 号案中，江苏省高级人民法院认为扬州恒春电子有限公司虽然未与员工签订关于具体信息内容的保密协议，但是该公司的保密制度和《技术文件管理规范》对设计资料和工艺文件等要求保密的内容和范围已作出明确规定。因此，法院认定该公司已就涉案技术信息采取了合理的保密措施。与此判决相反，在（2015）京知民初 518 号案中，北京知识产权法院认为北京七维航测科技股份有限公司虽然在《劳动合同书》中约定员工应对工作期间所了解的商业秘密负有保密义务，但是该公司并未与员工另行签订《保密协议》，因此认定该公司未对涉案信息采取应有的保密措施。

2.4 著作权的获取

2.4.1 著作权获取的案例

2.4.1.1 新东方侵著作权案

新东方的发展壮大为渴望留学海外的莘莘学子提供了重要的起点，也成为中国外语培训的行业标杆。然而，从 1996 年始，新东方就陷入了一场旷日持久的侵权纷争。经美国教育考试服务中心（Educational Testing Service，简称 ETS）的多次举报，北京市工商管理部门在新东方查抄了大量未经授权复印的 ETS 考题资料。此后，新东方与 ETS 多次交涉、协商，但始终未能有结果。至 2000 年 12 月，ETS 向北京市第一中级人民法院提起诉讼。2003 年 9

月 27 日，北京市第一中级人民法院作出判决。随后，新东方上诉。2004 年 12 月 27 日，北京市高级人民法院作出终审裁决。尽管判决一经作出即成历史，但鲜活的案例与越来越注重知识产权保护的现实却提醒我们去反思法律与现实之间的差距，从而不断寻求法律与现实间的和谐，而这也是司法和学术的魅力所在。

本案原告为 ETS 即美国教育考试服务中心，被告为新东方。本案的诉讼标的物为 TOEFL 试题、GRE 试题，此为原告所主持开发创作并经过美国国家版权局的著作权登记、作为商标在中国商标局注册过的拥有合法知识产权的成果。鉴于所探讨的领域是著作权法领域，亦因此对本案涉及的商标问题作简要说明而不作过多论述。

本案中的被告新东方，是一家综合性教育集团，所涉领域已不再局限于英语教育，但它在发展初期以英语教育尤其是出国语言培训为重要的业务内容。当时新东方已经成为我国规模较大的民办英语培训学校，它的主要培训考试就是 TOEFL、GRE 等考试。众所周知，英语考试是以掌握大量英文词汇为前提，以对文章的理解为基础，对所提问题进行解答，正是因为英语语言单词量巨大的特殊性和中外文化理解的偏差，使学生在学习英语时容易陷入迷茫。因此培训英语考试的重中之重就是对真题的研读，找到其中的规律并进行大量的练习，达到事半功倍的效果。而在 2003 年 9 月之前，ETS 创作的考试试题在中国大陆没有任何授权行为，更谈不上试题的出版、发行，这成为需要参加考试的学生以及教育机构的烦恼，面对巨大需求，新东方选择了在未经许可的情况下就大量复制上述考试试题的方式解决问题，同时还公开出版。基于此，新东方通过教育培训不仅获得了王牌英语培训机构的声誉，而且获取了实实在在的利益。这一系列行为引起了 ETS 的不满，在经过各种途径未能友好解决问题的情况下，ETS 将新东方起诉至北京市第一中级人民法院，要求新东方承担停止侵权、赔偿损失、赔礼道歉等民事法律责任。

在此案的审理过程中，双方就多个争议焦点展开辩论，主要的著作权领域争议焦点在于：

（1）考试题库是否为受法律保护的"作品"？

（2）如果题库是作品，那么美国作品是否在中国享受著作权保护？

（3）新东方作为经过认定的盈利培训机构使用该题库试题组织、编辑、出售、出版、发行自己的教材、音像制品是否侵权？

（4）新东方在其教材及音像制品上注明 TOFEL 字样是否侵犯 ETS 的商标权？如何确定赔偿数额？

针对本案的争议焦点，被告新东方辩称：

（1）作为 TOEFL、GRE 等外语考试培训机构，获得及使用该考试的往年试题作为教学双方的"教科书"是进行考试培训的必然条件之一。对试题的创造者而言，无论其对这些试题采取何种保密措施，在众多的应试者获知试题内容后，在法律上应没有权利要求其禁止传播特定考试试题的信息，即"法无禁止即自由"。

（2）新东方在现实中确实无法获得原告授权的情形之下，依学生的数量和要求对以往考试的部分试题进行复制，以用于课堂教学而没有其他的目的。此种使用行为应属于我国著作权法中规定的合理使用，因此也无须获得原告的授权。

（3）虽然原告在中国注册了相关的商标，但是，新东方的这种使用行为，是在 GRE、TOEFL 已经成为某一考试专有名称的情况下，为说明和叙述有关资料而使用的，与作为商标的使用在目的和实际效果上完全不同。根据中国商标法的有关规定，不应被视为侵犯商标专用权的行为。因此，原告起诉的部分诉讼请求不能成立。

一审法院经审理认为，新东方未经 ETS 许可，擅自复制 ETS 享有著作权的 TOEFL 考试试题，并将试题出版并公开销售，侵害了 ETS 的著作权；新东方在类别相同的商品上使用了 ETS 的注册商标，侵害了 ETS 的注册商标专用权。故判令新东方立即停止侵权，向原告公开赔礼道歉，并赔偿经济损失 500 万元及诉讼合理支出 52.2 万元。后二审法院支持了一审法院在新东方侵犯 ETS 著作权上的判决，但在侵犯商标专用权及赔偿数额的认定上，进行了改判：判令新东方赔偿 ETS 经济损失 3 740 186.2 元及合理诉讼支出 2.2 万元。经过二审审理过后，此案尘埃落定，但是我们从案件中所要发掘的法学知识和对知识产权策略的研究并不能停止。如前所述，本案的纠纷来源是试题。涉及的主要反驳理由是著作权法中的合理使用制度，同时数额巨大的赔偿款以及事后投入颇多的合作给我国的知识产权保护敲响了警钟，值得深入剖析。

2.4.1.2　千余硕博士学位论文遭侵权

2008 年 10 月 15 日，482 名硕博士与北京万方数据股份有限公司之间的论文侵权之争一审落槌，364 名硕博士获判法院支持。

2006 年 6 月，刘美丽在中国农业大学完成了她的博士学位论文。论文共 12.5 万字，打印后，再装订起来，就是厚厚的一本。由于专业性较强，她的这篇论文的题目没有多少人能读懂。"论文做得非常辛苦，用'呕心沥血'来形容撰写过程，一点都不夸张。"刘美丽对读博士的日子难以忘怀，"当时的确很忙，放弃了许多周六、周日休息时间，晚上也经常忙到一两点。我的论文国内的相关资料基本上查不到，查的基本上都是国外的资料。"

刘美丽说，她的论文需要做大量的实验。如与分子生物学和生物化学有关的实验，要做一些病理性的诊断，这些实验大都有时间限制。2003—2006 年，刘美丽为完成她的博士论文，花了近 3 年时间。毕业前夕，刘美丽在一份学校提供的《关于论文使用授权的说明》（以下简称《授权声明》）上签上了自己的名字。这份《授权声明》称，"本人完全了解中国农业大学有关保留、使用学位论文的规定，即：学校有权保留送交论文的复印件和磁盘，允许论文被查阅和借阅，可以采用影印、缩印或扫描等复制手段保存、汇编学位论文，同意中国农业大学可以用不同方式在不同媒体上发表、传播学位论文的全部或部分内容。""由于毕业前要签很多单据，因此我就匆匆忙忙都签了。"刘美丽记得，校方当时只是说论文在学校图书馆保存。

作为刘美丽的二审代理人之一，民商律师焦阳表示，即便刘美丽当时知晓《授权声明》的内涵，也无法拒绝签署。因为结合博士生的学习经验，刘美丽当初并没有选择的余地，为了能毕业也只能在那份声明上签字……接下来发生的事，却让刘美丽深感震惊。她"呕心沥血"的博士论文竟出现在北京万方数据股份有限公司（以下简称"万方公司"）开发的《中国学位论文全文数据库》里，而在国家图书馆和许多学校的内部局域网上，该数据库都能方便地在线浏览或下载。

刘美丽告诉《中国青年报》记者，她的博士论文承担了国家"973 计划"和国家自然科学基金的一些项目，国家对课题组也投入了很多钱。这些挺重要的项目有的是保密的，有的涉及生物安全，还有的需好几个博士花 5 ~ 10 年的时间才能完成。

刘美丽并不讳言，她的论文只是课题的一个环节，论文所牵涉的科研工作是连贯性的。

"如果把论文中的想法和计划都暴露的话，对师弟、师妹们从事课题的后续研究和做论文显然不利。"最终，刘美丽将万方公司以侵犯著作权为由诉至法院，要求万方公司立即停止侵权，在媒体和万方公司的网站上公开致歉，并向她赔偿经济损失、精神损失、公证费、律师费等共计 36 800 元。

一审法院的判决结果驳回了刘美丽的全部诉讼请求。刘美丽觉得，判决可能会影响将来师弟、师妹的论文发表，觉得还是要维权。"何况我的论文目前还不能传播出去，因为有一些东西的确需要保密。"刘美丽决定上诉。2008 年 11 月 26 日上午，北京市第一中级人民法院对刘美丽的上诉作出终审判决：驳回上诉，维持原判。这意味着，刘美丽的博士论文还可以继续在网上被下载，被传播。和刘美丽同一批起诉的有 491 名硕博士。2008 年 6 月，北京市海淀区人民法院（以下简称"海淀法院"）对 491 名硕博士论文著作权侵权案进行了宣判。

对其中的 421 起案件，海淀法院认为，万方公司侵犯了原告的发表权、复制权、汇编权、信息网络传播权，判决万方公司立即停止使用涉案论文，公开赔礼道歉，赔偿经济损失，博士论文以 1 800～2 000 元计算，每篇硕士论文 1 000～1 200 元。此外，一审法院判决驳回刘美丽等 70 名原告的全部诉讼请求。他们败诉的主要原因，就在于和刘美丽一样，都曾经和学校签署过类似的《授权声明》。

海淀法院认为，刘美丽曾在提交学位论文的同时向其学位授予单位中国农业大学作出声明，声明同意中国农业大学以不同方式在不同媒体上发表、传播她的论文。刘美丽在《授权声明》中"并未禁止中国农业大学转授权"。

491 起案件宣判后，305 名硕博士向北京市第一中级人民法院提起上诉。2008 年 10 月，另一批 482 名硕博士与万方公司论文侵权纠纷，一审在北京市朝阳区人民法院（以下简称"朝阳法院"）落槌。364 名硕博士获判法院支持，他们获得的赔偿金额为 2 300～5 100 元不等；另 118 名硕博士因将论文的相关权利授权给毕业院校而被判驳回。

据悉，在这批获赔的 364 名硕博士中，获赔最高金额 5 100 元的是 44 岁的黄某，他目前是北京一所高校的教师。他有两篇论文即博士、博士后学位论文都被侵权。目前，这 482 名硕博士中，对朝阳法院判决不服并提起上诉的共有 358 名。至此，在海淀法院和朝阳法院两批业已审结的同类案件的诉讼中，有 973 名硕博士因自己的论文被侵权而"亮剑"。

《中国青年报》记者从朝阳法院获悉，又有 104 名硕博士将中国学术期刊（光盘版）电子杂志社和同方知网（北京）技术有限公司告上法庭，要求二被告停止侵权，在媒体上赔礼道歉，并赔偿经济损失和精神抚慰金每案数千元不等。目前，朝阳法院已受理 104 名硕博士的诉讼。《中国青年报》记者在随后的调查中得知，加之此前北京、上海等地的其他类似诉讼，全国至少已有 1 100 名硕博士先后提起论文著作权侵权诉讼。在所有这些案件中，较早提起的诉讼，则要回溯到 6 名博士状告万方公司案。

2007 年 12 月，海淀法院一审审结了王长乐等 6 名博士诉万方公司侵犯博士学位论文著作权纠纷案。法院认定了万方公司的侵权事实，判令该公司立即停止侵权、赔礼道歉，并在其制作的《中国学位论文全文数据库》中删除原告的论文，同时赔偿 6 名博士 5 万元。但与较早的 6 名博士案相比，一审法院随后判决的同类诉讼中，赔偿数额存在悬殊。在这 973 起案件中，一审法院以万方公司已通过中国科学技术信息研究所（其前身为国家科委科技情报研究所，以下简称"中信所"）间接取得原告合法授权为由，驳回了刘美丽等 185 位原告的全部诉讼请求。法院同时对其他 788 起维权案件,以论文篇数为赔偿的计算单位,判决被告万方公司赔偿 2 300 ～ 3 300 元不等的经济损失,此赔偿款包含公证费、律师费等诉讼合理支出。

2008 年 11 月 26 日,北京市第一中级人民法院对已经审结的 132 起上诉案件作出终审判决:驳回上诉,维持原判。刘美丽的代理律师李孝霖当庭发表意见,称这是"同案不同判"。

在北京遭遇大量诉讼后,万方公司在上海又遭 5 名博士起诉。据公开报道称,5 名博士要求万方公司停止对《晚清小说与近代商业社会》等 5 篇论文的侵权,并索赔 199 620 元。目前法院已受理该案。

2.4.2　涉及的著作权法律条文

以下为《中华人民共和国著作权法》(2020 年修正)节选:

第二条　中国公民、法人或者非法人组织的作品,不论是否发表,依照本法享有著作权。

外国人、无国籍人的作品根据其作者所属国或者经常居住地国同中国签订的协议或者共同参加的国际条约享有的著作权,受本法保护。

外国人、无国籍人的作品首先在中国境内出版的,依照本法享有著作权。

未与中国签订协议或者共同参加国际条约的国家的作者以及无国籍人的作品首次在中国参加的国际条约的成员国出版的,或者在成员国和非成员国同时出版的,受本法保护。

第三条　本法所称的作品,是指文学、艺术和科学领域内具有独创性并能以一定形式表现的智力成果,包括:

(1) 文字作品;

(2) 口述作品;

(3) 音乐、戏剧、曲艺、舞蹈、杂技艺术作品;

(4) 美术、建筑作品;

(5) 摄影作品;

(6) 视听作品;

(7) 工程设计图、产品设计图、地图、示意图等图形作品和模型作品;

(8) 计算机软件;

(9) 符合作品特征的其他智力成果。

第四条　著作权人和与著作权有关的权利人行使权利,不得违反宪法和法律,不得损害公共利益。国家对作品的出版、传播依法进行监督管理。

第五条　本法不适用于:

(1) 法律、法规,国家机关的决议、决定、命令和其他具有立法、行政、司法性质的文件,及其官方正式译文;

(2) 单纯事实消息;

(3) 历法、通用数表、通用表格和公式。

第六条　民间文学艺术作品的著作权保护办法由国务院另行规定。

第九条　著作权人包括:

（1）作者；

（2）其他依照本法享有著作权的自然人、法人或者非法人组织。

第十条　著作权包括下列人身权和财产权：

（1）发表权，即决定作品是否公之于众的权利；

（2）署名权，即表明作者身份，在作品上署名的权利；

（3）修改权，即修改或者授权他人修改作品的权利；

（4）保护作品完整权，即保护作品不受歪曲、篡改的权利；

（5）复制权，即以印刷、复印、拓印、录音、录像、翻录、翻拍、数字化等方式将作品制作一份或者多份的权利；

（6）发行权，即以出售或者赠与方式向公众提供作品的原件或者复制件的权利；

（7）出租权，即有偿许可他人临时使用视听作品、计算机软件的原件或者复制件的权利，计算机软件不是出租的主要标的的除外；

（8）展览权，即公开陈列美术作品、摄影作品的原件或者复制件的权利；

（9）表演权，即公开表演作品，以及用各种手段公开播送作品的表演的权利；

（10）放映权，即通过放映机、幻灯机等技术设备公开再现美术、摄影、视听作品等的权利；

（11）广播权，即以有线或者无线方式公开传播或者转播作品，以及通过扩音器或者其他传送符号、声音、图像的类似工具向公众传播广播的作品的权利，但不包括本款第十二项规定的权利；

（12）信息网络传播权，即以有线或者无线方式向公众提供，使公众可以在其选定的时间和地点获得作品的权利；

（13）摄制权，即以摄制视听作品的方法将作品固定在载体上的权利；

（14）改编权，即改变作品，创作出具有独创性的新作品的权利；

（15）翻译权，即将作品从一种语言文字转换成另一种语言文字的权利；

（16）汇编权，即将作品或者作品的片段通过选择或者编排，汇集成新作品的权利；

（17）应当由著作权人享有的其他权利。

著作权人可以许可他人行使前款第五项至第十七项规定的权利，并依照约定或者本法有关规定获得报酬。

著作权人可以全部或者部分转让本条第一款第五项至第十七项规定的权利，并依照约定或者本法有关规定获得报酬。

第十一条　著作权属于作者，本法另有规定的除外。

创作作品的自然人是作者。

由法人或者非法人组织主持，代表法人或者非法人组织意志创作，并由法人或者非法人组织承担责任的作品，法人或者非法人组织视为作者。

第十二条　在作品上署名的自然人、法人或者非法人组织为作者，且该作品上存在相应权利，但有相反证明的除外。

作者等著作权人可以向国家著作权主管部门认定的登记机构办理作品登记。

与著作权有关的权利参照适用前两款规定。

第十三条　改编、翻译、注释、整理已有作品而产生的作品，其著作权由改编、翻译、注释、整理人享有，但行使著作权时不得侵犯原作品的著作权。

第十四条　两人以上合作创作的作品，著作权由合作作者共同享有。没有参加创作的人，不能成为合作作者。

合作作品的著作权由合作作者通过协商一致行使；不能协商一致，又无正当理由的，任何一方不得阻止他方行使除转让、许可他人专有使用、出质以外的其他权利，但是所得收益应当合理分配给所有合作作者。

合作作品可以分割使用的，作者对各自创作的部分可以单独享有著作权，但行使著作权时不得侵犯合作作品整体的著作权。

第十五条　汇编若干作品、作品的片段或者不构成作品的数据或者其他材料，对其内容的选择或者编排体现独创性的作品，为汇编作品，其著作权由汇编人享有，但行使著作权时，不得侵犯原作品的著作权。

第十六条　使用改编、翻译、注释、整理、汇编已有作品而产生的作品进行出版、演出和制作录音录像制品，应当取得该作品的著作权人和原作品的著作权人许可，并支付报酬。

第十七条　视听作品中的电影作品、电视剧作品的著作权由制作者享有，但编剧、导演、摄影、作词、作曲等作者享有署名权，并有权按照与制作者签订的合同获得报酬。

前款规定以外的视听作品的著作权归属由当事人约定；没有约定或者约定不明确的，由制作者享有，但作者享有署名权和获得报酬的权利。

视听作品中的剧本、音乐等可以单独使用的作品的作者有权单独行使其著作权。

第十八条　自然人为完成法人或者非法人组织工作任务所创作的作品是职务作品，除本条第二款的规定以外，著作权由作者享有，但法人或者非法人组织有权在其业务范围内优先使用。作品完成两年内，未经单位同意，作者不得许可第三人以与单位使用的相同方式使用该作品。

有下列情形之一的职务作品，作者享有署名权，著作权的其他权利由法人或者非法人组织享有，法人或者非法人组织可以给予作者奖励：

（1）主要是利用法人或者非法人组织的物质技术条件创作，并由法人或者非法人组织承担责任的工程设计图、产品设计图、地图、示意图、计算机软件等职务作品；

（2）报社、期刊社、通讯社、广播电台、电视台的工作人员创作的职务作品；

（3）法律、行政法规规定或者合同约定著作权由法人或者非法人组织享有的职务作品。

第十九条　受委托创作的作品，著作权的归属由委托人和受托人通过合同约定。合同未作明确约定或者没有订立合同的，著作权属于受托人。

第二十条　作品原件所有权的转移，不改变作品著作权的归属，但美术、摄影作品原件的展览权由原件所有人享有。

作者将未发表的美术、摄影作品的原件所有权转让给他人，受让人展览该原件不构成对作者发表权的侵犯。

第二十一条　著作权属于自然人的，自然人死亡后，其本法第十条第一款第五项至第十七项规定的权利在本法规定的保护期内，依法转移。

著作权属于法人或者非法人组织的，法人或者非法人组织变更、终止后，其本法第十条第一款第五项至第十七项规定的权利在本法规定的保护期内，由承受其权利义务的法人或者非法人组织享有；没有承受其权利义务的法人或者非法人组织的，由国家享有。

第二十二条　作者的署名权、修改权、保护作品完整权的保护期不受限制。

第二十三条　自然人的作品，其发表权、本法第十条第一款第五项至第十七项规定的权利的保护期为作者终生及其死亡后五十年，截止于作者死亡后第五十年的 12 月 31 日；如果是合作作品，截止于最后死亡的作者死亡后第五十年的 12 月 31 日。

法人或者非法人组织的作品、著作权（署名权除外）由法人或者非法人组织享有的职务作品，其发表权的保护期为五十年，截止于作品创作完成后第五十年的 12 月 31 日；本法第十条第一款第五项至第十七项规定的权利的保护期为五十年，截止于作品首次发表后第五十年的 12 月 31 日，但作品自创作完成后五十年内未发表的，本法不再保护。

视听作品，其发表权的保护期为五十年，截止于作品创作完成后第五十年的 12 月 31 日；本法第十条第一款第五项至第十七项规定的权利的保护期为五十年，截止于作品首次发表后第五十年的 12 月 31 日，但作品自创作完成后五十年内未发表的，本法不再保护。

2.4.3　知识产权要点点评

2.4.3.1　著作权的授权使用

《中国青年报》记者何春中于 2008 年 11 月 27 日在中国新闻网发表了一篇报道，他在调查中发现，和刘美丽案一样，那些被一审法院判决驳回的同类案件都有一个"四个主体、三层授权"模式，即作者——学校（学位论文授予单位）——中信所——万方公司。

这个三层授权结构的授权链具体操作步骤为：学生给学校填写关于论文使用的授权声明；学校与中信所签订《共建中国学位论文全文数据库协议书》，许可中信所将学校全部学位论文收录数据库，进行交流传播；中信所与万方公司签订《开发中国学位论文全文数据库协议书》，委托万方公司开发学位论文数据库。

中国版权协会原理事长沈仁干认为，虽然这是三层授权、四个主体，但实际上主体只有一个，那就是作者。如果没有得到论文作者的授权就擅自使用，无疑是侵权行为。

第一层授权是学生给学校的授权。在刘美丽等被驳回的案件中，原告学位论文中均有一份类似刘美丽那样的《授权声明》。"这个合同我管它叫'城下之盟'，不签的话根本不能毕业。"国家版权局版权司原副司长许超说，"这毕竟是白纸黑字，特别它用了一个定语叫'不同的方式'，不同的方式就是任何方式，媒体包括传统的纸介质、广播电视，还有新媒体，包括手机都是媒体。所以我觉得这句话是很要害的一句话，否认这个合同有效也挺难的。"但中国社会科学院法学所知识产权研究中心主任李顺德认为，刘美丽的《授权声明》按照著作权角度来讲顶多就是发表权，整个论文的著作权并没有转授给学校。

第二层授权是学校与中信所的协议。2004 年 4 月 23 日，中信所与中国农业大学研究生院签订协议书并约定，中国农业大学研究生院同意汇集其所拥有的全部硕士、博士学位论文并提交中信所，进行全文电子化处理。双方同意中信所将全部学位论文以有偿许可的方式收录入《中国学位论文全文数据库》，进行数字化处理汇编并通过网络进行交流传播，以及以电子出版物形式出版发行。中信所向中国农业大学研究生院及其作者支付每篇博士论文 50 元的录用费、每篇硕士论文 30 元的录用费；协议有效期为 3 年等。但刘美丽向《中国青年报》记者证实，她从未收到过 50 元论文录用费。

第三层授权，是中信所给万方公司的授权。中信所与万方公司于 2003 年 12 月 22 日签订的协议书约定：中信所委托万方公司开发学位论文数据库，并向万方公司无偿出借学位论文馆藏印刷样本，供开发建设数据库使用。在中信所获得国家专项资金资助的情况下，向万方公司提供数据库建设费用；在中信所未获得国家专项资金资助的情况下，万方公司发生的数据库建设费用可以向镜像产品用户收取加工成本服务费。"从合同法角度讲这是加工承揽关系，就如同出版社和印刷厂的关系一样。印刷厂不能因为受出版社的委托印刷图书，就可以销售出版社的图书。"李孝霖打了一个形象的比喻。李孝霖指出，按照中信所和万方公司的约定，万方公司加工论文数据是获得报酬的。如果万方公司确实从中信所取得使用授权，应当向中信所支付报酬，但实际情况却是中信所向万方公司支付报酬。"这有悖常理！"李孝霖称。

已经生效的（2007）海民初字第 23737 号判决书确认以下事实："万方公司称其在全国普通高等院校中的市场占有率约为 50%。"已经生效的北京市第一中级人民法院（2008）一中民终字第 12277 号民事判决书还显示：万方公司与国家图书馆连续 5 年所签订的 5 份合同均约定国家图书馆仅可在内部局域网的 IP 范围内使用学位论文数据库，以及万方公司仅向国家图书馆收取每篇学位论文 2 元的开发成本费等，且约定万方公司拥有学位论文数据库所涉数据及软件的著作权。

这 5 份合同的详细清单为：

签订时间为 2004 年 3 月 29 日的合同约定每篇学位论文的费用为 2 元，安装学位论文数量为 5 万篇，费用为 10 万元；

签订时间为 2005 年 4 月 1 日的合同约定付费购买数量为 10 万篇，数据购买费用为 20 万元；

签订时间为 2005 年 12 月 29 日的合同约定付费购买数量为 10 万篇，数据购买费用为 10 万元；

签订时间为 2006 年 12 月 11 日的合同约定付费购买数量为 5 万篇，数据购买费用为 10 万元；

签订时间为 2007 年 11 月 13 日的合同约定购买数量为 11 万篇，数据购买费用为 22 万元。

记者统计了一下，该 5 份合同所涉的学位论文数据库使用费总额为 72 万元。

"被告是用公益性掩盖侵权营利行为的实质。"李孝霖认为，以此计算万方公司在学位论文数据库产品方面的销售收入已达亿元。数据库等信息产品开发成本固然高，但信息产品的再复制成本极低。由此可见，经营学位论文数据库有很高的利润空间。

482 名硕博士论文侵权案在朝阳法院一审落槌后，该案又有新进展。《中国青年报》记者从朝阳法院获悉，法院已就该案中暴露的问题分别向科技部和中信所发出司法建议。

朝阳法院称，中信所对涉案论文的使用已超出了保管论文并供各单位查阅使用的范畴，已构成商业性使用。在 482 起案件中，有 364 起案件中信所并未获得作者的授权，有的甚至没有与作者所在学校签订论文使用协议，而是利用自身作为论文收藏单位的便利，直接将所收藏的学位论文提供给万方公司使用。

朝阳法院在司法建议书中指出，尽管中信所在 482 名硕博士论文侵权案中未被列为被告，但是作为数据库的委托开发单位和学位论文的提供者，仍存在涉诉可能。482 起案件判决后，仍存在继续出现大规模诉讼的可能。

朝阳法院建议中信所采取以下整改措施：

（1）尽快对学位论文数据库中收录的论文进行梳理，对尚未获得作者授权的论文补充授权或停止对外许可使用行为；

（2）加强规章制度建设，建立论文分类管理制度，对各学位授予单位寄送的仅供收藏的论文和基于《共建中国学位论文数据库协议书》提交的论文进行分库、分类管理；建立论文著作权审查机制，确保录入学位论文数据库中的论文获得著作权人的明确授权；

（3）理顺与相关学位授予单位的合同关系，要求其在征得论文作者授权时，就论文的使用方式和转授权情况予以明示和告知，或直接与作者联系从作者处获得相关授权。

鉴于中信所系科技部直属的事业单位，法院同时向科技部发出司法建议函，建议科技部加强对中信所的管理，督促中信所根据司法建议的具体内容采取整改措施，规范其对所收藏学位论文的使用，并对不规范的使用行为进行清理。

2.4.3.2　著作权、作者权与版权

暨南大学法学院戴哲在 2021 年第 12 期《电子知识产权》上发表的题为《论著作权、作者权与版权的关联与区分》的文章中介绍，在作品的权利体系构建中存在三项最上位的概念，即著作权、作者权与版权。著作权概念源自日本，并为我国、韩国所采用；作者权概念产生于法国，之后为大陆法系各国所采用；版权概念则来源于英国，之后为英美法系各国所继受。通常而言，这些概念因存在不同的适用地域，互不交叉，然而，我国却是世界上罕见的同时采用这三大概念的国家。一方面，我国虽然采用著作权概念，但是，我国一向将著作权视为作者权，这种认知最早可以追溯到 1910 年的《大清著作权律》，彼时的立法者认为，版权的设立主要目的并不在于保护作者的权益，只有著作权才可满足这一目的，换言之，彼时的立法者实际上将著作权等同于作者权。另一方面，我国又引入了版权概念，并在立法上使用。1986 年的《中华人民共和国民法通则》法条上形成了"著作权（版权）"的称谓，在随后 1990 年颁布的《中华人民共和国著作权法》（以下简称《著作权法》）中还规定"本法所称的著作权与版权系同义语"。

于是，著作权、作者权、版权三大概念不仅为我国所用，还在我国具有了同一性。然而，若回溯这些概念的源起地，这种同一性其实并未在其各自本土获得认同。在版权与作者权国家内部，各国普遍将二者区分开来。如美国在 1989 年加入《伯尔尼公约》时，美国版权局局长曾呼吁"保持美国版权法之传统"；类似地，彼时的法国还曾担心作者权法会在版权法的冲击下而丧失其独立性，德国亦曾责备欧盟委员会的版权立法倾向，并认为这种做法有损欧洲大陆的创造者权的观念。若回溯我国的《著作权法》立法过程，此种概念的同一性构建也有强行拟制之嫌。在 1990 年《著作权法》起草过程中，曾爆发了著作权与版权的命名之争，最初的草案被命名为《版权法》，但之后又更名为《著作权法》，遭到了学界的诸多质疑，立法者之所以后来规定"本法所称的著作权与版权系同义语"，更多是为了平息这一争议。

那么，这三大概念是否具有同一性，尚有待明晰。这一问题的解决并非只起到概念厘清的作用，也涉及我国《著作权法》的制度构建。实践中，由于我国将这三个概念视为同一，不同的法院常常混用作者权与版权的独创性标准，如有的法院依据版权，要求独创性中的"创"只需"具有最低限度的创造性即可"，有的法院却以作者权为依据，对"创"要求具

备"一定程度的智力创造性",造成法院审理结果的不一致。又如,《著作权法》既借鉴版权法形成了"法人作者"的规定,又借鉴作者权法建立了完整的著作人身权,使法人也可享有著作人身权,而这二者在各自的原始体系上本属于互不交叉的规则,即著作人身权只能由自然人享有,这种继受反而使著作权法出现不兼容的困境。由此可见,著作权、作者权、版权概念的同一性构建,可能会造成体系紊乱之问题。那么,到底这三者存在何种联系?作者戴哲在该文中作了回应。

2.4.3.3 网络作品著作权

安徽大学张蓓蓓在2022年第34期《法制博览》上发表的题为《网络作品著作权保护研究》的文章中介绍,网络文化是互联网技术与创作作品的融合,是一种智力创作成果,是原创作品在互联网环境下的载体。网络文化是我们国家进入网络时代以来发展的成果,反映了网络时代以高新技术为基础的社会变革,体现了我国人民在网络时代背景下的生活方式。随着技术的发展以及法律制度的不断完善,我国的互联网产业已经逐渐脱离了信息技术早期的野蛮生长阶段,进入新的规则重建阶段。随着我国当前几大网络巨头在影视版权和音乐版权购买方面投入重金进行业务布局,公众的版权意识进一步增强,对创作人合法权利进行有效的保护成为可能。但与此同时,各类侵权行为仍然是难以禁止的,这势必会对创作人的创作热情以及社会经济文化的发展造成不利影响,著作权人合法权益的保护在当下仍然是一个沉重而且必须解决的问题。

网络作品著作权也就是网络作品的版权,是由于各种各样的原创作品被上传到互联网而产生的。我国的著作权分为人身著作权和财产著作权。著作权并非天然形成的权利,"而是为了鼓励更多的创作者投身于对社会有益的活动创设的权利"。如果没有设立知识产权,并且加以保护,就会在很大程度上降低创作者创新的热情,进而影响社会的公共利益,不利于社会经济文化的发展;需要强调的是,知识产权的立法初衷,在于促进文化的利用和传播,如果只强调保护而不加以限制,则可能背离立法初衷,造成滥用。著作权赋予著作权人许可或禁止他人传播或者利用其作品的权利。著作权不能等同于一般的物权。《著作权法》对不受著作权保护的对象有明确的规定,如著作人的思想、操作方法等。对于《著作权法》中没有规定的权利,著作权人是不能进行维权的,这是为了防止著作权人对自己的作品垄断使用,不利于社会的发展。需要指出的是,对于作品的阅读、背诵,乃是公众的自由,能够保证人民大众对优秀作品的选择,促进好作品的流通和传播,建立良好的文化氛围,是著作权保护的最终目的。把握好《著作权法》的立法精神,在利用与保护之间运用好网络著作权这一制度,既能够保护好创作者的创新精神,又能使优秀的作品最大限度地传播,是我国当下进行精神文明建设的应有之义。

网络文化的快速发展,使著作权突破了传统载体和原始形态的限制。传统著作权具有地域性、时间性和专有性等特性。而网络信息的传递快捷、迅速、全面,可以实现瞬间的复制和传输,使网络作品的著作权突破了传统著作权空间和时间的限制,且网络作品的著作权不再依附于有形的载体,可以通过互联网轻易地上传、下载和使用,大大削弱了网络作品著作权人对作品本身的控制。网络作品在数字化之后,不仅拥有了高效性和普及性,其专有性也在逐渐削弱。这种情况不排除一方面是网络使用者自己对版权的漠视导致的,另一方面则是著作权人无法获悉作品的使用情况,更不用说控制。此外,网络作品的易于传输和复制的特点给侵权行为提供了便利。因为网络作品的特殊性,使网络著作权的保护增加了难度。

为了给网络时代各种优秀的作品提供土壤，需要更进一步完善对网络作品著作权的保护措施。

2.4.3.4 网络传播中的著作权

青岛科技大学法学院许磊在 2022 年第 17 期《声屏世界》上发表的题为《网络传播过程中著作权的使用与保护研究》的文章中介绍，随着科学技术的进步和社会发展的需要，网络深刻影响着人们的生活。网络环境的发展在给人们的生活提供便利的同时，也给一部分群体造成困扰和权利损害。网络整合的信息资源，其中各种涉及知识产权、著作权的网络作品也深受影响。

网络传播对著作权的冲击主要依赖于网络环境的特点，网络环境主要有以下几个特征：

（1）开放性。网络中的信息均可被无限次数地保存、复制和改编使用，大部分网民可轻易在网络中获取。

（2）流动性。网络速度传输快且时间成本较低，使相关信息能在短时间内大量流通。

（3）跨地域性。网络空间可以不受地域的限制，能够超越地理位置限制，只要有网络的地方就能够获取。

网络环境的上述特征使侵权行为时常发生。社会民众已习惯利用互联网获取信息、存储资料以及用来消费娱乐，网络的发展和使用让作品传播得更快更广，发挥更大的社会价值，同时也为著作权人创造了更大的利益。然而，利益与风险并存，网络著作权侵权更加简单、隐蔽且成本低廉，很多网络行为在不经意之间就侵犯了相关利益人的权利，甚至会产生违法行为。因此，网络技术的发展为信息、知识等传播提供了新途径，其发展的快速性与不可预见性也会带来一些新的问题，在利用其优势条件的同时也应尽量减少或者避免相关问题的产生。

我国著作权的发展与保护。随着我国经济社会的发展以及融入国际市场的有关要求，与著作权相关的法律法规随着时代的发展也在不断地完善调整中。1991 年我国颁布了第一部《著作权法》，并先后于 2001 年、2010 年、2020 年进行了修订，此外《中华人民共和国民法典》（以下简称《民法典》）、《中华人民共和国著作权法实施条例》等法律法规都对著作权的某些方面作出了相关规定，我国已初步建立较为完善的著作权保护制度，但是由于社会环境的不断变化以及法律一经制定就具有滞后性等特点，现行的法律法规在很多案件中却没有很好的适用性。

《著作权法》第二十四条是有关合理使用的规定，但目前很多人对合理使用和侵权行为如何界定并不清楚。根据大量的案件审理来看，围绕合理使用和侵权二者之间的斗争一直比较激烈，究其原因就是现行的《著作权法》等法律法规关于著作权的有关规定比较模糊，很难囊括社会快速发展所带来的新问题。

著作权的合理使用在《民法典》《著作权法》中都有具体的规定，但在适用时往往难以界定。例如《民法典》第一千零二十条第一款规定："为个人学习、艺术欣赏、课堂教学或者科学研究，在必要范围内使用肖像权人已经公开的肖像，可以不经肖像权人同意。"2022 年 4 月 15 日，北京市第四中级人民法院审结上海葡沃商贸有限公司与冯小刚网络侵权责任纠纷案，案件双方当事人围绕这一款规定展开了讨论。该案中上诉人辩称其发布的涉案文章系艺术赏析文章，剧照配图属于合理使用的范围，符合上述规定不构成侵权。本案在审判过程中也是就其适用范围、适用目的进行了综合性分析，认定上诉人的有关使用行为不属于艺术赏析等合理适用的情形。《著作权法》第二十四条有关合理使用的规定，其中第一款规定个人出于学习、研究或者欣赏的目的，使用他人已经发表的作品的，将不被认定为侵犯他人的著作权。学习、研究等词语包含的范围很大，且没有明确的定义。

通过上述可以看出，《著作权法》虽然经过多次修改，但是还有很多地方需要进一步完善，再者就是因著作权保护力度不足、违法成本低等多种因素的影响，网络环境中的侵权行为越来越多，严重冲击着著作权的发展和保护。因此，在网络环境下对著作权进行合理使用和进行相应规定并加以更全面的保护符合法治和社会发展要求。

网络技术的快速发展给著作权带来了新的机遇，但也给著作权的发展带来了新的问题和挑战。这种发展机遇如果得不到著作权保护的积极应对，可能阻碍著作权的发展，也对著作权立法宗旨的实现不利。

网络环境的开放性与隐蔽性。一方面网络环境的开放性为著作权的发展提供了新的途径，极大促进了著作权的传播。网络环境的开放性使许多传统的受《著作权法》保护的作品可以随时随地上传到网络中，网络使用者也可以不受时间、空间的限制而进行下载、复制，但在促进传播的同时也使网络中的任何网民都有可能成为侵权人。传统的著作权侵权主体一般很好认定，而网络中的著作权侵权行为具有较强的隐蔽性，且其留下的电子证据很容易销毁和伪造，这就使著作权法的地域性保护很难发挥作用。

另一方面网络技术的隐蔽性给侵权行为的取证等工作增加了难度。一是在网络环境下著作权侵权主体往往会涉及传统媒体、互联网网站、数字出版商、网络服务提供商等，他们处于相对强势的地位，在当事人或委托律师取证过程中往往不予配合。二是在涉及网络作品侵权时，侵权证据很容易被网站或网络服务提供商删除和屏蔽，存在证据灭失的风险。三是当事人受到损失的证据难以搜集。有损害才有赔偿，损害的证据直接关系到赔偿的额度，著作权侵权纠纷中可以作为赔偿证据的有受害者的损失证据、侵权者的收益证据等，这些证据往往存在举证难的问题。

网络技术发展的快速性与立法的滞后性。由于受历史原因和我国现实原因的影响，相比于西方发达国家和地区，我国著作权法律保护机制起步较晚且建设速度较慢，但是网络技术的发展却是日新月异的，这就使著作权立法保护制度建设落后于信息技术发展的速度。如前文所述，我国网络著作权立法还比较滞后，现阶段理论研究的深度和广度明显不能解决日益复杂的网络著作权纠纷。此外，我国对于网络的监管存在一定的不足之处，网络保护技术不足以限制侵权行为的发生。著作权人将作品上传到网络上之后，会采取一定的措施防止他人随意使用作品，当前大多数著作权人采用的技术手段主要是访问控制措施和使用控制措施。但是这些技术保护措施将正确使用、学习研究等符合法律的行为也拒之门外，这种一刀切的方式显然不能满足社会发展的需要。

网民著作权保护意识淡薄且违法成本较低。网络产品相比于传统产品有很大的便利性，用户可以随意浏览，无论是从阅读范围、阅读数量还是从阅读的便利性来说，都比传统图书馆借阅图书要方便很多，但是在看到给使用者带来便捷性的同时，更要注意使用者的使用意图以及对著作权保护的态度。网络本身的虚拟化和隐蔽性等特征，加之对于著作权保护的法律法规不了解，就使对使用人的侵权行为难以用道德规范来对其进行监督。此外，我国虽然经济总量较高，但是居民人均收入偏低，对于普通居民来说，高昂的文化产品价格难以满足他们的需求，这种情况迫使他们选择从网络的各种渠道中免费获取，这就使网络环境下著作权侵权行为的发生更加肆意和猖獗。我国人口基数大，网络使用者也越来越多，快速增长的网民数量有时会对某著作权发生集中的侵权行为，网络使用者只需简单操作便可以使用相关产品，侵权的成本非常低，相关惩治措施对于网民来说没有实质意义。

第3章

专利的运用

3.1 专利文献的运用

3.1.1 专利文献运用的案例

3.1.1.1 使用专利也可以免费

湖北 A 研究所承担了蒸汽发生器有关技术研制任务，重点是解决蒸汽发生器中杂质的浓缩和沉积问题，提高蒸汽发生器的可靠性。

2000 年 6 月，A 研究所的知识产权工作人员与技术人员一起进行了前期调研工作，知识产权工作人员就技术人员提出的有关蒸汽发生器中收集泥渣的关键技术问题进行了专利文献检索，结果发现：

（1）美国 B 公司早在 20 世纪 60 年代末 70 年代初，就开始研究蒸汽发生器中泥渣的沉淀和收集方法，并于 1968 年 10 月申请了第一件泥渣收集器的专利，目前共申请了 5 项专利。其最新设计的蒸汽发生器上安装了泥渣收集器，运行 18 个月后，其泥渣收集率达到 50%。

（2）日本 C 公司于 1995 年对蒸汽发生器的泥渣收集器进行研究、试验，并申请了 4 项专利。

（3）法国 D 公司于 1991 年申请了 1 项泥渣收集器的专利，德国 E 公司也申请了 1 项专利，苏联 F、G 两家公司申请了两项专利。

（4）尚无一家中国单位和个人申请蒸汽发生器中泥渣收集器方面的专利。

但是，美国 B 公司于 1985 年在中国申请了名称为"带有内部挡板的蒸汽发生器泥渣收集器"的发明专利。

知识产权工作人员将上述专利文献资料提供给技术人员，技术人员经过分析后认为，美国 B 公司在中国申请的泥渣收集器发明专利最值得借鉴，并且认为该泥渣收集器正在美国 B 公司的产品中使用，效果良好。然而，是否可以在国内无偿使用成为关键问题。

知识产权工作人员通过对该项目的法律状态进一步检索发现，美国 B 公司在中国的该项专利申请未取得专利权，其法律状态一栏为："未提出实质审查，视为撤回。"因此，A 研究所可以在国内无偿使用该项技术。

在美国技术的基础上，A 研究所的研究人员经过大量试验，终于取得了成功。

3.1.1.2 提前规避侵权他人专利

1995 年，湖北某研究所利用自身的技术优势，将富康轿车的座椅"角度调节器"列为民品开发项目。这种"角度调节器"是法国某公司的产品，使用方便，调节灵活，受引进合同的约束，富康轿车必须使用法国进口产品，但价格很贵。一汽生产的捷达轿车也使用法国公司产品，但是一汽与法国公司没有合同约束，可以购买其他公司的"角度调节器"。于是该研究所购买了法国公司的产品，进行反测绘，绘制了全套图纸。对于其中最难加工的双齿盘，委托一家德国公司制造模具。经过一番努力，仿制成功。产品的性能毫不逊色。该研究所一方面做好批量生产的准备，另一方面派人把样品送到一汽装车试验。通过试验，一汽对产品的性能和价格都很满意。但是，捷达车主管配套件采购权的是一位德国工程师，他非常懂得知识产权的重要性，他要求该研究所对所提供的产品提交知识产权法律意见书。恰逢该研究所聘请的某集团知识产权管理办公室的主任到研究所讲课，于是就委托该知识产权管理办公室承担出具知识产权法律意见书的工作。

该知识产权管理办公室首先认真消化技术资料，彻底弄清产品的结构，在全世界范围进行全面检索。检索的结果是："角度调节器"的专利多达上千项，但是这种结构的"角度调节器"整机未申请专利。该"角度调节器"中的关键零部件双齿盘由一个法国公司在 12 个国家申请了专利，其中两个国家的专利已经失效，在中国没有申请专利。根据检索结果，该知识产权管理办公室出具的知识产权法律意见书的内容大体如下：某研究所在中国生产、销售这种"角度调节器"合法，未侵犯他人的知识产权。该研究所把该产品提交用户时应当声明：装有此"角度调节器"的产品在某年某月某日之前，不得出口到某某国家（就是上述 10 个有双齿盘专利的国家）。若用户自行出口到这些国家，该研究所不承担任何责任。通过知识产权法律状态的调查，弄清楚仿制的合法性和安全的销售地域。

本来，提交这样清晰的知识产权法律意见书已经能够满足一汽的需要了。但是，那位主管捷达车配套件采购权的德国工程师通知该研究所，说转达法国公司的口信，法国公司认为该研究所侵犯了法国公司的权利，准备诉诸法律。为了弄清情况，要求该研究所提交全部技术资料，该研究所的领导便又请知识产权管理办公室出主意。该知识产权管理办公室的同志认为，这是外国人的恐吓战术，不用害怕。建议该研究所可以给予以下答复：第一，请法国公司出示他们在中国享有何种知识产权的证据，根据提供的证据，我们会认真调查是否发生了侵犯其知识产权的现象。第二，声明本所的技术资料属于我们的技术秘密，属于我方的知识产权。法国公司与该研究所没有任何关系，无权索取该研究所的任何资料。法国公司的要求是毫无道理的。该研究所态度坚决地回答了德国工程师，不但没有得罪人家，反而收到了德国工程师的道歉信。该研究所的"角度调节器"也顺利打入一汽，成为配套产品。

3.1.1.3　可以无偿借鉴他人专利

北京某研究所主要从事运载火箭发动机推进剂的研制工作。过去在单组元火箭推进领域，无水肼是一种公认的综合性能较理想的燃料。但肼的冰点高，在低温环境下结冰，故不得不采取加温和保温措施，因而增加了发动机的结构质量，降低了有效载荷，减少了系统的可靠性，给火箭的使用和发射带来很大麻烦。为此该研究所制订了研制目标，一定要攻破无水肼带来的缺陷。

由于运载火箭发动机推进剂的配方在一般的科技文献中很少能够披露，因此，该研究所的专利管理人员与科技人员一起对有关推进剂的国外专利文献进行了详细的查阅。通过查阅专利文献，了解到美国也曾经研究过降低肼冰点的方法，如美国 US3953261 和 US3953262，这两篇专利文献公开的方法由于添加剂中都含有碳，对催化分解不利，影响催化剂活性，对要求多次重复起动的姿控发动来说很不适宜，而且能量也较低，因此，该研究所的研究人员决定不采用美国专利所公开的方法。但受其他美国专利和欧洲专利文献公开方法的启发，经过大量反复的试验，终于研制出了"低冰点单元推进剂及其制造方法"，并于 1987 年申请了专利。

该研究所研制的"低冰点单元推进剂"，不仅在使用性能方面保持了无水肼的优点，而且储存、运输、材料相容性和超动分解性能全都能满足运载火箭发动机的使用要求。实际使用证明，这是一种有着广泛应用前景的新型低冰点单元推进剂。

该专利在实施方面也取得了突出成绩，转让了 6 家单位，年均创产值约 200 万元，利润达 130 余万元。

3.1.2　涉及的专利法律条文

以下为《中华人民共和国专利法》（2020 年修正）节选：

第二十六条　申请发明或者实用新型专利的，应当提交请求书、说明书及其摘要和权利要求书等文件。

请求书应当写明发明或者实用新型的名称，发明人的姓名，申请人姓名或者名称、地址，以及其他事项。

说明书应当对发明或者实用新型作出清楚、完整的说明，以所属技术领域的技术人员能够实现为准；必要的时候，应当有附图。摘要应当简要说明发明或者实用新型的技术要点。

权利要求书应当以说明书为依据，清楚、简要地限定要求专利保护的范围。

依赖遗传资源完成的发明创造，申请人应当在专利申请文件中说明该遗传资源的直接来源和原始来源；申请人无法说明原始来源的，应当陈述理由。

3.1.3　知识产权要点点评

3.1.3.1　科学与技术的差别

中国科学院成都文献情报中心董坤等人在《情报学报》上发表的题为《科学与技术的关系分析研究综述》的文章论述了科学与技术的相关内容。

全球科技创新呈现新的发展态势和特征，新一轮科技革命和产业变革加速推进。《"十三五"国家科技创新规划》明确指出，应深刻认识并准确把握国内外科技创新的新趋势，系统谋划创新发展新路径，加速迈进创新型国家行列。科技创新是科学创新与技术创新的总称，科学创新是对自然界客观规律的探索和新知识的发现，技术创新是改造世界的方法、手段和过程，表现为科学知识基础上的技术发明和持续升级，二者有机融合、相互促进，共同决定了科技创新的质量、效益和走向。但在我国当前科技发展实践中，科学与技术尚未呈现良好的互动态势，主要表现在部分科学研究成果无法及时应用于技术实践，诸多技术问题往往因缺少新的科学成果而得不到有效解决。与此同时，科学与技术的互动关系十分复杂，它们可能在时间上相互推进，也可能在内容上相互交叠，并且在不同领域的互动模式和程度上也会有所差异。中国科学院院士白春礼指出，在实际工作中不能简单地把技术研发和生产实际之间脱节的问题扩展到科学研究与生产实际之间的脱节，导致形成科学研究与技术研发合二为一的激励评价政策，这对科学研究和技术研发工作都会造成负面影响。面对这些问题，厘清科学与技术的内在关系就显得尤为迫切，特别是二者的知识关联、相互作用模式与转化机制。基于此，董坤等人对科技发展历史、科学与技术关系的相关研究进行了系统调研和总结。首先依据科学与技术发展的原始脉络辨析科学与技术的概念内涵，讨论二者的区别和差异，并通过解析若干具体概念论述科学与技术的内涵关联；其次从定性与定量两个角度归纳科学—技术关联分析与科技互动模式研究现状；最后指出现有研究的不足，对未来科学与技术的关系研究作出展望。

科学与技术是科技创新的核心组成部分，厘清二者的概念内涵有助于把握科技创新的本质与要义，为分析科学与技术的关系打下理论基础。以下将从科学与技术发展的原始脉络出发讨论科学与技术的概念内涵及其演变。

科学（Science）源于拉丁文 Scientia 一词，原意是学问和知识。在发展之初，科学的概念与哲学是分不开的，因为在早期社会自然哲学（自然科学）被认为是哲学的一个独立分支。但随着人类社会的发展，人们对科学与哲学关系的认识逐渐加深，德国存在主义哲学家雅斯贝尔斯指出，哲学的研究对象是整体、世界、存在等，方法是超越对象的方法，而科学的研究对象是经验事实，其方法是"知性"。而后，科学被认为是一种知识，国内《辞海》等工具书中指出科学是反映自然、社会、思维等的客观规律的分科的知识体系。但有学者认为这种说法在一定程度上模糊了科学和学科的界限，提出科学应该是正确地反映自然、社会或思维的知识体系，或是指导人与外部事物之间打交道的理论知识。这类观点指出了科学知识具有正确性，但忽略了科学知识发展的动态性。部分学者在科学概念探讨中强调了科学的动态变化过程，Feynman 等认为，科学是对物理空间中不同系统的观察、创建、分析以及模拟；高永明认为，科学是反映客观事实及其规律的知识体系不断完善和发展的过程。在考虑动态性的基础上，系统思想也逐渐被融入科学概念的界定中，科学被普遍认为是由人类对认识客体的知识体系、产生知识的活动、科学方法、科学的社会建制、科学精神等按一定层次、一定方式所构成的一个动态系统。

技术（Technology）一词源于古希腊语 Techne，最初是技艺、技能的意思。亚里士多德就是使用"技艺"来反映技术内涵的，技术在他的思想中主要以一种特殊的能力、技巧、方法和智慧形式存在。这种思想实际上是将技术看作一类方法或者关于方法的知识。同样持此观点的还有 Herbert Simon，他认为技术处理的问题或工程师所考虑的主要问题是"事情应当怎样做——How things ought to be"。然而，海德格尔认为这种将技术看作方法的观点并未达到技术真正的本质，他强调技术是人的行为；McGinn 也认为技术是一种致力于创造（制作或装配物质产品的）工艺的人类活动形式，其根本作用在于拓展人类的实践领域。目前普遍认可的一种观点融合了上述两种思想，即将技术作为一种方法的同时，强调人类在其中的作用。Arthur 认为技术是帮人们达到某种目的的方法，此处的目的可以是明确的（如为飞机提供动力，对 DNA 进行测序），也可以是模糊的、多重的或者不断变化的，所谓的方法可以是一种方式，也可以是一个过程或者一种设备。国内学者的观点也多与此类似，钱时惕认为技术既是人类在实践（包括生产、生活、交往等方面）活动中，根据实践经验或科学原理所创造或发明的各种物质手段及方式方法的总和；陈士俊认为技术既是一种复杂的社会现象，又是人类实践活动的一种特殊方式，它是人类为提高社会实践活动的效率和效果而积累、创造并在实践中运用的各种物质手段、工艺程序、操作方法、技能技巧和相应知识的总和。

科学与技术的概念既相互区别又相互联系。一方面，科学强调知识发现与创造，技术强调将知识应用于实践，二者属于不同的概念范畴；另一方面，科学与技术又无法完全割裂开来，二者以知识的产生、开发以及应用为纽带，共同形成具有广泛语义内涵的科学技术。

首先，科学与技术的概念内涵具有一定差异。简单来说，科学活动的产物是阐明自然现象的本质、特点、规律，即所谓理论成果；技术成果则被认定为新技术、新工艺、新产品和新办法等，它是技术创新活动的产物。陈昌曙对科学与技术的区别进行了系统总结，认为二者的性质和功能不同、基本任务与结构不同、研究过程和方法不同、相邻领域与相关知识不同、实现目标和结果不同、衡量标准不同、研究过程及劳动特点不同、社会价值及影响不同。Almutairi 等也从多个方面探讨了科学与技术的本质，并归纳了二者的差异。

其次，科学与技术的概念之间相互联系。尽管在理论上科学与技术的概念具有不同的起源与演变脉络，但在科学技术研究与开发活动的实践背景下，二者又具有紧密的内涵关联。这种关联通过科技创新的具体活动建立，主要包括纯基础研究、应用基础研究、纯应用研究和开发研究等。

纯基础研究仅仅增添人类的知识和认识能力，看不出有任何应用目的或目标，如发现生命的起源等，这类研究虽在可预见的时间内无法应用于生产实践，但是对于人类社会发展进步具有重要的意义，是必不可少的一类科学实践活动；应用基础研究是指针对某一特定的实际目的或目标，为获取应用原理新知识而进行的创造性研究，它是基础研究与应用研究的重叠概念，与二者均有着紧密的联系；纯应用研究是相对于应用基础研究而言的，应用研究中除应用基础研究以外的部分即纯应用研究；开发研究（试验发展）是与基础研究、应用研究密不可分的概念，美国国家基金会定义了开发研究的概念，即旨在利用基础研究和应用研究成果开发出有用的材料、仪器、产品、系统及工艺，或者对现状进行改进提高的过程。该文在已有研究的基础上，总结科学、技术及上述具体概念的关系。

我们认为在科学技术研究与开发活动中，科学研究与技术创新活动各自遵循自己的发展轨迹，从已有的科学/技术不断提升到更高水平的科学/技术。科学的发展来源于基础研究的积累和突破，技术的发展来源于应用研究水平和开发研究水平的提升。在基础研究与应用研究之间没有清晰的界限，二者有着共同的部分——应用基础研究；同样，科学与技术之间也不是完全分离的，二者也有共同的部分——应用研究。正是共同内容的存在使基础研究与应用研究、科学与技术在概念内涵上并没有完全对立和分离，而是通过一些具体概念产生紧密的联系。

综上所述，科学与技术的概念既有明显的区别，又存在比较紧密的联系。随着对科学与技术概念认识的不断加深，剖析科学与技术知识关联与相互作用的科学—技术关联分析实践也逐步展开。

3.1.3.2　专利文献的特点及内容

国家知识产权局专利局专利审查协作河南中心的于磊和朱金龙在《河南科技》上发表的题为《浅谈专利文献的特点及其内容解读》的文章介绍了专利文献的特点及内容。

专利文献为实行专利制度的国家及组织在审批专利过程中产生的官方文件及其出版物的总称，通常所说的专利文献主要为专利单行本（曾称"专利说明书"）和专利公报两种。其中，专利公报为各国专利机构报道最新发明创造专利等信息的定期连续出版物。

据世界知识产权组织（WIPO）统计，世界上 95% 的发明创造都能在专利文献中找到，其中 80% 仅在专利文献中记载。与其他文献相比，专利文献主要具有以下几个显著的特点：

（1）文献数量巨大，传播最新科技信息。通过国家知识产权局数据库查询，截至 2019 年年底，收录的全球专利文献（不包含同族）为 8 409 万件，仅 2019 年公开的就达 569 万件之多。专利文献记载了发明创造的相关技术内容，其本身作为最新科技成果载体，随着世界范围内的及时公开出版得以迅速传播。

（2）技术领域覆盖全，技术信息较翔实。专利文献基本涉及所有技术领域，与人类生产生活相关的产品/方法均能够在专利文献中找到相应的记载。专利制度的本质在于公开换取保护，因而对专利申请文件记载的技术内容具有相对较高的要求，这使专利文献能够较为翔实地记载相关技术信息。

（3）集技术、法律、经济等信息于一体。专利文献不但记载了具体的技术内容，而且通过其权利要求书记载了申请人所主张的或所授予的与发明创造对应的独占权利，同时也在一定程度上反映了申请人在创新研发、市场投放等方面的经济活动。

（4）格式统一、数据规范，便于检索。各国专利文献采用统一的撰写格式，且其著录项目中特别设有按其技术领域分类的国际分类号，规范的数据加上全面的专利数据库，使专利检索更为方便快捷。对于企业而言，通过查阅专利文献，可以及时了解技术发展状况，避免重复研发；能够有效缩短研发周期，降低生产成本；及时掌握竞争对手的技术发展方向，做好跟进部署；同时，也能在生产经营决策前进行侵权风险评估，降低投资风险等。可以说，专利文献的诸多优势确立了其在企业生产经营活动中无可比拟的战略情报来源地位。

专利单行本为记载单项专利申请的出版物，由各国工业产权局或世界知识产权组织发布，其包括扉页、权利要求书、说明书和说明书附图（外观专利申请除外）。

1. 扉页的具体构成

扉页是以著录项目形式揭示每件专利基本信息的文件部分，为了便于数据的加工存储、方便各国数据交流和用户检索，目前各国均采用国际统一的代码来标识各著录项目。中国专利扉页示例如图 3－1 所示。

（19）中华人民共和国国家知识产权局

（12）发明专利申请

          （10）申请公布号CN 109219948 A
          （43）申请公布日2019.01.15

（21）申请号 201880002119.9   H04J 11/00(2006.01)

（22）申请日 2018.08.09

（66）本国优先权数据
    201710687513.8 2017.08.11 CN

（85）PCT国际申请进入国家阶段日
    2018.11.23

（86）PCT国际申请的申请数据
    PCT/CN2018/099625 2018.08.09

（71）申请人 华为技术有限公司
    地址 518129广东省深圳市龙岗区坂田华
       为总部办公楼

（72）发明人 刘建琴

（51）Int.CI.
    H04L 27/26(2006.01)
    H04L 5/00(2006.01)   权利要求书3页 说明书24页 附图5页

图 3－1　中国专利扉页示例

常见著录项目由上至下简要介绍如下：

（19）文献公布机构：公开文献的世界知识产权组织或各国工业产权局。

（12）文献种类文字释义：该文献的具体类别，以中国大陆为例，共有发明专利、实用新型专利、外观设计专利以及发明专利申请四种类别，前三种类别为通过审批后授权公开的文献，第四种类别为发明专利申请经过初步审查合格后进入公布阶段的公开文献。

（10）文献标志：该文献在公布或公告时给予的标记号码，即公布号或公告号，常称为公开号。以公开号"CN109219948A"为例，编号规则为："CN"为国别代码；第 1 位数字表示专利类型，"1""2""3"分别代表发明、实用新型、外观设计；其余的数字为文献流水号；最后的字母为文献标识代码，"A""B"分别表示发明专利的公布、授权公告文献，"U""S"分别为实用新型、外观设计授权公告文献。

（43）申请公布日：未经实质审查尚未授权的发明专利申请公开出版日期。

（45）授权公告日：经审查后授权专利的公开出版日期；该日期也为其专利权的生效日期。

（21）申请号：专利申请受理时给予的标记号码；前四位数字表示申请年份，第五位数字表示类型，"1""2""3"分别代表发明、实用新型、外观设计申请，"8""9"分别代表PCT 进入国家阶段（可理解为通过国际专利申请）的发明、实用新型专利申请。

（22）申请日：通常为专利局收到申请文件之日，如若材料未提交完整则为补全材料之日。申请日的一个重要作用在于审查时对现有技术的划界，只有申请日前未被公开的发明创造才有可能获得授权，相同的发明创造先申请的才有可能获得授权；此外，申请日也为专利保护期限的起始日。

（66）本国优先权数据：申请人在该专利申请之前一年内已经就相同的发明创造申请本国或国外专利，则可以要求享受国内或国外优先权；图 3－1 示例中 2018 年 8 月 9 日提交的申请号为 201880002119.9 的专利申请，因为与 2017 年 8 月 11 日在国内提交的申请号为 201710687513.8 的专利申请内容实质相同且在 12 个月之内，则后申请的专利在审查时享受 2017 年 8 月 11 日的申请日。

（85）PCT 国际申请进入国家阶段日：根据 PCT 进行专利国际申请的程序为先向专利国际申请受理局（国家知识产权局）提交 PCT 国际申请，进行国际公布后再根据要申请专利的国家，申请进入相应的国家阶段进行审查。该日期即为 PCT 国际专利申请进行国际公布后、进入中国阶段的日期。

（86）PCT 国际申请的申请数据：PCT 国际申请根据世界知识产权组织的规则重新确立申请号及其申请日。该申请号可以理解为国际专利申请的申请号。

（71）申请人：对发明创造依法享有专利申请权的主体，可理解为发明创造成果的实际拥有者；职务发明、委托发明的申请人通常为发明人所属的单位或委托人，如高校科研成果归学校，则高校依法享有专利申请权，在有相应协议的情况下也可按约定来申请。

（72）发明人：对发明创造的实质性特点作出贡献的人，可理解为主要的发明创造者，可以为一个或多个；将发明人纳入著录项目更多的是为了保证发明创造者的署名权。

（73）专利权人：专利申请获得授权之后，享有专利权的主体；通常情况下与申请人相对应，专利申请授权之后，申请人即为专利权人，享受相应权利；专利审批过程中也可通过转让的方式变更申请人来实现专利权的转让。

（51）国际专利分类号：为便于对海量的专利文献进行分类与检索，国际上编制并广泛实施了《国际专利分类表》，简称 IPC。其通过自身完整、详细的专利分类体系，将专利技术内容根据其分类规则逐级进行分类，给出与该技术内容最为相关的分类号，海量专利文献依此分类确保相同技术的专利文献均分到对应的分类号下，通过检索相应的分类号，使快速全面了解国内外该领域的专利文献成为可能。IPC 中一个完整的分类号由部、大类、小类和大组或小组的组合类号构成；以图 3-1 示例中的第一个分类号（即主分类号）"H04L 27/26"为例，"H"表示电学部，大类"H04"表示电通信技术，小类"H04L"表示电通信技术中数字信息的传输技术，大组"H04L 27"表示利用调制载波系统来实现数字信息传输的技术，小组"H04L 27/26"则具体表示利用应用调制载波系统中的多频码技术来实现数字信息传输的技术。其他分类号为副分类号，表示该申请的相关技术内容还与其他几个分类号所属的技术领域密切相关。

（54）发明名称：用来表明专利申请要求保护的主题和类型。

（57）摘要：包括文字部分，用以简要介绍本发明创造的技术内容；有说明书附图的，通常指定最能反映发明创造内容的说明书附图作为摘要附图。

2. 权利要求书

权利要求书为专利文献中记载请求保护的技术方案的部分，通常所说的专利权即是由这部分内容限定的。权利要求书包含独立权利要求、从属权利要求；从属权利要求从属于独立权利要求，其包含所引用独立权利要求的全部技术特征。

权利要求的保护范围由其技术特征限定得到，如权利要求"一种杯子，其特征在于：包括杯体与把手"，则所有具有杯体和把手的杯子均落入其保护范围。

通过检索专利文献并对其权利要求书进行分析，企业围绕自身产品可以开展产品侵权风险评估，在设计研发期间及时调整、规避，或是采取请求专利许可等措施，避免因侵权而造成产品无法上市、投资无法收回。

3. 说明书和说明书附图

说明书用来记载发明创造的具体内容，专利法要求说明书能够清楚、完整地记载发明创造的技术方案，使本领域技术人员仅依据说明书的记载就能够实现发明创造，因而其篇幅通常较长。

说明书文字通常包括技术领域、背景技术、发明内容、具体实施方式等部分，其中技术领域明确发明创造所属或直接应用的技术领域，背景技术主要用来记载背景技术现状以及发明创造所要解决的技术问题，发明内容则用来重点介绍发明创造的具体内容以及其所能取得的技术效果，具体实施方式则用来详细阐述发明创造的具体内容，为技术方案提供支撑和补充。

说明书附图作为说明书的一部分，通过图形补充文字部分的描述，使人能够更直观、形象化地理解发明创造。

3.1.3.3 专利文献应用

国家知识产权局专利局专利审查协作河南中心的于磊和焦玉娜在 2020 年第 18 期《中国科技信息》上发表的题为《专利文献在企业中的应用》的文章介绍了专利文献的应用。

针对广大企业缺乏专利文献查阅运用能力的现状，于磊和焦玉娜在文中围绕专利文献在企业生产经营中如何加以利用展开了进一步的探讨分析。专利文献相比于其他文献的一个最显著的优势在于它集技术、法律、经济等信息于一体。这些信息具体记载在何处，如何将其从纷繁复杂的专利文献内容中剥离出来，是困扰企业运用专利文献的又一个难点。下面从专利文献对于企业的作用以及运用路径方面展开分析。

1. 专利文献技术信息的运用

专利制度的实质在于公开换保护，申请人通过公开自己的技术来换取法律上对于其技术成果的保护。通过这种方式，激励社会各界积极公开自身的技术，实现技术信息的共享，使后人在此基础上能够不断创新，从而推动科技的不断进步。因而专利文献对于企业而言，最重要的作用在于提供最新的科技成果作为创新研发的基础。根据世界知识产权组织统计，利用专利文献进行技术创新，可以节省40%的经费，缩短60%的研发时间。具体来说，专利文献的技术信息对于企业的作用主要体现在以下几个方面。

（1）利用专利文献解决技术难题。

针对企业在生产中遇到的技术难题，可通过检索专利文献及时了解现有技术当中都有哪些解决方案，从中挑选出最优的解决方案进行消化吸收再创新，这有效避免了从零开始、重复研发造成的资金和时间的浪费；同时，最优解决方案基础之上的二次创新，也能使企业处于技术上的优势地位，提高市场竞争力。例如，通过对手机全面屏技术方面的专利文献进行检索，可以及时了解国内外企业针对全面屏手机在屏幕制造、听筒及摄像头设置、屏幕解锁等方面所面临的问题及其解决方案，加快设计研发进程，降低研发成本。

（2）利用专利文献指导研发方向。

通过检索竞争对手或龙头企业的专利申请情况，及时了解对手技术研发动向，为企业新技术/新产品的研发方向提供参考。例如，通过对珠海格力空气净化技术方面的专利申请进行检索发现，除了常用的过滤网过滤方式之外，珠海格力近年来还尝试采用了电离技术、静电吸附、紫外线技术等对空气进行过滤杀毒。

（3）利用专利文献指导重大决策。

通过对行业内国内外专利文献进行检索，结合国内外整体及重要创新主体的专利申请量趋势等数据综合评估行业或技术的生命周期，梳理分析出行业发展现状及其发展趋势，为企业的技术升级换代、扩大投资等重大经营活动决策提供精准导航。例如，作为昔日全球彩电玻壳老大的安彩集团，由于企业管理层仅凭个人经验对CRT（阴极射线管）产品生命周期的错误预判，盲目作出扩大产能的决策，不惜斥5 000万美元巨资收购竞争对手美国康宁公司即将淘汰的9条生产线，3年后随着液晶产品的全面来袭，CRT市场严重萎缩价格暴跌，安彩集团大面积停产停工（最终破产），美国康宁公司却凭借这笔研发资金成为当年世界最大的液晶生产商。值得一提的是，就在安彩集团收购美国康宁公司生产线的同年，规模和实力均小于安彩集团的一家名为京东方的CRT部件生产商却筹措3.8亿美元收购了韩国HYDIS旗下的液晶业务开始技术转型升级。试想一下，倘若安彩集团当年引入专利分析，甚至对美国康宁公司等竞争对手的专利申请进行简单查阅，即可了解CRT技术的行将就木，如果不是盲目投资CRT技术而是转入液晶技术，以其当时的实力极有可能成为第二家"京东方"。

2. 专利文献法律信息的运用

申请人申请专利的目的在于获取专利权，专利权具体通过专利文献的出版进行公开，因而使专利文献成为专利权这一法律信息的独家权威载体。专利权实质上为独占实施权，专利权人对其拥有的专利权依法享有独占的权利，在未经许可的情况下任何人不得使用，否则即构成侵权。企业可通过对专利文献的检索分析来了解相关产品或技术的专利权情况，通常企业可采取以下几种途径对专利文献的法律信息加以利用。

（1）利用专利文献评估侵权风险。

在企业产品上市之前或重要技术投入生产之前，通过专利文献检索对自身产品或技术进行专利侵权风险评估，再根据侵权风险评估结果进行决策，可有效避免可能产生的专利纠纷，降低企业经营风险，为企业重大生产活动保驾护航。例如，2016 年河南科隆集团计划投资 5 亿元在墨西哥新建冰箱用旋翅冷凝器生产线，当地知识产权部门紧急委托国家知识产权局专利局专利审查协作河南中心进行海外投资专利预警分析，通过专业团队的深入检索分析发现，竞争对手之一的韩国邦迪公司美国分公司早已在墨西哥申请相关产品的基础专利，并具有完备的专利布局，对河南科隆集团在该国的生产经营造成很大的制约，最终企业紧急叫停了该笔投资，挽回了重大经济损失。

（2）利用专利文献突破专利壁垒。

专利制度在国外经过数百年的发展，国外公司对其的运用早已驾轻就熟、了然于胸，因而常常在其产品上市之前就在世界各地广泛申请专利、跑马圈地。专利权作为一种排他性权利，一旦市场被他人做好专利布局，无异于设下技术壁垒，无论是国内还是国外企业再想进入都比较艰难。企业可通过对目标市场的专利权情况进行检索分析，详细了解竞争对手的专利布局，针对其专利布局的薄弱环节或空白点抢先布局，也可采用专利许可或合资建厂的方式破解专利限制，必要时可结合请求无效、侵权诉讼等方式开展专利攻防战，突破专利壁垒。例如，2014 年刚进军印度的小米很快收到竞争对手爱立信的专利侵权诉讼，不得不下架了涉及的产品，这也给信心满满的小米泼了一盆冷水。究其原因，主要是没有提前做好印度市场的专利预警分析，快速发展的小米也未来得及在印度市场进行专利布局，致使进军印度市场的战略遭受挫折。正是凭借高通的专利许可以及自身的专利布局和不断斡旋，小米才解决了爱立信的专利纠缠；仅仅经过几年的发展，小米便迅速登上印度市场销量冠军的宝座。

（3）利用专利文献规避侵权技术。

在设计研发过程中通过专利文献检索，全面了解竞争对手的产品或技术的专利权情况，为新产品或新技术的创新研发提供侵权风险预警信息，及时指导技术人员进行必要的规避，做到未雨绸缪，能够有效降低后续销售环节的侵权风险。事实上，国内如华为、京东方等行业巨头以及国外 IBM、佳能等企业均设置了专门的法务部门，其包括专利信息利用在内的知识产权工作贯穿产品从设计研发到市场销售的全部环节，做到知识产权与企业业务的高度融合，利用知识产权实现问题的高效解决。

3. 专利文献经济信息的运用

专利文献的经济信息主要体现在为企业的生产经营活动提供市场竞争、技术引进合作、人才引进等方面的情报。具体来说主要有以下几种途径。

（1）利用专利文献了解市场竞争态势。

通过全面检索国内外专利文献，在梳理行业发展现状和发展趋势的同时，能够详细分析国内外主要竞争对手及其专利布局情况，知己知彼，针对性地制定企业发展策略、选择发展方向，根据竞争对手专利布局情况选择适合的目标市场，如优先考虑进入对手专利布局薄弱的市场，避免盲目决策。

（2）利用专利文献选择技术合作伙伴。

通过检索专利文献了解某项产品或技术发展情况，及时了解涉及企业的研发进度，并综合企业专利授权情况等数据评估企业的研发实力，从中选择中意企业作为技术引进或合资洽谈的对象，从而能够最大限度地避免诸如庞氏"水制氢"之类的项目引进。

（3）利用专利文献进行企业人才引进。

专利文献中的发明人大多是企业相关技术的研发人员，检索得到相应技术的专利文献也就意味着得到了相关企业及其主要研发人员的清单，为企业的人才引进工作提供了精准导航。

3.1.3.4 专利文献分析

南京交通职业技术学院冯康在 2020 年第 11 期《科技和产业》上发表的题为《基于专利文献的技术生命周期分析——以中国环境治理领域为例》的文章分析了专利文献并介绍了专利文献的应用。

专利分析对预测技术发展趋势、反映一个国家或地区的创新能力、分析市场潜能、确定技术发展方向和提供合适的反馈给政府与市场起到关键性的作用。该文在数据检索统计筛选的基础上，采用 Ernst 所提出的专利累计申请量为专利指标，根据 Logistic 模型，运用 S 曲线进行环境治理领域技术生命周期预测，通过 Loglet Lab 软件进行模拟拟合，从而分析得出中国环境治理领域技术发展阶段，并对未来发展趋势进行预测。

1. 环境治理领域专利数据统计

（1）时间序列统计。

依据检索式，检索到中国环境治理领域发明专利总数为 71 016 件，最早申请时间是 1985 年。中国环境治理领域专利累计申请量是符合指数型增长的，其发展过程可分成三个阶段：1985—2000 年，环境治理领域的专利申请数量缓慢增长，年增长量均小于 100 件；2001—2008 年，专利申请数量快速增长；2009 年后，专利申请数量急剧上升，年增长量均高于 1 000 件。这一趋势与中国专利总体发展趋势和环境政策颁布进程基本符合。1985 年，《中华人民共和国专利法》实施。2000 年，《中华人民共和国环境保护法》颁布。2006 年，国家统计局与国家环保局联合公布的《2004 年度绿色 GDP 核算报告》指出：中国因环境污染造成的经济损失为 5 118 亿元，占当年 GDP 的 3.05%。中国的环境问题进一步严重。环境治理领域作为中国战略性新兴产业领域的一部分，与其他战略性新兴产业领域相比，其发展水平一般，通过《中国战略性新兴产业专利文献资源存量调查和增量规划》一文中战略性新兴产业总体申请量与中国环境治理领域专利申请量的对比可以发现，环境治理领域专利申请量占战略性新兴产业的总体百分比低于 10%。但是可以预见，随着中国科学技术和经济的发展，以及国家对生态文明的重视，环境治理领域技术未来还将保持相对较长时间的快速增长势头。

（2）技术领域统计。

中国环境治理领域专利主要集中于 C02 水污染的处理领域，占环境治理领域专利量的 89% 左右。B01D53/34 废气处理领域专利累计量仅 350 件，数量极其少。B09 固体废物处理领域专利累计量为 7 400 件，数量相对较少，具有一定的增长空间。C02 和 B09 领域的专利累计申请量的增长是符合指数增长的，而 B01D53/34 领域的专利累计增长量并不可观，其专利申请量占环境治理领域专利量的比重不足 0.5%。此外，B01D53/34 专利累计申请量 R^2 仅为 0.7344，其增长是不符合指数增长的。笔者认为，环境治理领域专利申请量与现实环境、技术水平、市场经济具有一定的关系。水污染较大气污染和固体废物、土壤污染较容易处理。首先，气体具有流动性；固体废物、土壤污染具有滞后性和隐蔽性；水污染具有明显性和直接性。其次，大气污染会随着降雨而转变成水污染和土壤污染。最后，水污染处理技术的市场较大、经济价值更大，而大气污染的经济价值相对较低。总体来讲，中国环境治理三大领域专利量将会稳固增长。

（3）申请主体统计。

中国环境治理领域企业申请主体占总体比重的 48.17%，占支柱性地位。企业在环境治理领域占支柱性地位，在战略性新兴产业领域占显著支柱性地位。从这点可以发现，中国环境治理领域的相关企业，相对战略性新兴产业其他相关企业的技术水平和数量可能不具优势性。其次，高校在中国环境治理领域申请主体所占比例为 30.23%；科研院所和个人申请主体仅占 10.31% 和 11.30%。与战略性新兴产业申请主体比重相比，环境治理领域的高校申请主体比重具有一定的优势，科研机构申请主体比重有一定的提升。此外，中国环境治理领域的高校和科研院所申请主体所占总体比重为 40.54%，仅比企业低 7.63%。由此可知，高校和科研院所在中国环境治理领域具有不可忽视的优势性，应努力做到产学研相结合。总体来讲，中国环境治理领域技术申请是以企业为主导，需要高校和科研院所的支持，靠个人很难达到技术突破性发展。

2. 环境治理领域专利数据分析

TRIZ 理论（发明问题解决理论）之父 G. S. Alshuler 认为任何产品都是由核心技术支撑的不断进化的技术系统，该系统的进化过程类似于生物的生长过程。由于 S 曲线的变化趋势和技术系统的进化趋势都具有生物发展的相似性，符合自然发展的客观规律，因此，可以将 S 曲线用于技术发展的预测。S 曲线主要包括 Logistic 模型和 Compertz 模型，二者虽都属于生长曲线，但具有不同的动态特征。当研究对象的发展仅和已生长（已代换）量（率）有关时，则选择用 Compertz 模型；当研究对象的发展受已生长（已代换）量和待生长（待代换）量的双重影响时，则选用 Logistic 模型。环境治理作为新兴产业，其发展不仅与已生长量相关，也受待生长量的影响。因此，该文选择 Logistic 模型对环境治理领域的专利数据进行分析，对其生命周期进行预测。Logistic 模型又称 Verhulst – Pearl 模型，由比利时数学家 P. F. Verhulst 于 1838 年在研究人口增殖规律时提出，其表达式为 $y = \dfrac{l}{1 + \alpha e^{-\beta T}}$。

模型表达式中，y 为预测值，T 为时间变量，α、β、l 均为模型待估参数。l 为自然极限饱和值即饱和点（Saturation）；β 为增长速度因子，即曲线中转折点（Midpoint）的时间点；α 为无因数参数。因而，在某种程度上技术发展趋势是具有可预测性的。技术发展趋势预测对政府相关政策制定、企业经营决策和科研管理具有重要的参考价值。而且，对产业技术发展趋势进行预测分析，可以对产业进行前瞻性的管理和引导发展。专利作为极其重要的技术信息源，其具有新颖性、创造性和实用性的特点。据世界知识产权组织统计报道，世界 90% ~95% 的发明创造信息是专利信息，且全世界发明创造成果的 70% ~90% 仅出现在专利信息中，不会出现在期刊文献、会议报告等其他文献形式上。国际科学技术情报网络（The Scientific and Technical Information Network International，简称 STN International）也指出专利文献中有 70%～90% 的信息根本没有在其他期刊上发表过。因此，专利由于自身特征使得其在预测技术发展趋势中具有无法比拟的优势。

该文以专利累计申请量为纵轴、年份为横轴，使用 Loglet Lab 2 软件确定 Logistic 模型表达式中的待估参数值，并描绘出中国环境治理领域专利技术申请趋势图。其中，Saturation 表示使用某一技术所产生的最大效用值，即预估专利累计数量的最高值；Midpoint 表示 S 曲线的反曲点，即二次微分的零点值；Growth Time 表示某一技术所产生最大效用值的 10%～90% 所花费的时间，即表示成长期与成熟期所需要花费的时间。中国环境治理领域成长极限值为 1 892 524，成长时间是 18 年，反转时间发生在 2028 年，即中国环境治理领域专利累计申请量最大值约 1 892 524 件，成长期和成熟期历经 18 年。根据 Logistic 模型的反转点对称性可估算出：1985—2018 年为中国环境治理领域技术生命周期的萌芽期，2018—2028 年为成长期，2029—2038 年为成熟期，2039 年后为衰退期，其中 2028 年是一个反转年。

由此可知，中国环境治理领域处于技术发展周期中的萌芽期，大概持续到 2018 年，随后便进入成长期。因而，中国环境治理领域目前是缺少关键技术的，基础技术正在积累过程中。此外，据上文数据及其分析结合逻辑曲线增长模型定义及其数学表达式可分析得出：中国环境治理领域专利累计申请量是符合逻辑增长模型的，即中国环境治理领域专利文献的增长量是符合逻辑增长模型的。另外，中国环境治理领域技术成长时间是 18 年，相对于其他新兴产业其技术发展周期较长。如葛亮研究分析得出我国石墨烯制备技术的成长时间约为 4 年；钟华研究得出我国抗 HVB 制药领域专利技术成长时间约为 11 年；赵莉晓指出我国 RFID（射频识别）技术成长时间约为 14 年。笔者认为，用文献学中的概念来讲也就是"半生期"较长，其专利技术发展较缓慢、更新速度较慢。中国环境治理领域专利技术发展较为缓慢的原因是多方面的，是值得进一步分析并重视的。

3.1.3.5　企业研发中知识产权的运用

知识产权是权利主体就其创造性智力成果依法享有的专有权利，凝聚着权利所有者的汗水和心血，国家以法律的形式确认权利的竞争地位。对企业来说，知识产权是其核心竞争力的最主要方面。现代企业，尤其是高新技术企业，技术和管理的先进性是其生命，而知识产权是其存在和发展的源泉和保证。企业为自主知识产权的取得付出的代价，必须通过其经营或知识产权转化产生的经济效益来补偿；此外，企业要想获得发展，还必须不断开发出新的技术，这一过程必须有前期知识产权转化的经济效益的投入；再者，也只有进行知识产权的保护，才可能比别人有更高的起点，开发出高于竞争者的技术，保持竞争优势。

从国内外企业的市场竞争实践中我们看到，知识产权管理是一项贯穿企业计划、生产、经营、生存、发展过程中的重要工作，在企业的科研、生产、经营各个方面都具有重要的作用。

1. 在研究与开发之前

在决定一项工程是否开始建设或者是否进行一项新产品或者新技术的开发之前，企业一定要对有关设备、产品及技术的现有状态进行调查，其中非常重要的就是知识产权状态。要看工程所使用的设备、研制、生产的产品或即将开发的新技术是否已经成为他人知识产权保护的对象，如果是则必须考虑避免侵权或者修改方案，甚至放弃该项目；如果不会出现侵权的情况，则需要各相关部门协作，在现有技术水平的基础上确定研发起点以及合适的研发策略。

除此之外，还要考虑整个项目所产生的知识产权保护问题，此时，就应该有一个基本的规划，如最终获得几项专利，是发明还是实用新型，是否需要进行新的商标注册等。与此同时，也要为这些知识产权的获得与维护预留一定的费用。

2. 在研究与开发过程中和完成后

一方面，要对研发项目的知识产权状况进行动态跟踪，根据具体情况适时调整开发路线。另一方面，则要求根据研发进展情况以及市场发展和竞争对手的技术进展情况，确定对已经完成的研发成果采取相应的保护措施，即是申请专利还是定为技术秘密。

此外，就是对研发过程中的原始资料进行记录、存储，包括资金注入、人员投入，以及在研发过程中采用的路线、遇到的问题和解决过程。这样做，既可以在将来为取得的知识产权进行价值评估提供依据，又可以将之作为软件作品和布图设计具有独创性的证据，因为这两种形式的知识产权的取得与保护只注重独创性。

在研究与开发活动完成后，要及时采取措施对研发成果加以保护。同时，由有关部门和人员对其进行价值评估后，列入企业总资产。当然，如前所述，对知识产权的价值评估有两种方式，一个是根据其成本进行评估，另一个是根据其潜在的经济效益进行评估。

在此过程中，尤其要注意的是防止有关技术人员私自将有关技术向外界公开。否则，企业可能会因此遭受重大损失，甚至是血本无归。因为技术一旦公开就进入公开领域，企业耗费大量人力、物力、财力取得的成果就白白送予了他人，甚至是竞争对手。

3. 上市后

产品上市后主要是防止被人侵权，根据企业知识产权管理运作的模式，一旦市场人员发现市场上有未经授权制造、进口、销售的相同产品，需要立刻向知识产权主管部门和技术部门通报，并向决策部门汇报。知识产权部门会同技术部门一起确定是否存在侵权，然后连同有关意见和建议就调查结果向决策部门汇报，最后由决策部门决定维权策略。

产品上市后，企业还要注意对产品及有关技术的改进及时采取有效的法律保护措施，以获得知识产权保护。因为随着对产品及有关技术的不断改进，最终产品会与原来有很大的差别，从而使最初取得的知识产权不能对经过改进的产品或者技术给予有效的保护。

此外，在出口产品及技术时，一方面要防止侵权，即出口商品和技术到已有专利保护或商标保护国时，要对自己的知识产权在国外的适用状况进行调查，如有冲突则不应与外商进行许可贸易；另一方面要防止被侵权，尤其是对某些与国外同类产品相比，技术先进、市场大、经济效益高的项目或者极易被仿制的产品，出口前适时向国外提出专利申请或商标注册申请。只有善于运用法律武器保护自己的知识产权，才能有效地占领国际市场，才能有较强的市场竞争力。

3.1.3.6　基于产品化的研发工作模式

陕西鼓风机（集团）有限公司李东亮等人在 2020 年第 31 期《科技资讯》上发表的题为《基于产品化思维开展研发工作的模式研究》的文章介绍了基于产品化的研发工作模式。

产品是企业面向客户的最终交付，是企业价值核算的载体。企业要拥有持续发展的动力，就必须通过研发不断提高技术核心能力，从而高效推出新产品。然而我国是一个发展中国家，无论是经济方面还是科学技术方面还都欠发达，经济实力与科技实力仍有待提高。企业虽然意识到研发重要性，但是研发需求难以确认、过程管理机械化、成果推广率较低等问题，给新产品最终交付市场带来了层层阻力。因此正确认识目前企业研发管理工作的现状及存在的问题，同时探索基于产品化思维开展研发工作的新模式，对于企业提升研发管理工作效率和获取技术核心能力具有重要意义。

1. 企业研发管理现状及存在问题

（1）研发需求难以确认。

研发主要是围绕新产品或新技术进行首次开发工作，研发需求难以快速确认。首先，未对用户需求背后的问题进行研究，用户提出的需求，往往是基于解决某个问题自身提出的解决方案，由于用户对目前现有解决方案的技术路径不清楚，因此提出的需求不一定是问题的最佳解决方案，甚至存在误导性。其次，随着时间的推移，用户对自身的需求有了更深刻的认识，经常会逐步完善并提出产品新的功能和性能需求，造成需求的反复变更。然而，如果在项目启动后研发需求仍在更新，将造成后期项目执行过程充满不确定性，而且在产品开发周期的不同阶段，产生的变更代价将呈非线性增长，包括返工、资源的浪费等。如在项目立项前进行需求变更，完成该项工作需要用一天的时间，如果拖到立项后，则需要投入加倍的时间和精力，造成项目不能按期交付。

（2）过程管理机械化。

过程管理作为研发项目质量管理的基础，其有效实行使项目能够达到一系列高质量的目标，同时过程管理对研发项目的及时交付具有十分重要的意义，目前企业在研发项目的过程管理中存在以下问题：首先，研发项目在立项阶段制订周期计划后，设置的里程碑节点未按实际情况进行滚动修订，同时研发计划未进一步细化，造成项目过程监控没有详细依据；其次，目前项目管理还停留在人工管理的阶段，月度依靠表格对节点计划的完成情况进行对照检查，不仅效率低，而且不能实时掌握并形象呈现重大项目的进展信息；最后，项目管理人员同时对多项目进行管理，无法对每个项目的内容都深入理解，在项目管理过程中将面临较多的困难和不解。

（3）成果推广率较低。

在研发项目的选择方面，部分企业关注研发项目技术的先进性，缺乏对市场目标的重视程度。项目立项评审中重点关注对技术水平、技术创新及项目难度及复杂程度等要素的评审，对项目要达到的市场目标未设置可考量的评价指标，导致部分研发成果与市场脱节，造成研发项目后续推广应用困难，研发成果转化不成功，未能给公司带来应有的效益。同时，在企业产品开发的全流程中，市场、研发、制造、销售各环节各司其职，注重各自部门目标，没有明确的部门对产品的最终价值负责。

2. 企业研发管理变革策略

通过上述对企业研发管理中存在的问题进行分析，究其原因，即在研发项目开展过程中忽略了产品价值才是最终交付的目标。因此，建议在企业实际研发管理过程中，可探索建立基于产品化思维开展研发工作模式，将产品开发的成功从过去主要依靠项目经理的个人能力，转化到依靠体系制度进行保障，减少人为因素对研发工作的影响，具体可从以下三个方面组织实施。

（1）以市场需求为切入点开展研发活动。

研发需求作为研发项目的来源，对开发以客户需求为导向、符合产品战略、有竞争优势的产品及提前布局核心技术或进行新市场的调研具有重要意义。结合市场需求，对用户需求的实际应用环境进行调研，从客户需求、内部需求和标准约束三方面对需求进行全面分析，了解客户的隐含需求，挖掘潜在需求，抽象共性需求，提供超出预期的解决方案，从而确认最终的产品包需求。当用户提出的需求有一些不可实现或实现代价很高时，比如有些需求可能当前系统无法满足，有些需求可能与原来需求冲突，甚至影响系统稳定性、存在安全性隐患等，要及时跟用户沟通，取得用户理解，及早达成共识，避免盲目争取用户满意。研发项目的科学性和合理性关系到企业的经济效益问题，因此如何对研发项目的需求进行可行性分析就是相关企业需要解决的首要问题，同时项目根据需求立项是项目成功的基础，也是整个项目可以正常进行的基础。企业研发需求管理流程如图 3-2 所示。

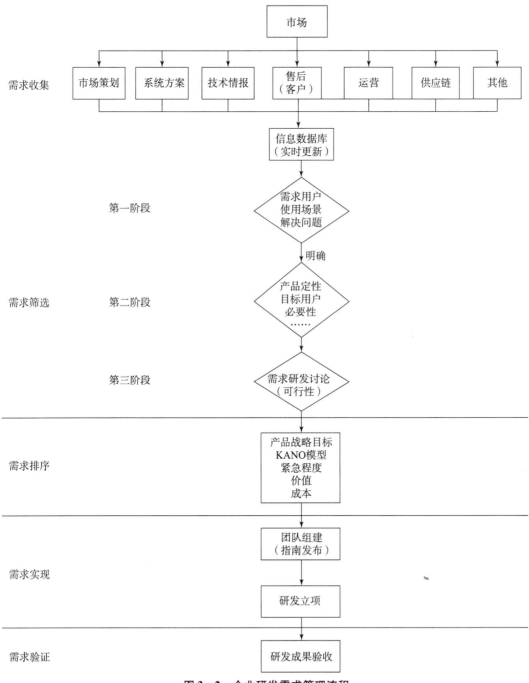

图 3-2　企业研发需求管理流程

（2）借助信息化平台开展研发项目管理，缩短产品开发周期。

21世纪是信息化的时代，网络技术快速发展，信息系统的工程建设已经越来越受到人们的关注和重视。在研发项目管理的过程中，可以借助信息化平台开展研发项目的管理工作，利用研发项目管理工具的科学性和系统性，将先进的研发项目管理理念（如WBS、Microsoft Project等）进行实战应用。例如，将产品研发工作计划进行分解，明确各任务间的逻辑关系，选择合理的任务开展顺序（并行），缩短产品的研发周期，使产品研发资源能够合理使用（及时投入、及时释放），从而减少产品研发的费用。在多项目管理过程中，可利用信息化平台开展研发项目管理，从而实现高效管理的目的，利用专业的研发项目管理平台能够快速、准确地创建项目实施计划，协助项目负责人对项目周期及成本进行控制、分析和预测，从而缩短产品开发周期，降低研发成本。

（3）基于产品化思维开展研发工作，促进研发成果转化。

建立以产品价值为导向的研发项目开发体系，按照研发项目要解决市场问题和完善内部研发体系的"双目标"原则，参考国际先进的产品研发管理方法思路（IBM体系），完善制定企业科研项目评审的实施细则。该体系重在培养项目负责人的市场意识：将研发与市场进行对接，更好地为市场服务，满足市场需求，根据市场需求进行研发；同时，评审体系在实施过程中重点关注与企业全产业链技术支持体系对接，按照梳理的全产业链技术体系，明确项目能够填补的技术短板，确保研发成果顺利推向市场。企业可建立基于产品化思维开展研发项目开发流程，首先，通过对市场策划进行分析，导出对新产品开发的需求，产品开发需求应包括对功能性指标、竞争性指标及技术性指标的描述，从而明确产品开发的具体目标。其次，对拟开发产品及开发所需产品平台从硬件、软件两大部分进行构件分解，对每一个构件的功能性指标、竞争性指标及技术性指标进行准确描述，同时对每一构件三大指标的企业及社会成熟度进行分析，对于不成熟需开发部分的技术等级进行判断，若属于关键技术，则应列入研发项目进行开发。此部分技术研发完成后，将成果应用于产品。最后，重复以上构建分解、成熟度分析及技术开发工作，直至完成产品开发中所有不成熟构件的开发或获取工作，从而完成整个产品的开发。基于产品化思维开展研发项目的具体开发流程如图3-3所示。

企业之间的竞争模式已不是传统的"大鱼吃小鱼"，而是"快鱼吃慢鱼"，快速、高质量地推出研发产品已成为构建企业竞争优势的基础。完善的精细化管理体系是项目全生命周期各项精细化管理的工作依据和要求，建立以产品化思维开展研发工作的模式，强调产品价值为研发工作开展的最终衡量标准。同时，利用先进的研发项目管理方法及信息化平台，能够实现对研发项目成本、周期及质量的有效控制，降低研发风险，提高企业研发项目的管理能力与水平，增强企业的市场竞争能力，为企业现代化的发展和经济效益的增长提供强有力的保障。

3.2 专利保护的运用

3.2.1 专利保护运用的案例

3.2.1.1 汽车安全带仿制与创新

测绘仿制是企业技术开发的方法之一。20世纪80年代末，江西A研究所仿制德国B公

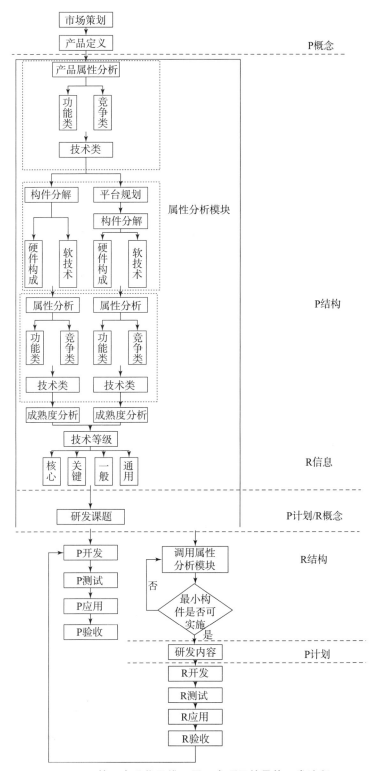

图 3 – 3　基于产品化思维开展研发项目的具体开发流程

司的"汽车安全带"就是一个成功的案例。

我国交通管理部门把安全带作为汽车的必备装备,给商家带来了机会。A研究所经过广泛调研,发现B公司的"汽车安全带"没有在我国申请专利,国内销售不存在侵权问题,因此,决定仿制B公司的"汽车安全带"。

A研究所经过一年的研制,产品通过了国家各项检验,决定组建汽车安全带生产厂。为了得到专利保护,A研究所委托航空专利事务所代理申请专利。事务所一位资深代理人看过A研究所提供的材料以后,感觉找不到发明点,材料上提供的技术内容都是已有技术,即A研究所的"汽车安全带"产品所有的零件似乎与B公司产品相同。考虑到A研究所需要的是技术含量高的专利申请,要靠专利保护自己的产品,代理人找到发明人进行仔细探讨,终于找到了A研究所产品的技术创新所在,由于我国没有制造安全带中的一个关键零件——质量敏感球的钢品种,因此,A研究所采用与B公司同样尺寸的钢球而其质量不同,导致了安全带动作的过载参数发生变化,这不符合我国标准规定。A研究所为此进行了大量的试验,对B公司"汽车安全带"中敏感开关的形状和间隙进行了改进,最后达到了我国产品质量标准的要求。因此,被修改的敏感开关的形状和间隙就是A研究所"汽车安全带"的发明点。代理人了解情况后,顺利申请了专利,并取得专利权,有效地保护了A研究所的产品市场。

3.2.1.2 拖机轮引进与创新

20世纪90年代,江西某飞机公司从法国引进了某型号直升机制造技术,该直升机没有机轮,只有滑橇。因此,当直升机停在机场时,移动飞机就成了问题。于是该公司随飞机一起引进了法国制造的"拖机轮",这是一种手动液压机械。每个"拖机轮"有两个机轮,连接两个机轮的轴是一个曲轴,机轮安装在曲轴的端部。曲轴通过一个齿轮、齿条传动机构与一个手压泵连接。当摇动手压泵时,液压机构通过齿条、齿轮带动曲轴转动,使整个"拖机轮"抬高。拖飞机时,每个滑橇的前后各放置一个"拖机轮",一架飞机使用四个"拖机轮",操纵手压泵将飞机抬高,就可以方便地拖动飞机。通过研究法国产品,该厂发现法国产品有三大缺点:一是手压泵容易泄漏;二是拖机轮转弯困难;三是不能倾斜,使用不方便。该厂的科技人员针对上述缺点,重新进行了设计。对手压泵的结构进行了合理改进,不但减小了体积,解决了泄漏问题,而且提高了推力。针对不能转弯的问题,对"拖机轮"的机身结构进行了改进,更换了原来的轴承,解决了转弯问题。改进后转弯非常灵活。针对不能倾斜的问题,重新设计了油箱盖,创造了一种可呼吸的油箱盖。改进后产品的性能大大提高。为了保护自己的知识产权,该厂决定申请专利。

通过对该厂提供的资料进行研究以后,专利代理机构的代理人认为这个"拖机轮"包含了三项发明创造,手压泵改进、解决转向问题和油箱呼吸盖是三项独立的技术方案。于是在2000年申请了三项实用新型专利,已经获得专利权,成为该厂的自主知识产权。

3.2.1.3 提前保护论证技术方案

1997—1999年,洛阳某研究院在知识产权工作方面有了明显的改进,制定了系统的规章制度,对全院职工进行了知识产权法律法规知识的普及,清理了本院的知识产权项目,对发明创造的完成人给予重奖。这些措施推动了该研究院的知识产权工作,该研究院将知识产权保护纳入科研管理的全过程。

2000年,在X项目的方案论证会上,该研究院提出的一项"X技术方案"击败了其他单位的技术方案，得到了广泛的认可。论证会后，该研究院的负责人意识到他们提出的"X 技术方案"在论证会上经过激烈的争论，主要技术内容已经向参加会议的有关专家公开。虽然会议有明确的保密要求，但是这些专家来自不同的单位，仍然存在着泄露技术方案的可能。那么，如何保护该研究院的技术方案呢？经研究讨论后，该研究院决定将"X 技术方案"立即申请专利。这是该研究院第一次将原理技术方案申请专利。该研究院取得了 X 项目任务，随着对 X 项目研究的不断深入，在"X 技术方案"的基础上产生了许多技术创新，该研究院利用"X 技术方案"专利申请的国内优先权陆续申请了一系列后续专利。目前，围绕该项目申请的一系列后续专利中，有的已经取得了专利权。

3.2.1.4　适时申报专利保护创新

洛阳 A 厂于 20 世纪 90 年代初，承担了一项研制"电缆接插件"的任务。我国当时还没有满足这种连接需要的电缆接头，产品需求量很大。这种接插件的技术难点在于，它要求连接和拆卸的快速性，要求在几秒内完成连接或者拆卸；同时又要求高度的绝缘性能，在水中浸泡 1 小时后应耐受 2 000 伏高压，不发生短路或者跳火。连接的快速性必然影响绝缘性能，而高绝缘性能往往导致连接和拆卸的不便。为了攻克这个难点，厂里先后成立了四个课题组，最后在一位年轻技术人员康某的主持下，终于研制成功，满足了上述性能要求，完成了生产定型，开始批量生产。在 1994 年研制完成后，康某提出要申请专利，将报告递给主管领导，顺利得到批准。以 A 厂为申请人，申请了实用新型专利，并很快拿到了专利证书。

A 厂的一名副厂长，在一家公司的资助下，在深圳开办了一家国有独资企业（以下称为 B 厂），而且通过高薪聘请，把包括课题组组长康某在内的几乎全部课题组成员以及若干技术工人都拉走了。B 厂从设计、生产到外协全是轻车熟路，因此，很快具备了生产能力。在短时间内获得了 A 厂一个重点客户的认可，他同意购买 B 厂的产品。1996 年的订货份额，60% 归 B 厂，A 厂只占 40%。在这种情况下，A 厂忍无可忍，组织有关人员成立了一个调查组。

调查组深入洛阳、深圳、天津等地了解情况，收集证据。调查结果表明，B 厂的产品侵犯 A 厂的专利权是不争的事实。在法律和事实面前，B 厂停止了生产，A 厂依靠专利夺回了全部市场。B 厂由于不能生产这种产品，很快就倒闭了，投资方损失 200 万元。

3.2.2　涉及的专利法律条文

以下为《中华人民共和国专利法》（2020 年修正）节选：

第六条　执行本单位的任务或者主要是利用本单位的物质技术条件所完成的发明创造为职务发明创造。职务发明创造申请专利的权利属于该单位，申请被批准后，该单位为专利权人。该单位可以依法处置其职务发明创造申请专利的权利和专利权，促进相关发明创造的实施和运用。

非职务发明创造，申请专利的权利属于发明人或者设计人；申请被批准后，该发明人或者设计人为专利权人。

利用本单位的物质技术条件所完成的发明创造，单位与发明人或者设计人订有合同，对申请专利的权利和专利权的归属作出约定的，从其约定。

第七条　对发明人或者设计人的非职务发明创造专利申请，任何单位或者个人不得压制。

第八条　两个以上单位或者个人合作完成的发明创造、一个单位或者个人接受其他单位或者个人委托所完成的发明创造，除另有协议的以外，申请专利的权利属于完成或者共同完成的单位或者个人；申请被批准后，申请的单位或者个人为专利权人。

第九条　同样的发明创造只能授予一项专利权。但是，同一申请人同日对同样的发明创造既申请实用新型专利又申请发明专利，先获得的实用新型专利权尚未终止，且申请人声明放弃该实用新型专利权的，可以授予发明专利权。

两个以上的申请人分别就同样的发明创造申请专利的，专利权授予最先申请的人。

第十九条　任何单位或者个人将在中国完成的发明或者实用新型向外国申请专利的，应当事先报经国务院专利行政部门进行保密审查。保密审查的程序、期限等按照国务院的规定执行。

中国单位或者个人可以根据中华人民共和国参加的有关国际条约提出专利国际申请。申请人提出专利国际申请的，应当遵守前款规定。

国务院专利行政部门依照中华人民共和国参加的有关国际条约、本法和国务院有关规定处理专利国际申请。

对违反本条第一款规定向外国申请专利的发明或者实用新型，在中国申请专利的，不授予专利权。

第二十条　申请专利和行使专利权应当遵循诚实信用原则。不得滥用专利权损害公共利益或者他人合法权益。

滥用专利权，排除或者限制竞争，构成垄断行为的，依照《中华人民共和国反垄断法》处理。

第二十九条　申请人自发明或者实用新型在外国第一次提出专利申请之日起十二个月内，或者自外观设计在外国第一次提出专利申请之日起六个月内，又在中国就相同主题提出专利申请的，依照该外国同中国签订的协议或者共同参加的国际条约，或者依照相互承认优先权的原则，可以享有优先权。

申请人自发明或者实用新型在中国第一次提出专利申请之日起十二个月内，或者自外观设计在中国第一次提出专利申请之日起六个月内，又向国务院专利行政部门就相同主题提出专利申请的，可以享有优先权。

第三十条　申请人要求发明、实用新型专利优先权的，应当在申请的时候提出书面声明，并且在第一次提出申请之日起十六个月内，提交第一次提出的专利申请文件的副本。

申请人要求外观设计专利优先权的，应当在申请的时候提出书面声明，并且在三个月内提交第一次提出的专利申请文件的副本。

申请人未提出书面声明或者逾期未提交专利申请文件副本的，视为未要求优先权。

第三十一条　一件发明或者实用新型专利申请应当限于一项发明或者实用新型。属于一个总的发明构思的两项以上的发明或者实用新型，可以作为一件申请提出。

一件外观设计专利申请应当限于一项外观设计。同一产品两项以上的相似外观设计，或者用于同一类别并且成套出售或者使用的产品的两项以上外观设计，可以作为一件申请提出。

第三十二条　申请人可以在被授予专利权之前随时撤回其专利申请。

第三十三条　申请人可以对其专利申请文件进行修改，但是，对发明和实用新型专利申请文件的修改不得超出原说明书和权利要求书记载的范围，对外观设计专利申请文件的修改不得超出原图片或者照片表示的范围。

3.2.3　知识产权要点点评

3.2.3.1　合法仿制与反向工程

根据吴伟仁主编的《国防科技工业知识产权案例点评》进行点评。《保护工业产权巴黎公约》第四条之二（一）规定："本同盟成员国的国民向本同盟各成员国申请的专利，与其在本同盟其他成员国或非本同盟成员国为同一发明所取得的专利是相互独立的。"也就是说，在哪个国家申请专利，并取得了专利权就在哪一个国家获得法律保护。在 3.2.1.1 小节的案例中，由于德国 B 公司的"汽车安全带"未在中国申请专利，因此 A 研究所的仿制属于合法利用，不存在侵权。此外，A 研究所在合法利用的前提下，针对 B 公司产品在中国现有的工业基础条件下所存在的问题进行了改进，申请了专利并取得了专利权。

在知识产权制度下，一些企事业单位往往认为仿制他人产品是一件不光彩的事情。仿制可以说是"反向工程"的俗称，"反向工程"是指通过对从合法渠道取得的产品进行解剖、测绘、分析和研究，从而推知产品技术的过程。"反向工程"是合法获取他人技术的一种手段。仿制不是完全照搬，由于国与国之间、地区与地区之间存在着诸如工业基础条件、技术条件和设备条件等差异，有时候完全照搬也会引发"水土不服"，必须进行技术改造，产生自己的知识产权。仿制必须在合法利用的前提下，盲目仿制他人产品可能引发侵权纠纷。

中原工学院刘雨在 2017 年第 15 期《中外企业家》上发表的题为《技术创新背景下反向工程与知识产权保护的思考》的文章也介绍了反向工程内容。

企业增强和保持竞争优势主要是通过技术创新来实现对智慧资源的掌控，并以此培育和提升自身的核心竞争力。此外，企业为了维护其在行业中的领先地位，企业合法获得的知识财产必须通过知识产权相关法律予以保护，以免遭他人侵犯。但在具体实施过程中，反向工程与知识产权之间仍存在一些有待化解的矛盾。因此，为了激发社会整体技术创新的能力和活力，既要肯定和鼓励反向工程所带来的自主创新技术，又要使其在知识产权的合理保护范围内进行。

1. 反向工程概述

（1）反向工程的内涵。

反向工程是一种获取技术信息的合法路径。操作反向工程的对象是含有技术信息并以合法手段得来的产品。操作反向工程是利用自身已有的技术对产品进行解析，以获取其中的技术原理。实施反向工程主要是为了获得原产品关键的创意、运行原理与生产加工方法，并在此基础上进行再次创新。核心技术对企业的生存发展至关重要，通常会受到专利法的保护。一些中小企业和没有技术优势的企业，可以通过反向工程从合法渠道获得蕴含核心技术的产品，运用自身的技术资源进行解析、破译，获取其中的技术秘密，从而攻克技术难关。

（2）反向工程的重要作用。

纵观一些技术强国的崛起，主要是通过反向工程从欧美等工业技术发达的国家学习技术信息，进行创造性的模仿并再度创新，使产品的性能更胜一筹，进而促使工业水准的整体提升。其中最具代表性的是日本。20 世纪中期，日本工业的技术相对落后，为振兴经济，日本实施了技术引进、消化吸收、再次创新的赶超战略。日本的企业把引进的生产设备或工业产品进行拆解，研究其制造原理、工艺及加工方法等，运用已有的技术改进革新原产品，研造出媲美原产品或比其更先进的产品。由此，近代日本的相机、发动机等工业产品超越欧美企业的技术水准，反向工程的实施使日本成为技术创新的强国。

2. 反向工程与知识产权保护面临的困境

反向工程有其合理性。首先，操作反向工程的对象是从正当方式得来的。其次，企业是依托自己的技术条件来求取产品中含有的技术原理。但就知识产权保护而言，反向工程是以获取其他企业的关键技术为目标，是一种建立在别人劳动成果之上的"模仿"行为。由此可见，仿制和模仿的判定以及如何把握模仿的尺度是反向工程游走在知识产权保护边缘的主要问题。

（1）仿制和模仿。

在反向工程中，仿制和模仿的具体区别如表 3-1 所示。仿制过程中不存在创新劳动，而是照搬竞争者的原型产品，毫无创新，最终使仿制品与原型产品之间在外观、功能等方面很容易产生混淆，带有主观恶意和不正当竞争的意图。而反向工程则是基于技术创新、不损害他人利益、公平竞争的前提进行的。但是由反向工程生产的模仿产品与仿制产品之间的划分不清晰，难以判定，很容易将模仿产品误判为仿制产品。所以，知识产权对反向工程保护的界定显得有些模棱两可。

表 3-1　仿制和模仿的具体区别

类别	仿制	模仿		
成果名称	仿制产品	模仿产品	创新产品	创新技术
技术层次	无	较低	较高	最高
创新效益	毫无创新，几乎无差别	略微改进	明显提升	革新技术原理
知识产权保护与否	不保护	保护	保护	保护

（2）模仿的法律尺度。

在反向工程中，模仿应该是在符合法律规定模仿活动的实施条件和模仿产品应用范围等内容的前提下，获取核心技术来实现独创性研究。如软件"反向工程"的合法性地位在欧盟制定的有关法律中得到认可，但法律也严格界定了实施条件、应用范围和实施目的等。通过反向工程所获取的核心技术，通常是被其他企业申请的专利，受相应知识产权法的保护。当模仿超出了法律规定的界限，企业将陷入知识产权的侵权纠纷之中并承担相应的经济赔偿责任。知识产权的保护若缺乏合理性，模仿便被视为侵权，这样势必会阻碍技术的传播与革新，进而导致垄断和遏制创新；如果弱化知识产权保护，企业创新创造的积极性就会受到打压，同时不正当竞争就会普遍出现，从而使技术创新者的经济利益直接受损，进一步形成恶性循环。所以，模仿尺度的把握是影响反向工程与知识产权保护协调发展的重要议题。

3. 反向工程中的知识产权保护的原则

反向工程的发展和知识产权保护的完善相辅相成，同等重要，不可偏废。在相互融合过程中，技术才得以革新换代、不断进步。针对反向工程中的知识产权保护问题，必须把握以创新为标准和以双赢为策略这两个原则。

（1）以创新为标准。

创新是反向工程实施和知识产权保护的基础和灵魂。反向工程中缺乏创新，创造性的劳动成果就无从谈起，其应用成果等同于仿制产品。企业从技术产品引进、技术开发应用到产品生产、销售的整个过程中都将面临知识产权的侵权。知识产权保护之所以保护反向工程，是因为反向工程中体现了创新。在以创新为标准的前提下，反向工程应以提升自身创造能力为目标，通过再度创新，力求取得跨越式技术进展。由此，反向工程不仅仅局限于从原型技术产品中汲取技术信息用以创造性研究，对技术信息的创新性运用才是重中之重。

（2）以双赢为策略。

以双赢为策略，可以推进反向工程与知识产权保护的协调发展。在竞争中寻找共赢，反向工程可以使企业互相从技术持有者那里获取先进的技术信息，经过创造性的运用，生产出超越原型产品性能与质量的高技术产品，以增强企业在市场上的技术竞争优势。在合作中寻找共赢，合作使企业间便利地获取用以操作反向工程的原型产品，进而提升企业技术革新的频率，拥有持续不断的竞争优势。合作使竞争对手间不断变得强大，想要获得生存和发展，企业必须不断通过反向工程和知识产权的保护这两件工具实现技术突破和创新，以增强竞争优势。

反向工程是实现技术获取和技术赶超的重要途径，体现强大的技术创新能力，即对原型产品技术信息的解析、消化、吸收和二次创新的能力。反向工程中的技术创造结晶离不开知识产权的保护，知识产权保护的合理调整又反作用于反向工程，使技术革新能力不断提高，如此形成了良性的循环。知识产权保护的内容不仅是个别企业已有的技术创新结晶，还要激励和保护反向工程中的技术创新，以达到遏制技术的不良垄断和提高社会整体技术水平的效果。因此，在知识产权保护与反向工程相互融合、协调发展的过程中，必须把握以创新为标准和以双赢为策略这两个原则，进而开辟出技术不断创新发展的新路径。

3.2.3.2　总的发明构思与专利

根据吴伟仁主编的《国防科技工业知识产权案例点评》进行点评。《中华人民共和国专利法》第三十一条第一款规定："一件发明或者实用新型专利申请应当限于一项发明或者实用新型。属于一个总的发明构思的两项以上的发明或者实用新型，可以作为一件申请提出。"这就是通常所说的专利申请的单一性原则。在 3.2.1.2 小节的案例中，该飞机公司对引进的技术进行了三个方面的改进，并采取了正确的保护策略，把三个发明点分别申请了三项实用新型专利，得到最大范围的保护。

有的人一提专利申请就认为是很高深的事情，往往错误地认为只有原创性（开拓性）发明才能申请专利。其实专利保护的发明创造除了开拓性发明外，还包括组合发明、选择发明、转用发明和用途发明以及要素变更的发明。每个企事业单位都蕴藏着很多这样的可申请专利的技术，及时发现它们并及时申请专利，使它们成为自主知识产权，这应当引起大家的注意。

国家知识产权局专利局专利审查协作北京中心的李璐和吴洋在 2022 年第 12 期《中国科技信息》上发表了题为《关于单一性审查方式的思考》的文章。

1. 问题的引出

《中华人民共和国专利法》（以下简称《专利法》）第三十一条第一款中明确规定，同一件申请文件的权利要求书中所记载的技术方案应该属于同一个总的发明构思，这就是我们所称的单一性规则。该法条设立的初衷是因为在申请专利的过程中，每一件专利申请都需要申请人缴纳一定的费用，而单一性的规定可以避免申请人在同一件申请中撰写多项属于不同发明构思的技术方案，从而通过缴纳一件申请的费用而实现对多项不同发明构思技术方案的审查。

在专利申请的实际审查过程中，审查员经常会遇见在一件申请的权利要求书中记载了多组明显不具备单一性的权利要求的情况。此时审查员通常会针对该"明显不具备单一性"的申请文本，在审查意见通知书中指出：

（1）第一组权利要求（以及与之具备单一性的各权利要求）不具备新颖性、创造性等实质性缺陷；

（2）多组权利要求之间明显不具备单一性，同时要求申请人删除与第一组权利要求明显不具备单一性的其他组权利要求。

根据《中华人民共和国专利法实施细则》（以下简称《细则》）第五十一条第三款的规定，申请人在答复审查意见通知书时，其应该针对审查员所指出的缺陷进行修改。但是若申请人在实际答复时，保留了与第一组权利要求不具备单一性的其他组权利要求，删除了不具备新颖性、创造性的第一组（以及与之具备单一性的其他）权利要求，那么这样的修改能否被认为是针对审查意见作出的？其是否符合《细则》第五十一条第三款的规定？

2. 争议做法

对于相关情况的处理结论，现行的专利审查操作中存在两种完全不同的观点。

第一种观点是认为申请人所作出的相关修改并不是针对审查员在通知书中所指出的缺陷，该修改文本不符合《细则》第五十一条第三款的规定，审查员应不予接受申请人的修改。该观点的依据是《审查操作规程》第六章第1.3.2节中的相关规定，其规定了当申请人为了克服权利要求明显不具备单一性问题时所作出的修改不能被认为是针对通知书中所指出问题或者缺陷进行修改的三种情形：第一种是删除审查员在通知书中已经进行了检索和评述的权利要求，而保留与其明显不具备单一性且未经检索的剩余权利要求；第二种是主动将说明书中记载的其他技术方案作为修改后的权利要求，但是修改后的技术方案明显与原始权利要求中记载的技术方案不属于一个总的发明构思；第三种是将曾经因为克服单一性而删除的权利要求书中记载的技术方案再次作为修改后的权利要求。在遇到这三种情形时，审查员可以依据《细则》第五十一条第三款而拒绝申请人提出的修改文本，要求其重新提交符合要求的修改文本。

第二种观点是认为申请人所作出的相关修改是针对审查员在通知书中所指出的问题或者缺陷，审查员应当按照请求原则接受该文本，以其作为审查对象进行进一步的检索和审查。其依据是《专利审查指南（2010）》中规定的不符合《细则》第五十一条第三款规定的五种情形：其中前两种情形是禁止主动对独立权利要求中的部分技术特征进行删除或者改变，从而使修改后的权利要求保护范围扩大；第三种情形是如果一项技术方案其仅仅在原始申请文件的说明书中，且该技术方案与原始申请文件的权利要求书中所记载的技术方案明显不具备单一性，那么该项技术方案也不能作为其修改后的权利要求书所要求保护的主题；最后两种情形是禁止主动增加在原始申请文件的权利要求书中没有记载的新的独立权利要求或者新的从属权利要求。而申请人在重新提交的权利要求书中所记载的技术方案是记载的原始申请文件的权利要求书中的，其明显不是《专利审查指南（2010）》中规定的五种违反《细则》第五十一条第三款规定的相关情形，且《专利审查指南（2010）》中还规定了只要申请人提交的修改文件消除了审查意见通知书中所指出的问题或者缺陷，且其符合《专利法》规定可以授予专利权的条件，那么这种修改就应当被认为是符合《细则》第五十一条第三款规定的修改。

3. 目前的标准做法

审查业务管理部门就该问题提出了规范做法，其认为：首先，审查员在遇到明显缺乏单一性的专利申请时，应当先向申请人发出分案通知书，等待申请人提交了已经消除分案通知书中所指缺陷的权利要求后，再针对其提交的权利要求书中所保留的技术方案进行审查。其次，若是审查员没有发出分案通知书，而是直接发出了指出其权利要求不具备单一性问题的通知书，并在通知书中评述了第一组权利要求的新颖性和创造性等缺陷，申请人删除审查员评述过的权利要求，而保留与之明显不具备单一性且没有评述过的权利要求，属于"针对通知书指出的缺陷进行修改"，审查员应该接受该文本，继续进行检索和审查。

其具体理由如下：根据请求原则，审查员在审查过程中，应当以申请人依照《专利法》相关规定提交审查的相关申请文件作为审查文本进行审查，而"请求原则"是审查过程中选择文本的原则，虽然不符合《细则》第五十一条第三款规定的情况，不能适用于请求原则，但是指南对于该"例外"情形作出明确、具体的规定。对于不属于《专利审查指南（2010）》中规定的不符合《细则》第五十一条第三款的五种情形的，就应该认为其修改符合规定，且在其修改实际正确的前提下，审查员应该依据"请求原则"接受该文本。此外，实质审查中应当遵循的审查原则包括请求原则、听证原则和程序节约原则，审查中不应以节约程序为由而违反请求原则。

4. 相关遗留问题和建议

在实际的审查过程中，还存在这样一种情况：一件专利申请最初提交的权利要求书中记载了多组权利要求，而各组权利要求之间明显缺乏单一性，申请人在提交实审请求书时依据《细则》第五十一条第一款的规定，主动对权利要求书进行了修改，在修改后的新的权利要求书中仅保留了一组具有单一性的权利要求，对其他与被保留的权利要求明显不具备单一性的权利要求进行了删除。审查员在审查中接受了修改文本，并以其所记载的技术方案为审查对象，进行了检索和审查，发出通知书指出修改文本中全部权利要求皆不满足《专利法》有关创造性的要求。

申请人在收到审查员的审查结果后，认可了通知书中所指出的缺陷，对权利要求书中全部技术方案都进行了删除，并将在之前主动修改时已经删除的其他权利要求作为修改后的最新权利要求进行提交，要求审查员以其作为新的审查基础进行再次审查。此时，这一修改方式显然也没有超范围，按照最新操作标准，此时审查员就将必须接受该修改文本，然后以该组权利要求为审查文本重新进行审查。

若此次提交的修改文本仍然不符合《专利法》规定的授予专利权的条件，申请人仍然可以继续再次提交与之明显不具备单一性的其他权利要求作为审查文本，这就导致审查员不断地对申请人重新提交的权利要求进行重新检索和审查，直至其中一组权利要求符合授权条件。这种行为将会无限延长专利申请的审查周期，并大大增加审查员的检索工作量以及工作负荷，同时还会对国家的经济利益造成损失，严重违反了《专利法》中单一性设置的初衷。同时，对于同样具有明显缺乏单一性的申请，假若申请人没有按照上述操作对单一性问题进行规避，按照目前的操作规范，则申请人仅可以选择一组具有单一性的技术方案作为修改后的权利要求，而删除其他组明显不具备单一性的技术方案，虽然对其他剩余的技术方案还可以提出分案申请，但是该种操作明显会额外增加申请人的申请费用，延长申请周期，导致明显有失公平。

因此，在申请原始权利要求中存在多组明显不具备单一性技术方案的前提下，判断申请人删除经过审查没有授权前景的技术方案，而保留或者重新提交与删除的技术方案明显不具备单一性的其他技术方案的申请行为，是否符合《细则》第五十一条第三款的规定时，我们应该根据案情的实际情况进行具体分析和操作。假若申请人重新提交的权利要求的技术方案与审查员已经评述过的技术方案的技术领域相差较大，或者虽然技术领域相同或相近，但是两个技术方案对现有技术的改进点或改进思路完全不同，会造成审查员的检索工作量非常大，其属于申请人恶意规避合理缴纳申请费用的行为，构成不当得利，那么该修改方式就不应该接受；假若该申请明显不具备单一性的技术方案，是申请人水平有限没有表达出其实质想表达的主旨内容而造成，或者不同的技术方案对于现有技术的改进点都是从同一角度或思路出发，并不会造成审查员过多的额外劳动，也不会造成申请人的不当得利，那么此种情况下认定该审查文本可以接受。

5. 总结

作为国家的专利行政部门，我们在进行专利审查的实际过程中，应该以相关法条为基础，从立法本意出发考虑实际问题。在一些存在争议问题的解决上，我们更应该根据具体的案情进行分析，综合各个方面的利益，努力做到客观、公正、准确和及时。如果在申请原始权利要求中存在多组明显不具备单一性技术方案的前提下，简单地认为申请人删除经过审查没有授权前景的权利要求，而保留或重新提交的与删除的权利要求明显不具备单一性的其他组权利要求，是符合《细则》第五十一条第三款的规定，则可能会造成审查员在实际审查过程中对明显不属于一个总的发明构思的多件技术方案进行多次检索和审查，而申请人也因此可以实现少缴申请费用的目的，从而使国家遭受损失，对其他正常缴纳申请费用的申请人也是明显不公平的。

3.2.3.3 用优先权保护公开方案

根据吴伟仁主编的《国防科技工业知识产权案例点评》进行点评。《中华人民共和国专利法》第二十九条第一款规定："申请人自发明或者实用新型在中国第一次提出专利申请之日起十二个月内，又向国务院专利行政部门就相同主题提出专利申请的，可以享有优先权。"本条通常被称为国内优先权。在3.2.1.3小节的案例中，该研究院在方案论证初期，就将自己的技术方案申请专利，抢先得到法律保护，避免了他人申请专利在先，使自己处于被动地位。随着以后技术方案的不断完善，该研究院利用第一次专利申请的国内优先权再提出修改后的专利申请。

目前，科研单位在申请专利时都处于滞后状态，即等到科研课题结题以后、鉴定以后，甚至找到用户以后才办理专利申请。正是由于这种想法，很多单位很好的发明创造错过了申请专利的时机，甚至造成了公开，破坏了发明的新颖性和创造性。在科研过程中，就是要随着科研的进程，实行专利的动态保护，出现一项发明创造就申请一项专利。这样，当课题结束时，几项、几十项专利就随之而出。在研究过程中，可以不断地完善自己的技术方案，利用国内优先权不断完善自己的专利申请内容，在竞争激烈的情况下，对抢先者是非常有利的，谁落后，谁就在竞争中失败。国外发达国家是这样做的，国内著名的民营企业也是这样做的，我国的国防科技工业也应当这样做。

中国科学院大学朱艳和公安部物证鉴定中心周小琳在2017年第34期《法制与社会》上发表的题为《我国专利优先权制度问题研究》的文章论述了专利优先权制度。

为突破专利地域性对先申请原则的束缚，1883年《保护工业产权巴黎公约》（以下简称《巴黎公约》）首次引进国际优先权制度。一百多年来，建立与运用优先权制度既是各国专利申请人平等互利的法律利器，又是专利制度国际化的重要路径，在世界专利史上发挥了巨大的作用。我国于1984年在《中华人民共和国专利法》中引入了优先权原则，规定了以外国申请为基础的国际优先权，但对于以本国申请为基础的国内优先权却只字未提。

国际竞争日趋激烈，促进了优先权制度的发展，使现有优先权制度的适用范围不断扩大，与此同时，我国优先权制度发展滞后问题也越来越突出，鉴于此，当今理论界与实务界的学者均提出在我国设立本国优先权这一举措。1992年，《中华人民共和国专利法》增加了本国优先权的相关规定，形成国际优先权和本国优先权两种基本形式。《中华人民共和国专利法》对优先权制度的规定，使优先权在保障公约成员国申请人在公约的框架下，在他国享受国民待遇，鼓励发明创造者尽快申请专利，减轻申请人经济负担，构建专利申请类型互相转换的桥梁，完善专利申请，促进发明人加快研究进程等方面作用得到凸显。反思我国现有的专利优先权制度，还存在诸如国内外申请人外观设计专利权地位不对等、我国四法域之间专利优先权产生冲突、在先申请与在后申请产生冲突等问题。研究及解决这些问题，有利于进一步推进专利优先权制度的完善和发展。

1. 我国专利优先权制度的功能价值

（1）确立国际优先权的价值。

世界上多数国家的专利法采取先申请原则，这成为《巴黎公约》确立优先权原则的根本原因。按照该原则的精神，如果提交专利申请的内容相同，则最先提出专利申请的人会被授以专利权。相对于专利权的地域性，竞争具有国际性，为获取更多的经济利益，申请人需要同时向多个国家提出专利申请以求获得更早的专利保护。否则，专利申请可能因各种原因丧失新颖性或者创造性而无法获得授权。然而，一方面，相关发明创造的应用价值尚不确定，导致向国外申请专利的必要性以及可行性也不确定；另一方面，即使要向国外申请专利，翻译准备申请材料和办理申请手续也需耗费大量的时间。因此，盲目要求申请人同时在本国和其他国家提出专利申请不具有现实可操作性。为此，《巴黎公约》通过国际优先权制度，为公约成员国申请人在公约的框架下在他国享受国民待遇提供方便，促进了各国的技术交流。

（2）确立我国国内优先权的价值。

①鼓励发明创造者尽快申请专利。

根据《中华人民共和国专利法》的规定，如果对专利进行修改，则不能超越原说明书的范围，一般情况下，申请之后的修改改进将会作为一项新的专利申请。若是过早地提出专利申请，那么可能会存在某些技术问题还没有解决的困境；若是过晚提出申请，则该项专利可能会被别人抢先注册。因此，理智的申请人往往等到发明创造的相关技术趋于成熟之时才提出专利申请，这在一定程度上限制了发明创造者尽早地进行专利申请。而本国优先权制度则破解了这一困境，一方面给予专利申请人充分的时间去完成专利创作，另一方面又防止了他人抢先注册的情形。

②减轻申请人经济负担。

根据《中华人民共和国专利法》的相关规定，申请人要求本国优先权的，其在后申请提出之日，在先申请即视为撤回。如果没有规定专利优先权制度，实践中会形成两种关联专利，后一专利是前一专利的改进专利，专利权人为此需要支付两件专利的费用。由于本国优先权制度的存在，申请人可在 12 个月以内将多项国内优先权申请合并为一个申请，这既保护了专利，又减轻了经济负担。

③构建专利申请类型互相转换的桥梁。

根据《中华人民共和国专利法实施细则》的规定，申请人要求本国优先权，在相同主题的基础上，在先申请为实用新型的，其在后申请可以是实用新型或者发明；在先申请是发明的，其在后申请可以是发明或者实用新型。当申请人不能准确把控其发明创造的专利创造性、新颖性时，可以根据本国优先权制度的相关规定，先提交实用新型专利的申请，当技术趋于成熟时再提交发明专利的申请。或者申请人之前提交了发明专利的申请，但发现该技术可能达不到发明专利的要求，那么可以在优先权期间内申请实用新型专利。以此构建专利申请类型转换的桥梁，实现发明与实用新型专利申请的相互转化。

④完善专利申请，促进发明人加快研究进程。

根据《中华人民共和国专利法》的规定，在优先权期限内和相同主题的前提下，申请人可以对在先申请增加新的要素或补充实施技术以完善在先申请。同时，本国优先权的期限仅有 12 个月，激励申请人第一次提出专利申请后，加快研究进程在优先权 12 个月以内完善自己的专利技术，这在客观上推动了科学技术的发展。

2. 我国专利优先权制度的现实困境

（1）国内外申请人外观设计专利权地位不对等。

我国国内优先权仅包涵发明和实用新型专利，外观设计优先权被排除在外。此外，我国专利法的相关规定限制了本国优先权的行使，即申请优先权必须严格遵守《中华人民共和国专利法实施细则》中第三十三条的规定。外国申请人可以依据外国首次申请而享有外观设计的国际优先权，而国内申请人却不能享有外观设计的优先权。为改变这一现状，我国在 1993 年实施的《中华人民共和国专利法》中取消了国际优先权的主体必须为外国申请人的限制性规定。但相关学者的研究结果表明，先向保护外观设计的其他巴黎公约成员提交外观设计申请，之后再在国内提出在后申请从而享有优先权的做法在实践过程中操作难度大。此外，研究发现，美国、日本、韩国等大多数国家的本国优先权制度也没有涉及外观设计，却通过设立比本国优先权更为优惠的其他制度来保障其本国申请人的利益。相比之下，我国并没有设立类似的制度来保障国内申请人的权利。

（2）"一国两制"下我国四法域之间专利优先权产生冲突。

现今中国存在四个法域，即大陆、香港、澳门、台湾，专利权的地域性导致各法域专利制度难以统一，因此，优先权冲突在所难免。大陆、香港、澳门、台湾地区四法域的专利制度对优先权有不同的规定。第一，各法域中对于国际优先权和本域优先权所包括的专利类型不同，大陆的本域优先权不包括外观设计，香港的港内优先权不包括标准专利，而台湾岛内外优先权的专利类型相同；第二，各法域规定的国际优先权期限一致，但域内优先权期限存在不同。此外，大陆专利法律制度既包括国际优先权，又包括本域优先权；而对于香港、澳门及台湾地区的专利申请人在大陆申请专利时是否享有优先权，大陆则有不同规定。

（3）在先申请与在后申请的冲突。

出于避免重复性授权和对同样内容的发明进行重复审查的立法考量，我国法律规定"提出在后申请之日起，首次申请视为撤回并不得请求恢复"。但相关学者的研究表明，一则判断是否重复授权的对象是权利要求，而对于优先权来说则是在先申请的申请文件，包括权利要求书、说明书、说明书附图，如果两次申请的权利要求主题不同，那么就不存在重复授权的情况；二则一旦提出在后申请，将在先申请统统视为撤回会导致申请人的权益丧失。

3. 我国专利优先权制度的改革建议

（1）增加外观设计本国优先权的规定。

增加外观设计本国优先权的规定，可以更好地衔接发明和实用新型专利，并参照这两类国内优先权的操作，使外观设计国内优先权更具可操作性。为此，笔者建议在《中华人民共和国专利法》第二十九条第二款中增加本国优先权外观设计专利的相关规定，实现申请类型的合理转化（注：2020 年修正版已修改）。

（2）采用《TRIPS 协定》协调四法域优先权问题。

我国四法域专利制度都遵循《TRIPS 协定》，享有和履行《TRIPS 协定》所规定的权利、义务，其规制了 WTO 知识产权国际保护体制，可在冲突的协调中起到重要的作用。每个多法域国家所追求的价值目标通过统一实体法来解决区际法律冲突。然而，"一国两制"下我国四法域具有独特性，涉及中央与特区的关系，涉及我国整体的法律传统与体系，涉及立法、司法、行政三机关的关系，是一项极其复杂浩瀚的系统工程。为此，有学者提出由大陆、香港、澳门、台湾地区四个区域专利法研究人员组成一个协调机构，或成立如非官方组织，共同负责协调完善四区域的专利法律制度。我们认为该做法符合我国现实的需要，对于推进实体法的统一是有利的。

（3）引入在先申请恢复规则。

《中华人民共和国专利法实施细则》第三十二条第三款本国优先权在先申请视为撤回的规定对申请人来说较为严格，一定程度上损害了专利申请人的利益。有学者指出，可以适当借鉴日本的相关规定，将视为撤回的时间延后，在后申请提出之后，应当给予在先申请视为撤回的宽限期，即申请人要求本国优先权的，如果在后申请与在先申请的保护范围相同，那么在先申请视为撤回；在先申请自在后申请提出之日起满 3 个月后，视为撤回。我们认为该方法具有一定的合理性，因此笔者建议在《中华人民共和国专利法实施细则》或《专利审查指南（2010）》中细化在后申请的情形。具体而言，在后申请优先权成立时，视为撤回的在先申请不得请求恢复；经过调查核实，当在后申请不能成立时，视为撤回的在先申请可以请求恢复。

4. 结语

专利法相比我国其他实体法而言，是一个较为年轻的法律，立法者在制定专利法时，也借鉴了国外的相关法律，但就目前而言，专利法还存在诸多不完善之处。因此，专利法的成熟任重而道远，需要我们在借鉴的同时，总结本国经验，制定一部适合中国特色的专利法，更好地为权利人提供保障。

3.2.3.4　专利保护与占领市场

根据吴伟仁主编的《国防科技工业知识产权案例点评》进行点评。《中华人民共和国专利法》第六条第一款规定："执行本单位任务或者主要是利用本单位的物质技术条件所完成的发明创造为职务发明创造。职务发明创造申请专利的权利属于该单位，申请被批准后，该单位为专利权人。"在 3.2.1.4 小节的案例中，康某将完成的职务发明创造"电缆接插件"以其所在单位 A 厂的名义申请了专利，并取得了专利权。A 厂是"电缆接插件"实用新型专利的专利权人，未经过 A 厂的许可任何人不得实施，当然也包括发明人自己。康某未经过 A 厂许可，私自将 A 厂的专利技术带到 B 厂使用，自然侵犯了 A 厂的专利权。该项专利权是单位的，不是发明人的。由于 A 厂申请了专利，才保住了市场。如果不申请专利，A 厂是无法讨回公道的。

深圳市深软翰琪专利代理有限公司孙勇娟在 2017 年第 12 期《中国高新区》上发表了题为《试论企业专利的保护》的文章。

当前，越来越多的个人和企业开始有意识地保护自己的专利权，但同时，我国专利保护也存在许多不足之处。因此，企业只有在竞争中建立专利的保护方式，不断把各种技术通过专利的形式保护起来，提高保护方式和水平，才能在市场竞争中占据优势地位，才能在竞争中立于不败之地。

1. 企业专利的保护现状分析

（1）专利保护意识不强。

专利意识的淡薄是长期以来形成的观念和习惯，缺乏专利保护意识的社会是可怕的。很多企业都认为专利保护没有必要，都抱着这个思想去做企业。部分企业专利保护意识淡薄，没有深刻意识到专利在企业发展中的重要地位；对专利的附加值认识不够深刻，没有意识到专利在技术创新领域中的价值；缺乏必要的专利法律意识，对于专利法律层面没有认真研究：这些原因都造成了企业侵权案件屡见不鲜。一些有专利权的企业，当自身受到侵权时，尚不知如何进行维权。此外，很多企业家对专利重要性在竞争中发挥的作用尚未充分理解，如果这种情况得不到纠正，一个社会就会失去原创力，就会缺少发明与创造。企业专利意识普遍比较薄弱，创新能力的总体水平也比较低。

（2）专利的专门人才极度匮乏。

企业专利管理机构、管理人员缺失是我国大多数企业普遍存在的问题。许多企业都没有了解专利的人员，有的没有配备专业的专利管理人才和机构，甚至专利方面的律师都数不多。没有专利专家，专利的保护也就无从谈起。专利人才的极度匮乏，会严重影响专利保护战略的实施。同时，很多企业的专利管理多数由办公室人员兼任，其工作重心也并不在专利上，造成了管理的脱节，专利业务知识和工作动能都极为欠缺。即使有的企业配备了专门的管理机构和人员，也多是流于形式，没有真正行使管理专利的职能，在实际工作中的效果也不理想。

（3）不懂得通过专利来保护自己的合法利益。

现有法律制度仍然很不完备，也很不配套。同时，专利领域有法不依、执法不严、违法不究的现象也时有发生。企业很多技术人员和管理人员对专利的理解还处于初级阶段，尤其是对专利的保护更是缺乏必要的了解。大部分企业专利管理机构，有的是企业管理部门在负责，有的是企业科技开发部门兼任。此外，企业缺乏有效的激励机制，直接影响到技术人员申请专利的积极性。不知道把企业的决策和专利的运用结合起来为企业的发展服务，专利保护状况堪忧。

2. 采取有效的方式保护专利

（1）提高专利保护意识。

要熟知与其专利权相关的法律法规，一旦专利权被侵害，即懂得如何运用法律武器维权，尽量减少损失。积极通过有效的法制宣传教育，帮助人们增强专利权方面的法律意识，只有法律意识增强，人们才会有开发、利用、保护专利权的自觉行动。企业专利保护要立足于企业的自主保护之上，增强员工专利意识、实现专利价值的作用，牢牢树立企业就是自身专利保护的主体，积极促进企业专利管理水平的提升。同时，要将专利的管理、保护工作直接贯穿于自主创新和一切工作当中，这些措施都将有利于全方位的专利保护格局的形成。

（2）积极引进专业管理人才。

企业应该在其内部建立专门的专利管理制度或机构，配备专业人员进行专利权的管理。在人员配备上，开始投入资金开展专利工作，并配备相应的人员。同时，把专利战略作为企业生存之本，依据企业发展的需要制订自己的专利人才培养计划，树立专利风险防范意识，建立专利预警机制。企业所设的专利管理机构还应负责专利的许可使用、专利权及专利申请权的转让及与专利权相关的委托开发合同等事宜，以切实在这些方面保护企业专利权，发挥专利权在企业经营中的作用。

（3）要保护好自己的权益。

专利关系到一个国家国民经济素质的整体提高和国际竞争力的强弱，对一国的国家主权和经济安全也将产生深刻影响，因此必须正视问题。要保护自主创新者的利益，才能达到激励的目的，而专利正是一种能有效保护自主创新者利益的工具。中国企业要走出去，同样要学会利用专利保护自己。重视对于企业专利权的保护，有利于企业促进技术创新、增强市场竞争力，帮助企业在激烈的科技与市场竞争中求得生存与发展。而且，企业自身的权利意识和维权行为还会对意图侵权人起到警戒作用，使其意识到侵犯他人的专利权所应付出的代价而对侵权望而却步。

3. 结语

当前越来越多的企业意识到专利的重要性，作为经济发展重要组成部分的专利必将在竞争激烈的创新之路上发挥重要作用。我们必须清醒地认识到，保护专利，就是保护创造力，专利保护管理无疑会为企业发展起到护航、助力的重要作用，在建设创新型国家的关键时期，不断提升专利的保护水平对企业发展也具有重大的意义。

3.3　专利侵权的应对

3.3.1　专利侵权应对的案例

3.3.1.1　主动应对专利侵权

1987 年年初，上海 A 厂经过市场调查，决定研究开发"气象警报紧急接收机"。经过一年多的努力，终于将产品研发出来，并于 1988 年 4 月申请了实用新型专利，1988 年年底获得专利权。该产品上市后，由于产品适销对路，销售形势一直很好，每年可获得利润近百万元。1990 年下半年，A 厂发现 B 厂仿制自己的产品，并在市场上销售，A 厂当即提出警告，要求其停止侵权行为，但 B 厂对此置之不理。为了维护自己的合法权益，A 厂组织力量对 B 厂的侵权事实进行了多方调查，查明 B 厂在 1990 年下半年—1991 年上半年，销售了 10 台侵权产品。1991 年 7 月，A 厂向市中级人民法院提出了诉讼请求，要求 B 厂立即停止侵权行为，并赔偿其损失。1992 年 3 月，市中级人民法院一审判决，B 厂立即停止侵权，并赔偿 A 厂损失 1.9 万元（按每台利润 1 900 元计算，共销售 10 台）。一审判决后，B 厂没有上诉。

3.3.1.2 侵权需有授权专利

1991 年，四川 A 研究院收到了美国 B 公司发来的信函。信中所述，在一次国际会议上，A 研究院某教授提出的论文附图中显示的"脉冲核反应堆"与 B 公司研制的这种反应堆极为相似，具体指出在总体设计、核燃料组件、核燃料元件设计和支撑装置的设计等方面与 B 公司原始设计雷同，据此提出了专利侵权问题。信中还声称，已向美国商业部报告此事，美国政府近来也非常关注中国境内有关专利和版权的侵权问题，要求中方"中止提供未经许可的 B 公司反应堆的复制品"，并要求就关于这种反应堆技术的进一步发展和在世界某地区的技术市场方面，A 研究院应与 B 公司签订协议。

为了澄清事实，维护声誉，避免遗留问题，A 研究院决定致函 B 公司进行面谈。经磋商，谈判地点选在深圳市，B 公司副总裁出席了会谈。B 公司的代表"理直气壮"地叙述着他所掌握的"证据"。例如，"我有你们的图片，我有你们的材料，我有你们参观时的承诺……凡此种种，说明你们的反应堆和我们公司的一样，你们侵犯了我们公司的专利。"

A 研究院以专利为切入点讨论了专利，讨论了 B 公司的权利情况。一提起专利和合同，B 公司承认没有中国专利，也没有与中方签订合同，这就说明 B 公司不具备向 A 研究院主张权利的条件。由此，会谈气氛也就很快地缓和下来。谈完专利，即转入对其他问题的讨论，B 公司就此不再提"侵权"问题。

3.3.1.3 药品专利反向支付

瑞典阿斯利康公司为一种用于治疗糖尿病的专利号为 01806315.2、名称为《基于环丙基稠合的吡咯烷二肽基肽酶Ⅳ抑制剂、它们的制备方法及用途》的发明专利的继受权利人，专利产品为沙格列汀片。涉案专利原权利人为使专利权效力免受挑战，曾与无效宣告请求人（关联方奥赛康公司）达成《和解协议》，约定：请求人撤回针对涉案专利的无效宣告请求，请求人及其关联方即可获许在涉案专利权保护期限届满前 5 年多实施涉案专利。后请求人依约撤回无效宣告请求，并由其关联方奥赛康公司实施涉案专利。之后，阿斯利康公司诉至法院，主张奥赛康公司侵害涉案专利权。一审法院认为，奥赛康公司有权依据涉案《和解协议》实施涉案专利，故判决驳回阿斯利康公司全部诉讼请求。阿斯利康公司不服，提起上诉，后又以双方于二审审理期间达成和解为由申请撤回上诉。最高人民法院二审认为，对撤回上诉申请应当依法进行审查，涉案《和解协议》符合所谓的"药品专利反向支付协议"外观，人民法院一般应当对其是否违反《中华人民共和国反垄断法》（以下简称《反垄断法》）进行一定程度的审查，之后再决定是否准许撤回上诉。经审查，综合考虑涉案专利权保护期限已经届满等具体情况，最高人民法院终审裁定，准予撤回上诉。

3.3.1.4 专利侵权和解无效

2015 年泰普公司起诉华明公司侵害其"一种带屏蔽装置的无励磁开关"发明专利权，双方于 2016 年 1 月签订"调解协议"（未经法院确认，实为和解协议），约定：华明公司仅能生产特定种类的无励磁分接开关，对其他种类的无励磁分接开关只能通过泰普公司供货转售给下游客户，且销售价格要根据泰普公司供货价格确定；在海外市场，华明公司为泰普公司持股的泰普联合公司作市场代理，不得自行生产或代理其他企业的同类产品，且销售价格与泰普公司的供货价格一致。2019 年，华明公司向法院提起诉讼，主张涉案和解协议属于垄断协议，违反《反垄断法》，应认定无效。一审法院认为，涉案和解协议不属于垄断协议，判决驳回华明公司全部诉讼请求。华明公司不服，提起上诉。最高人民法院二审认为，如果专利权人逾越其享有的专有权，滥用知识产权，排除、限制竞争的，则涉嫌违反《反垄断法》。涉案和解协议与涉案专利权的保护范围缺乏实质关联性，其核心并不在于保护专利权，而是以行使专利权为掩护，实际上追求排除、限制竞争的效果，属于滥用专利权；涉案和解协议构成分割销售市场、限制商品生产和销售数量、固定商品价格的横向垄断协议，违反《反垄断法》强制性规定。最高人民法院终审判决，撤销一审判决，确认涉案和解协议全部无效。

3.3.1.5 华为与三星专利之战

多年来，中国制造一直背负"山寨""盗版""劣质"的标签踯躅前行，在产品研发、创新能力上远远落后于发达国家。囿于专利上"技不如人"、商标上"貌不迷人"、版权上"语不惊人"，我国知识产权制度的发展经历了从"逼我所用"到"为我所用"的过程，民族产业在国际贸易往来中也常因知识产权问题受制于西方。

本案原告华为起家于 1987 年，深耕于通信领域，用 30 多年的时间从一个转卖交换机的小公司发展成为全球领先的信息与通信技术（ICT）解决方案供应商；被告三星是成立于 20 世纪 30 年代的韩国大型跨国公司，自 20 世纪 80 年代进入全球通信市场开始，就以其技术优势在世界范围内逐渐确立领先地位，在智能手机领域，三星的全球市场占有率一直位居前列。在新技术行业知识产权较量的战场上，华为多年来一直被动挨打、费力防守。2003 年，美国思科公司起诉华为侵权，诉讼请求涵盖专利、商标、版权、商业秘密、不正当竞争等知识产权领域，企图置华为于死地。虽然该案最终以和解结案，但仍使华为蒙受了巨大的商誉损失。此后，华为也不断遭受同业竞争者的专利狙击。2011 年，美国行业巨头 IDC 向美国国家贸易委员会（ITC）提交申请，要求调查华为的专利侵权，由此引发华为连续 2 年进入 ITC "337 调查"名单，从而加大了华为进军美国市场的难度，打击了华为的士气。除美国之外，华为在英国、澳大利亚、印度等国也因知识产权问题被频频打压。近年来，华为知识产权实力与日俱增，从与 IDC 标准必要专利垄断之诉的胜利到与摩托罗拉、中兴的诉讼中成功告捷，以及与苹果公司交叉许可专利中的绝对优势，华为在专利诉讼与交易舞台的角色开始转变，被动应战已渐渐成为过去式。

3.3.2 涉及的专利法律条文

以下为《中华人民共和国专利法》（2020 年修正）节选：

第十一条 发明和实用新型专利权被授予后，除本法另有规定的以外，任何单位或者个人未经专利权人许可，都不得实施其专利，即不得为生产经营目的制造、使用、许诺销售、销售、进口其专利产品，或者使用其专利方法以及使用、许诺销售、销售、进口依照该专利方法直接获得的产品。

外观设计专利权被授予后，任何单位或者个人未经专利权人许可，都不得实施其专利，即不得为生产经营目的制造、许诺销售、销售、进口其外观设计专利产品。

第十二条 任何单位或者个人实施他人专利的，应当与专利权人订立实施许可合同，向专利权人支付专利使用费。被许可人无权允许合同规定以外的任何单位或者个人实施该专利。

第十三条　发明专利申请公布后，申请人可以要求实施其发明的单位或者个人支付适当的费用。

第十四条　专利申请权或者专利权的共有人对权利的行使有约定的，从其约定。没有约定的，共有人可以单独实施或者以普通许可方式许可他人实施该专利；许可他人实施该专利的，收取的使用费应当在共有人之间分配。

除前款规定的情形外，行使共有的专利申请权或者专利权应当取得全体共有人的同意。

第六十四条　发明或者实用新型专利权的保护范围以其权利要求的内容为准，说明书及附图可以用于解释权利要求的内容。

外观设计专利权的保护范围以表示在图片或者照片中的该产品的外观设计为准，简要说明可以用于解释图片或者照片所表示的该产品的外观设计。

第六十五条　未经专利权人许可，实施其专利，即侵犯其专利权，引起纠纷的，由当事人协商解决；不愿协商或者协商不成的，专利权人或者利害关系人可以向人民法院起诉，也可以请求管理专利工作的部门处理。管理专利工作的部门处理时，认定侵权行为成立的，可以责令侵权人立即停止侵权行为，当事人不服的，可以自收到处理通知之日起十五日内依照《中华人民共和国行政诉讼法》向人民法院起诉；侵权人期满不起诉又不停止侵权行为的，管理专利工作的部门可以申请人民法院强制执行。进行处理的管理专利工作的部门应当事人的请求，可以就侵犯专利权的赔偿数额进行调解；调解不成的，当事人可以依照《中华人民共和国民事诉讼法》向人民法院起诉。

第六十六条　专利侵权纠纷涉及新产品制造方法的发明专利的，制造同样产品的单位或者个人应当提供其产品制造方法不同于专利方法的证明。

专利侵权纠纷涉及实用新型专利或者外观设计专利的，人民法院或者管理专利工作的部门可以要求专利权人或者利害关系人出具由国务院专利行政部门对相关实用新型或者外观设计进行检索、分析和评价后作出的专利权评价报告，作为审理、处理专利侵权纠纷的证据；专利权人、利害关系人或者被控侵权人也可以主动出具专利权评价报告。

第六十七条　在专利侵权纠纷中，被控侵权人有证据证明其实施的技术或者设计属于现有技术或者现有设计的，不构成侵犯专利权。

第六十八条　假冒专利的，除依法承担民事责任外，由负责专利执法的部门责令改正并予公告，没收违法所得，可以处违法所得五倍以下的罚款；没有违法所得或者违法所得在五万元以下的，可以处二十五万元以下的罚款；构成犯罪的，依法追究刑事责任。

第六十九条　负责专利执法的部门根据已经取得的证据，对涉嫌假冒专利行为进行查处时，有权采取下列措施：

（1）询问有关当事人，调查与涉嫌违法行为有关的情况；

（2）对当事人涉嫌违法行为的场所实施现场检查；

（3）查阅、复制与涉嫌违法行为有关的合同、发票、账簿以及其他有关资料；

（4）检查与涉嫌违法行为有关的产品；

（5）对有证据证明是假冒专利的产品，可以查封或者扣押。

管理专利工作的部门应专利权人或者利害关系人的请求处理专利侵权纠纷时，可以采取前款第（1）项、第（2）项、第（4）项所列措施。

负责专利执法的部门、管理专利工作的部门依法行使前两款规定的职权时，当事人应当予以协助、配合，不得拒绝、阻挠。

第七十条 国务院专利行政部门可以应专利权人或者利害关系人的请求处理在全国有重大影响的专利侵权纠纷。

地方人民政府管理专利工作的部门应专利权人或者利害关系人请求处理专利侵权纠纷，对在本行政区域内侵犯其同一专利权的案件可以合并处理；对跨区域侵犯其同一专利权的案件可以请求上级地方人民政府管理专利工作的部门处理。

第七十一条 侵犯专利权的赔偿数额按照权利人因被侵权所受到的实际损失或者侵权人因侵权所获得的利益确定；权利人的损失或者侵权人获得的利益难以确定的，参照该专利许可使用费的倍数合理确定。对故意侵犯专利权，情节严重的，可以在按照上述方法确定数额的一倍以上五倍以下确定赔偿数额。

权利人的损失、侵权人获得的利益和专利许可使用费均难以确定的，人民法院可以根据专利权的类型、侵权行为的性质和情节等因素，确定给予三万元以上五百万元以下的赔偿。

赔偿数额还应当包括权利人为制止侵权行为所支付的合理开支。

人民法院为确定赔偿数额，在权利人已经尽力举证，而与侵权行为相关的账簿、资料主要由侵权人掌握的情况下，可以责令侵权人提供与侵权行为相关的账簿、资料；侵权人不提供或者提供虚假的账簿、资料的，人民法院可以参考权利人的主张和提供的证据判定赔偿数额。

第七十二条 专利权人或者利害关系人有证据证明他人正在实施或者即将实施侵犯专利权、妨碍其实现权利的行为，如不及时制止将会使其合法权益受到难以弥补的损害的，可以在起诉前依法向人民法院申请采取财产保全、责令作出一定行为或者禁止作出一定行为的措施。

第七十三条 为了制止专利侵权行为，在证据可能灭失或者以后难以取得的情况下，专利权人或者利害关系人可以在起诉前依法向人民法院申请保全证据。

第七十四条 侵犯专利权的诉讼时效为三年，自专利权人或者利害关系人知道或者应当知道侵权行为以及侵权人之日起计算。

发明专利申请公布后至专利权授予前使用该发明未支付适当使用费的，专利权人要求支付使用费的诉讼时效为三年，自专利权人知道或者应当知道他人使用其发明之日起计算，但是，专利权人于专利权授予之日前即已知道或者应当知道的，自专利权授予之日起计算。

第七十五条 有下列情形之一的，不视为侵犯专利权：

（1）专利产品或者依照专利方法直接获得的产品，由专利权人或者经其许可的单位、个人售出后，使用、许诺销售、销售、进口该产品的；

（2）在专利申请日前已经制造相同产品、使用相同方法或者已经作好制造、使用的必要准备，并且仅在原有范围内继续制造、使用的；

（3）临时通过中国领陆、领水、领空的外国运输工具，依照其所属国同中国签订的协议或者共同参加的国际条约，或者依照互惠原则，为运输工具自身需要而在其装置和设备中使用有关专利的；

（4）专为科学研究和实验而使用有关专利的；

（5）为提供行政审批所需要的信息，制造、使用、进口专利药品或者专利医疗器械的，以及专门为其制造、进口专利药品或者专利医疗器械的。

第七十六条 药品上市审评审批过程中，药品上市许可申请人与有关专利权人或者利害关系人，因申请注册的药品相关的专利权产生纠纷的，相关当事人可以向人民法院起诉，请求就申请注册的药品相关技术方案是否落入他人药品专利权保护范围作出判决。国务院药品监督管理部门在规定的期限内，可以根据人民法院生效裁判作出是否暂停批准相关药品上市的决定。

药品上市许可申请人与有关专利权人或者利害关系人也可以就申请注册的药品相关的专利权纠纷，向国务院专利行政部门请求行政裁决。

国务院药品监督管理部门会同国务院专利行政部门制定药品上市许可审批与药品上市许可申请阶段专利权纠纷解决的具体衔接办法，报国务院同意后实施。

第七十七条 为生产经营目的使用、许诺销售或者销售不知道是未经专利权人许可而制造并售出的专利侵权产品，能证明该产品合法来源的，不承担赔偿责任。

第七十八条 违反本法第十九条规定向外国申请专利，泄露国家秘密的，由所在单位或者上级主管机关给予行政处分；构成犯罪的，依法追究刑事责任。

第七十九条 管理专利工作的部门不得参与向社会推荐专利产品等经营活动。

管理专利工作的部门违反前款规定的，由其上级机关或者监察机关责令改正，消除影响，有违法收入的予以没收；情节严重的，对直接负责的主管人员和其他直接责任人员依法给予处分。

第八十条 从事专利管理工作的国家机关工作人员以及其他有关国家机关工作人员玩忽职守、滥用职权、徇私舞弊，构成犯罪的，依法追究刑事责任；尚不构成犯罪的，依法给予处分。

3.3.3 知识产权要点点评

3.3.3.1 主动出击保权益

根据吴伟仁主编的《国防科技工业知识产权案例点评》进行点评。《中华人民共和国专利法》第十一条规定："发明和实用新型专利权被授予后，除本法另有规定的以外，任何单位或者个人未经专利权人许可都不得实施其专利……"。在3.3.1.1小节的案例中，A厂取得了"气象警报紧急接收机"实用新型专利权，未经过A厂许可，B厂生产、销售A厂的"气象警报紧急接收机"专利产品是侵权行为。

根据《中华人民共和国专利法》第六十条规定："侵犯专利权的赔偿数额，按照权利人因被侵权所受到的损失或者侵权人因侵权所获得的利益确定；被侵权人的损失或者侵权人获得的利益难以确定的，参照该专利许可使用费的倍数合理确定"（注：此为当时引用文献撰写时原法律条款，即2000年修正版），本案中A厂面对自己的专利产品被侵权，没有听之任之，主动收集B厂侵权的证据和侵权产品的销售数量，并根据侵权产品的数量确定了赔偿数额，有的企业自己不开发产品，看谁的产品在市场上销售得好，就仿制或抄袭，想不劳而获。因此，企业产品开发后、产品上市前一定要取得法律保护，不给他人可乘之机。A厂产品开发后，就申请了专利，并取得了专利权，为产品上市防止他人侵权做好法律上的准备。面对他人的侵权行为，应主动出击，但也要有的放矢。首先要判断拟控侵权物是否与自己授权公告的权利要求书内容一致，同时积极收集证据确定赔偿数额，避免滥用诉权给自己造成不必要的损失。

3.3.3.2　多余指定原则

北京航空航天大学李玉娇在 2012 年第 5 期《法制博览》上发表了题为《从专利侵权案件论多余指定原则和必要技术特征》的文章。

1. 多余指定原则和必要技术特征概述

（1）概念。

多余指定原则，是指专利侵权司法实践中，在确定专利独立权利要求和确定专利保护范围时，将明确写明在专利独立要求中的明显附加技术特征（即多余特征）忽略掉，只以专利独立权利要求中的必要技术特征来确定专利保护范围的原则。必要技术特征是指发明或者实用新型为达到其目的和功能所必需的特征，其足以构成发明或者实用新型主体，使之区别于其他的技术方案的技术特征。

（2）必要技术特征的认定与多余指定原则的适用。

多余指定原则已经体现在我国的司法实践中，并出现很多适用多余指定原则进行专利侵权判定的案例。我国多余指定原则理论与非必要技术特征理论并没有本质上的不同。非必要技术特征理论的产生依据是《中华人民共和国专利法实施细则》第二十条第二款的规定。该理论认为：在确定专利权保护范围时可以逐个甄别独立权利要求中的每一个技术特征是否为解决技术问题所不可缺少的技术特征，即必要技术特征。如果确定某一技术特征不是必要的技术特征，那么则认为是附加技术特征，在判断保护范围时可以不纳入。在独立权利要求中不应当有非必要技术特征，因为它对技术方案的形成没有实质意义。当某一项技术特征不被认定为必要技术特征，则原告需要引用多余指定原则来扩大专利权利的保护范围，从而使被告的专利技术特征归入原告的专利保护范围。

2. 司法实践案例

（1）适用多余指定原则的案例。

关于必要技术特征认定和多余指定原则适用的司法实践，有两个典型的案例：第一，"周林频谱仪"与"波谱治疗仪"侵权纠纷案件。原告周林诉称奥美公司的"波谱治疗仪"，侵犯了其"周林频谱仪"的专利权。二审法院认为：周林专利是一项组合发明。其独立权利要求有一项技术特征：立体声放音系统和音乐电流穴位刺激器及其控制电路。法院由此认定去除该技术特征不影响频谱治疗仪的治疗效果，也不会对技术方案的完整性构成破坏，因此认定该技术特征是非必要技术特征。所以，被告产品的技术特征落入了原告专利权利的保护范围。在本案中，法院认识到立体声放音系统和频谱治疗的发明目的并无直接的关系，理应为"多余"。

以上案例，从专利整体发明要旨和性质上，对权利要求书中的技术特征的必要和非必要性进行了认定和考量，基于公平的原则，法院引用了多余指定原则。

（2）多余指定原则否定应用的案例。

对于必要技术特征的认定以及多余指定原则的适用，司法实践和学术理论界都有相当大的争论。下面看一个案例：1992 年 9 月 29 日，王某向中国专利局申请一项名称为《一种建筑装饰黏合剂》的发明专利。该专利权利要求仅一项，主要内容为一种建筑装饰黏合剂，其特征在于该黏合剂中含有质量百分比为：聚苯乙烯 12% ~ 40%，添加剂 2% ~ 10%，有机溶剂 15% ~ 30%，填料 40% ~ 70% 和香料 0.2% ~ 2%。到 1999 年年初，王某在市场上发现另一家公司即森陌公司生产的新一代903新型防水建筑胶产品。王某请专家进行了分析报告，其后向法院起诉，指控森陌公司的行为侵犯了其专利权。在庭审中，王某主张，本案专利权利要求书中记载的香料，不影响产品的性能，应该认定为非必要技术特征。法院认为，依法律规定，说明书及附图可以用来解释权利要求，发明专利权的保护范围以权利要求书为准。森陌公司生产的产品只实现了其中的两项技术特征，所以森陌公司生产的产品没有落入专利权的保护范围。结合本案专利权利要求书中写明的香料为花露水或香精这一技术特征可见，专利权人的专利只有一项权利要求，该权利要求有五项必要技术特征，香料是其中一个。在该专利说明书中，专利权人未对香料这一技术特征的作用、目的作任何说明。专利权人主张香料是附加技术特征，但法院很难作出该技术特征与整个专利发明目的无关的判定，因而无法将香料认定为附加技术特征。在这种情况下，法院只能认定香料为必要技术特征，侵权物中如果缺少了它，应该认定不构成侵权。对于权利要求书中的技术特征的必要与非必要的认定，以及引用多余指定原则是为了实现实体正义，从体现发明主体的必要技术特征的角度，保护专利权人实质上的专利权。

3. 多余指定原则的存废争议

《中华人民共和国专利法》第五十九条（注：2020年修正后为第六十四条）规定："发明或者实用新型专利权的保护范围以其权利要求的内容为准，说明书及附图可以用于解释权利要求的内容。"故专利保护的确定有两个因素：说明书和附图用来解释权利要求，以权利要求书记载的内容为准。判定专利侵权的基本原则是"权利要求书为准"，权利要求书的作用是确定专利权的保护范围，即通过向社会表明构成发明或者实用新型的技术方案所包括的全部技术特征，这样一方面保证公众享有使用技术的自由，另一方面确保公众使用技术的自由。

前面提到的必要技术特征产生于《中华人民共和国专利法实施细则》第二十条第二款的规定："独立权利要求应当从整体上反映发明或者实用新型的技术方案，记载解决技术问题的必要技术特征。"既然存在必要技术特征，那必然存在与专利性质、功能不起决定作用的附加技术特征。有人认为这种理解是对法条的误解，其规定是针对权利要求书撰写的要求，属于权利要求撰写的规范，功能在于指引申请人如何撰写专利申请文件。笔者非常反对这种说法，认为这不应该出自法律人之口。既然写进法律，就不应该单纯地认为这个法条只是一个"指导"和"引导"方向，这种说法不是赤裸裸的"藐视"法律吗？不是把法律当成一个没有任何国家强制力的"学生守则"吗？《中华人民共和国专利法实施细则》第二十条第二款中这一规定也确切说明，独立权利要求书中的技术特征应该是从整体上表明发明或实用新型的必要技术方案，不应仅局限于权利要求书的文字记载。

那么对于权利人"疏忽"地把一些附加的技术特征写进权利要求书，以致缩小了专利的保护范围，正如前面把与建筑黏合剂无关紧要的"香料"写进权利要求书，是不是法律就应该让其"自食恶果"？笔者认为这是显失公平的。笔者个人认为不应该"一刀切"将多余指定原则完全否定，而应该依据具体案件情况，在实质公平基础上，整体考察技术特征的必要性和非必要性，谨慎适用。还有不少学者对于如何适用多余指定原则，也提出了不少建议和方法。可能因为最高院近年来的一些判例，明确否定多余指定原则的适用，使司法界和理论界提倡适用多余指定原则的呼声越来越弱，一些零碎的建议和方法也只是委婉、空洞的说法，笔者个人认为是不具有执行性的。对于笔者自身而言，虽赞成必要技术特征的必要非必要认定和引用多余指定原则，但是在司法实践中，该如何适用，笔者个人不敢妄言。

3.3.3.3 专利侵权案件的取证

浙江工业大学法学院张冉阳在 2019 年第 14 期《法制博览》上发表了题为《专利侵权案件中的取证研究》的文章。

1. 问题的发现

近期一起专利侵权案件引发了笔者对专利权人维护自身权益的思考。浙江某 L 家具生产商自主研发了一款沙发头枕实用新型专利，将该技术运用于其生产的沙发中。该产品投入市场后，在生产交易过程中，其他同行业的沙发生产商通过各种途径购买了某 L 家具生产商的沙发，自行拆卸研究后，仿造生产出了该头枕技术，并将其运用于自己生产的沙发，这些侵权生产商再将侵权产品售予多家零售商，一连串的抄袭剽窃行为严重影响了某 L 家具生产商的收益，于是决定通过法律手段维权。但是在求助法律救济的过程中某 L 家具生产商遇到了以下瓶颈：

（1）证据不足。基于"谁主张谁举证"的举证责任制度，某 L 家具生产商没有足够的证据证明其他生产商生产的头枕是侵犯专利权人的产品。

（2）取证渠道不畅通。某 L 家具生产商工作人员无法进入侵权生产商的工作区域，刁钻的侵权生产商甚至不愿意将其产品卖给某 L 家具生产商，导致取证途径不畅通。

（3）侵权主体繁多且隐蔽。不同于普通民事侵权案件侵权主体的单一明晰，专利权的侵犯都是分散且隐蔽的，只有当侵权者肆意妄为造成声势之后专利权人才会知晓。此外，由于侵权者不是同一时间一起产生，会造成一场官司过后依旧有胆大的专利侵权人进行仿造，对于那些地域相隔远、造成影响和损失较小且关注较少的行业群体，该类侵权者极难被发现。

（4）赔偿数额低。在某 L 家具生产商咨询律师后，发现在专利侵权案件中，不论是从权利人损失角度，抑或是从侵权人获益角度来考量，都很难明确专利侵权的赔偿数额，法官在面对这样的问题时较为保守，通常会低判赔偿数额，这就容易造成官司打赢了却没有得到应有赔偿的结果，加之专利侵权官司的投入成本和时间精力，许多专利权人在权衡利弊之后，选择睁一只眼闭一只眼，从而放弃法律救济。

上述问题虽然是由一个沙发生产商的个案出发，但是这些问题却是专利侵权案件中的典型问题。分析过后会发现，这些困难分别是围绕侵权主体、侵权事实和侵权损害的取证而展开的，因此说专利侵权的核心难题是取证困难。

2. 解决路径

（1）明确证明妨碍后的事实推定。证明妨碍是指不负有举证责任的当事人以作为或不作为的方式阻挠具有举证责任的当事人获得证据，使待证的事实真伪不明，由此法院作出有利于举证人的认定。在实际专利侵权案件中，侵权人手中掌握着销售量与销售额的财务报表和侵权产品生产制造等重要证据，如果他们死守证据，专利权人将无其他渠道获取证据，因此如果侵权人不配合取证、极力阻挠，法官可对专利权人的主张作出有利认定。

（2）适当降低专利权人的证明标准。我国民事诉讼采用"高度盖然性"的证明标准，高度盖然性是指虽然不能百分百排除其他可能，但能明确待证事实 80% 以上无误，在专利侵权案件中能够取得相关证据已是难题，若是证明标准较高则会大大抑制专利权人维权的决心，因此笔者建议将专利侵权案件的证明标准降低至 50%，若是待证事实存在半成以上的确定，法官即可进行认定。这样的证明标准将激励许多遭受侵害的专利权人勇于拿起法律武器维护自身权益。

（3）将惩罚性赔偿引入专利侵权。对于专利侵权案件中赔偿数额难以认定和赔偿数额低的问题，传统方法是从侵权者所获利益和专利权人所获损失的角度进行数额计算，若上述两项均难以明确，则由法院根据知识经验以法定方法进行计算。但是这样的计算结果通常数额较少，一来专利权人不信服，二来不能震慑侵权人，侵权成本低廉使侵权现象屡禁不止。由此笔者建议引入惩罚性赔偿，在原本的计算方法基础之上加重侵权者的负担，使最终赔偿数额超过专利权人的损失，这样不仅满足了专利权人的需要，引起全社会对知识产权的重视，而且也严惩了专利侵权现象，使社会不断走向知识化、专业化。

（4）将同一专利的侵权案件进行类别化整理。对于侵犯同一专利的侵权人隐蔽且冗杂的现象，法院应对每一项专利审理进行分门别类的整理，对已判决完毕的专利侵权案，若往后又出现对于同一专利的来自不同侵权主体的侵犯，法院应在原先判决基础之上，将一个专利的相关案件进行整合，如此有助于避免不同侵权者侵犯同一专利差距甚远的情况，而且也有助于对一项专利多领域、全方面的保护。

3. 结语

知识经济和现代化社会的发展离不开专利的发明，鼓励专利进步的同时也要注重对专利的保护。保护不到位，大众的专利开发积极性就会降低。专利的保护除了需要人们有意识地尊重知识产权之外，当前的首要任务还是要借助法律武器来进行保障。

3.3.3.4 药品专利反向支付协议

"药品专利反向支付协议"是药品专利权利人承诺给予仿制药申请人直接或者间接的利益补偿（包括减少仿制药申请人不利益等变相补偿），仿制药申请人承诺不挑战该药品相关专利权的有效性或者延迟进入该专利药品相关市场的协议。3.3.1.3 小节的案例是目前中国法院首起对"药品专利反向支付协议"作出反垄断审查的案件，虽然只是针对撤回上诉申请所作的反垄断初步审查，而且最终鉴于案件具体情况也未明确定性涉案和解协议是否违反《反垄断法》，但该案裁判强调了在非垄断案由案件审理中对当事人据以提出主张的协议适时适度进行反垄断审查的必要性，指明了对涉及"药品专利反向支付协议"的审查限度和基本路径，对于提升企业的反垄断合规意识、规范药品市场竞争秩序、指引人民法院加强反垄断审查具有积极意义。

3.3.3.5 专利的合法垄断与反垄断

专利权是一种合法垄断权，经营者合法行使专利权的行为不受《反垄断法》限制，但是经营者滥用专利权，排除、限制竞争的行为则受到《反垄断法》规制。3.3.1.4 小节的案例明确了涉及专利权许可的横向垄断协议的分析判断标准，就审查专利侵权案件当事人达成的调解或和解协议是否违反《反垄断法》作出了指引，对于规范专利权人合法行使权利、提高全社会的反垄断法治意识具有积极意义。

3.3.3.6 华为主动诉三星的启示

中南财经政法大学知识产权研究中心郭雨洒发表的题为《华为诉三星专利侵权案之评析与启示》的文章论述了华为主动诉三星的启示。

华为主动发起与三星的专利之诉着实令业界为之侧目。那么，华为与业界巨擘较量，是否是无源之水、无本之木？笔者认为答案是否定的。之所以在专利领域敢于主动出击，依赖于华为自身所持的有力盾牌。

1. 专利创新，专利数量质量两手抓

知识经济时代，企业竞争归根到底是技术创新的较量。华为作为通信产业的掌舵者，其知识产权储备特别是专利实力不容小觑。华为鼓励自主创新，在知识产权创造与利用上投入大量的人力、财力。数十年坚持不懈的创新驱动，使华为从最初的"没有真正自主创新产品"的企业到如今的"专利富翁"企业，专利申请和授权量在国内以致全球范围内都独占鳌头。根据国际知识产权组织 PCT 专利申请统计，华为近 4 年 PCT 专利申请数量突飞猛进，并于 2014 年、2015 年连续 2 年蝉联全球 PCT 专利申请桂冠企业。而三星的 PCT 专利申请与华为相比，略显疲态。

截至 2015 年 12 月 31 日，华为累计获得专利授权 50 377 件，累计申请中国专利 52 550 件，累计申请外国专利 30 613 件，90% 以上专利为发明专利。相较于浩如烟海的专利持有数量，华为在手机领域所拥有的 LTE（长期演进）标准专利数量也在逐年递增，与世界一流企业齐头并进。专利数量与质量的双重优势成为华为在全球高新技术企业知识产权较量中的金字招牌，助力华为取得中国乃至世界范围通信行业的领航地位。除此之外，华为在无线领域、IT 领域、固网领域、终端领域为推进行业标准的建立作出了突出贡献。

2. 重视研发，研发投资逐年递增

自主创新一直是华为不懈追求的目标和基本价值理念，为保障创新，华为自创立之初就定下了每年将销售收入的 10% 用于研发的规定。2015 年华为销售收入增幅巨大，增长比率达到 37.1%；2015 年华为投入的研发费用占销售收入的 15% 以上，与 2014 年相比增长了 45.9%。2012—2015 年，华为投入的研发费用数额巨大并呈阶梯状上升。华为高额的科研费用为天才之火添上了利益之薪，高投入带来的高回报形成良性循环，挖掘了知识产权创造的潜力，由此推动企业自主化、技术化发展。

3. 管理制胜，专利交易优势布局

自主研发、专利创新是以技术为主导的企业发展的核心动力。华为的成功除了归功于企业出色的研发创新能力之外，更得益于以知识产权战略为核心的企业技术运营管理体系。在以管理制胜的路径上，华为主要在以下两方面发挥其优势：第一，以运营商与设备商强强联手进行联合创新为途径保持领先优势；第二，以专利引进与交叉许可为基础布局专利战略，通过反向工程和技术创新，实现了专利研发从量变到质变，专利交易从买入为主到交叉许可与授权为主的转变，以小成本换取了大收益。近 30 年脚踏实地又坚持创新的匠人精神成就了华为如今在通信行业领跑于世界前列的地位。华为与三星的专利之战，攻防身份的转变，打响了我国民族产业从"被动挨打"到"主动出击"的第一枪。我们在为之高歌的同时，应冷静思考该案所涉的法律问题。

华为与三星的专利权侵权之诉，是"中国创造""中国品质"打响专利反击战的第一枪，彰显了中国民族企业的底气和勇气。我国企业应当以该案为契机，立足该案，放眼未来，完善企业专利战略，用好专利武器，应对日益残酷的市场竞争。优化企业专利战略的启示如下。

1. 锐意创新，增强企业核心竞争力

在新技术时代，企业竞争归根到底是技术之争，是以创新为驱动的知识产权之争。在经济发达的欧美国家，知识产权制度是促进经济增长、推动科技进步的政策工具，而知识产权制度中的专利制度则更是企业技术进步的助推器。目前，我国正在大力实施知识产权强国战略，我国企业也应当抓住机遇、锐意创新，提高知识产权储备，增强企业核心竞争力。

（1）加大研发投入，增加专利储备。专利数量是衡量一个技术企业知识产权实力的重要指标。培养企业自主研发人员、加大研发投入，是专利技术产出的重要保障。在知识经济时代，研发投入的回报周期可能较长，但是回报率较高。因此，企业应当鼓励研发工作，增加成本投入，以有限成本换取无限收益。

（2）鼓励专利实施，避免研发与转化脱节。根据 WIPO 的统计，我国的专利申请数量已连续 4 年蝉联世界第一，超美日之和，但实践中专利转化率却很低。大部分专利被授权后就束之高阁，变成"僵尸专利"。专利的实施是专利转化为生产力的关键，企业应当建立专利的激励和保障机制，鼓励专利实施，发挥专利技术的活力。

（3）打造核心标准专利，提高企业话语权。专利数量是企业知识产权储备的重要指标，而专利的质量才是企业竞争力的关键。目前我国高新技术企业的专利在占有量上已经达到先进水平，但核心或标准专利数量仍有待提高。从华为诉三星的实例中我们看到，掌握核心标准专利，才能有底气与强势企业抗衡，才能在国际商业往来中掌握主动权、话语权。

2. 多管齐下，提高专利运营效率

专利经济价值的发挥在于专利的运用，在知识产权市场化的背景下，通过多元途径提高专利运营的效率，让有限的专利资源产生更多利益，逐渐成为国家行政部门的重要政策导向。做好企业专利运营，需要多管齐下。

（1）专利交易是专利变现、实现经济价值的主要方式。企业通过专利转让或专利许可将自己闲置的专利资源推向市场，是企业盈利的重要手段之一。如在手机市场遭遇滑铁卢的诺基亚公司，通过与微软、LG 的专利交易，仍获得上百万美元的高额经济利益。因此，我国企业应当更好地利用专利交易提升其潜在市场价值。

（2）专利交叉许可。工业领域的产品往往包含大量专利，如一个智能手机可能承载数十万件专利，任何企业在产品生产中都不可能只使用自己的专利，专利交叉许可为解决该问题提供了便利。此外，专利交叉许可也会降低专利技术进一步研发的成本，有效地预防专利侵权风险。因此，我国企业应当积极主动推进专利交叉许可战略，实现企业间的互补共赢。

（3）联合创新企业强强联合、发挥各自优势，是推动技术进步和经济发展的重要途径。华为之所以取得今天的辉煌成绩，与其敏锐地寻找对口企业联合创新的商业道路密不可分。信息技术的发展已经把全世界纳入一个开放的网络中，闭门造车必将被全球化的贸易规则淘汰。适应经济全球化的发展趋势，加强联合，取长补短，才是企业生存发展的王道。

3. 灵活布局，优化专利攻防战略

专利技术对经济发展的贡献不可估量，但同时也必然给企业带来纠纷，实力弱小的企业常常因为涉诉而走向破产。因此，从长远发展来看，企业在专利布局上应当具有前瞻性、预防性。第一，鉴于专利保护的地域性特点，企业应当及时在其预期发展国家或地区申请专利，取得主动地位，以免被他人占领先机，受制于人；第二，对于企业占有的核心专利，积极开发与之配套的专利群，形成专利包围战略，预防核心专利进一步开发时的侵权风险；第三，灵活运用专利诉讼策略，诉讼不仅仅是专利进攻的手段，某种程度上，也是扩大企业影响力、宣传企业形象的助力泵。总之，充足的研发成本保障、完善的专利实施激励机制、多元的专利运营与灵活的专利布局，势必能促使企业持续散发活力，在国际竞争中立于不败之地。

第4章
专利的战略

4.1 专利战略设计

4.1.1 专利战略设计的案例

4.1.1.1 中国知识产权的国家战略

北京大学法学院北京大学国际知识产权研究中心易继明在 2020 年第 9 期《知识产权》上发表了题为《中美关系背景下的国家知识产权战略》的文章，介绍了中国知识产权的国家战略。

1. 知识产权二元论

首部《中华人民共和国民法典》于 2020 年 5 月 28 日由十三届全国人民代表大会三次会议通过，其总则编再次重申了知识产权作为民事权利的基础价值，强调民事主体对知识产权享有专有的权利（第一百二十三条）。这是对《TRIPS 协定》序言中所表达的观念的承继，即"认识到知识产权属私权"。饶有趣味的是，2020 年中国已启动制定"国家知识产权强国战略"，继 2008 年《国家知识产权战略纲要》（以下简称《纲要》）之后，进一步将知识产权人的这种私权，作为一种国家战略加以推进。这种观念，又将知识产权视为一种公共政策看待，即意识到这种战略资源对于国家发展的重大意义。这一方面反映了知识产权的双重属性，另一方面也完成了国家对知识产权制度的双层构造，即作为私人的利益与作为资源的国家战略的制度构造。这两个方面，形成了知识产权二元论的基础。

事实上，在越来越具有竞争性的国际关系中，国家的本质已经从一种消极的国家观转入一种积极的国家观。近代社会形成的传统国家观，将国家的本质定位于防止社会失序的消极功能，这种观念，已经不适应现代社会和现代国际关系。今天，国家已经成为人们谋求福祉，并推动人类社会发展的重要工具。"随着现代性的到来，政治权力和国家并没有失去其重要性，相反它们的活动范围日益得到扩张。"同时，作为后进国家意欲实现跨越式发展，自然经济演化的逻辑已经无法满足发展的需求，需要积极的政府，需要政府有所作为。诚然，作为的方式，存在利用市场机制还是通过计划方式的截然不同；而作为的程度，也有强弱之分。

不仅仅是传统消极国家观念的转变，知识产权还体现了现代技术及其工业化程度。这种现代科技形成的"工具主义理性"（Instrumental Reason），通过合法化或者合理性手段可能会裹挟个人主义思潮，将私人观念或者个体利益扩张到极致，乃至通过技术理性形成新的统治。现代性的"隐忧"转化为现实的场景，典型的如今天的平台经济、网络控制、人工智能等对私人生活的侵蚀，新商业模式对经济利益的再平衡，技术与社会的和谐共处，都需要政府一定程度的协调和干预。

2. 知识产权国家战略的三个层次

我国知识产权国家战略的出现，既有外力推动，也源自内在需求。它既是一种文化自觉，也有谋求自身发展的自省成分。一般认为，我国知识产权国家战略是在 2008 年提出的。但是，这种说法并不严谨。其实，我国在制定《国家中长期科学和技术发展规划纲要（2006—2020 年）》时，就提出要实施知识产权战略；甚至更早，科技主管部门就提出过专利战略、标准战略和人才战略等。这些都是一种早期的制度觉醒。加入 WTO，完成知识产权基本制度的构建之后，我们对中国经济社会现象开始反思：我们虽然建立了较为完善的知识产权制度，但是保护的基本上是国外企业的知识产权。实践中，存在大量的中国传统文化被其他国家开发并获得知识产权保护的情形，如《三国演义》游戏、《花木兰》动漫作品等。而与此同时，我们自己再利用时，又需要支付许可费，而且我们自身的文化也失落在其中。许可费支付尚属私益，而文化的失落，可谓是"失魂落魄"——中国文化"丢了魂"，国家层面的战略出台就势在必行了。总而言之，知识产权制度在激励科技创新和文艺创作、推动知识传播、规范市场竞争秩序、促进经济社会发展等方面的根本性作用，还没有充分发挥出来。这些反思与检讨落实到制度层面，就转化为对发展知识产权战略引领的需求。由此，催生了 2008 年《纲要》的颁布和实施，知识产权问题也第一次作为一项国家层面的战略被整体地提出。

诚然，知识产权是一种私权，但将私权作为一种国家战略推进，又体现知识产权的公共政策属性。不过，公共政策属性是内嵌于知识产权制度之中的，将知识创造作为一种私权本身，也是一种公共政策衡量。更何况，知识产权制度是科技、经济和法律相结合的产物，它是一种激励和调节的利益机制，能够为国家的科技进步、经济增长提供法律保障。正因如此，笔者认为，我国早期的知识产权战略是从恢复知识产权这一私权领域的制度开始的。在缺乏私权观念的中国传统文化和计划经济体制的土壤中，我们透过"法律革命"的方式建立了将知识财富作为私有产权的基本制度，这本身就是一个巨大的国家战略转型。对中国而言，这是知识产权国家战略的第一个层次，通过 20 世纪八九十年代知识产权法律制度框架体系的搭建，已基本实现；而 2008 年《纲要》的颁布施行，才是第二层次的。

第二层次的国家战略推进，为中国社会带来了较大转变。一方面，深化第一层次的制度基础；另一方面，完成知识产权的整体社会认知和体制构建，并支撑了经济社会的发展。第一，我国成为知识产权大国，不仅专利和商标申请量排名第一，而且核心专利、驰名商标和精品作品持续增加，有力地支撑了中国经济增长及产业转型升级。例如，我国 5G 专利技术占比世界第一，基本上实现了"3G 跟跑，4G 并跑，5G 领跑"的战略升级。第二，知识产权综合管理改革深入推进，改变了过去高度分散的管理模式，实现了工业产权的集中统一管理，审查质量和效率得以极大提升，商标和专利平均审查时间快于欧美。第三，知识产权大司法体制在逐步构建之中。2014 年试点设立了北京、上海、广州三家知识产权专门法院，成效显著，目前已在多个中心城市法院设立了知识产权法庭；2019 年最高人民法院成立知识产权法庭，建立了统一的技术类知识产权案件上诉机制。同时，积极推进民事、行政、刑事诉讼"三合一"审判机制，案件繁简分流、独任制审判、引入技术调查官、焦点式审理等改革探索深入推进，有效提高了审判能力和质量。第四，促进 WIPO 在我国设立办事处，参与 WTO 框架下的知识产权多边磋商，搭建"一带一路"交流平台，积极参与中美欧日韩、"金砖国家"等机制合作，促进《北京视听表演北京条约》通过，达成了《中欧地理标志协定》，形成了知识产权多边、双边国际合作新格局。第五，知识产权社会满意度稳步提升，2019 年达到了 78.98 分，整体步入知识产权保护良好状态。美中贸易委员会 2019 年《中国商业环境调查报告》显示，约 60% 受访企业认为中国加强了知识产权保护。同时，尊重知识、知识付费、崇尚创新等知识产权风尚逐渐成为中国民众的主流意识。

正是有了第一、二层次的基础，国家知识产权战略将迈入第三层次即知识产权强国建设阶段。从知识产权保护的角度来说，第一阶段是解决从"无"到"有"的问题；第二阶段是解决从"有"到"大"的问题；而第三阶段就是解决从"大"到"强"的问题。

3. 知识产权国家战略的五个转型

从知识产权二元论的角度观察，我国知识产权的国家战略转型，主要体现在以下五个方面：

其一，从公有制到以私权为基础的知识产权制度构建。哈佛大学安守廉教授曾经指出，中国文化中存在"窃书不为偷"的观念，而中国古代禁止图书复制的规定，主要目的在于通过防止私自印制异端材料来巩固皇权统治。宋代雕版印刷术的普及，实现了图书向商品的转化，出版商为维护自身利益，开始向官府提出禁止他人翻印其著作的申请。不过，其申请的理由却是作者投入的精力、作品的原创性、对盗版质量的担忧以及防止对作品"窜易首尾，增损意义"，未直接提出保护出版商财产利益的诉求。可见，在我国古人的普遍认知中，知识与文化属于公共产品，不应被据为私有。这种主流认知，事实上延续到了计划经济时代。此间民国改制，但战乱频仍，难有实效；而新中国虽曾零星出现为知识赋予私权保护的做法，但受制于经济体制，公有制的主流意识形态并不提倡私权保护。直至 1978 年改革开放，私权至上的理念逐渐深入人心，以私权为基础构建知识产权制度才逐渐提上日程。

其二，从注重知识产权的私权属性到强调制度的公共政策面向。知识产权具有重要的公共政策价值，作为"创新之法"和"产业之法"，在一国的法律体系中独具保护智力创造成果、促进创意产业发展、规制知识经济和市场秩序的政策功能。更为重要的是，科技与知识产权同处产业链顶端。因此，通过财政税收等方式支持基础研究、推动知识产权事业的发展、鼓励企业对产业高地的争夺，便理所当然地成为国家应当努力的方向。制定国家层面的知识产权战略被提到议事日程，直至 2008 年《纲要》颁布出台，知识产权与公共政策才得以深度融合。在此次新冠疫情中，尤其体现为对强制许可制度的反思。从承认私权转向强调公共政策，是对前期被忽视的问题进一步加深认识的结果，绝不意味着对私权观念根本的动摇。

其三，从政府主导到企业拉动，知识产权战略经历了自上而下的推动，再转入企业（市场主体）自下而上的诉求，已出现了"上下联动"的态势。长期以来，知识产权制度对我国而言是一个"舶来品"，是政府推动之下的产物。由于缺乏文化层面的内生性，我国公民的知识产权意识比较薄弱，这也为我国知识产权保护不力的状况提供了合理解释。不过，随着企业发展中知识产权基因的注入，这一状况在近年来有所逆转。以《中华人民共和国著作权法》（以下简称《著作权法》）修正为例，与前两次修正中国内产业主体的缺位不同，《著作权法》第三次修正本质上是产业推动的。版权产业的发展也得到了数据的印证。统计结果显示，我国版权产业规模已从 2004 年的 7 884 亿元（约占国内生产总值的 4.94%）增长到 2017 年的 60 810 亿元（约占国内生产总值的 7.35%），核心版权产业行业增加值占比超过 63%，版权产业已成为国民经济发展的重要支撑，产业与政策的良性互动开始显现。

其四，从科技推动转向经济拉动，即由产业经济支撑，并与商业贸易融合。我国知识产权战略的早期推动力量是原国家科学技术委员会（现科学技术部），由此导致在"研发投入——成果产生——专利申请——市场运用"的链条中，知识产权主要在前端发挥作用，以推动科技发展为己任。这一体制是存在弊端的：大学和科研机构中的科研人员通常并不关注产业，从而导致产业发展与基础研究之间存在断层、脱钩；而知识产权带来的收益，实际上要在市场中才能实现。权力机构配置的错位，使知识产权在经济发展，特别是商业和国际贸易中的作用难以显现。这也是我国长期未真正地将知识产权作为一项产权制度的重要原因之一。2015 年 3 月，中共中央　国务院出台的《关于深化体制机制改革加快实施创新驱动发展战略的若干意见》提出："强化科技同经济对接、创新成果同产业对接、创新项目同现实生产力对接、研发人员创新劳动同其利益收入对接，增强科技进步对经济发展的贡献度，营造大众创业、万众创新的政策环境和制度环境。"政策文件的出台，意在强调科技和经济"两张皮现象"要改变，但重心仍然在强调科技推动作用。其实，知识产权重心在于产业经济和商业贸易：与产业互为支撑，与商贸互相交融，这才是从产权角度解决知识产权发展的真正转型。这方面，我们意识到了问题，但仍然在路上，转型任务十分艰巨。

其五，从内部发展到对外扩张。2008 年《纲要》尚属于"内敛型"战略，主要还是侧重于国家内部的发展，对知识产权在对外贸易扩张中的作用，还认识不足。对于这一问题，知识产权国际保护的历史早已提供清晰的答案——以《TRIPS 协定》为代表的知识产权国际保护机制，就是在创新药企、好莱坞电影业等利益集团的推动下产生的。这些企业组成的知识产权委员会发动了广泛的游说活动，督促国会认识到"美国的货物贸易和服务贸易依赖于世界范围内的知识产权保护"，并将其思想包装成解决问题的方法——支持其强劲的出口行业，就能够帮助美国从已有的经济衰落中走出来，最终在全球范围内实现了利益最大化。为将知识产权议题纳入多边贸易体制，美国甚至威胁退出第八轮关税与贸易协定的谈判。反观我国，虽具有民间文艺、基因资源、地理标志等优势，但却未能有效利用，甚至面临被国外企业开发、受制于国外知识产权人主张的风险。在未来的发展中，企业"走出去"战略如何实现，如何通过"一带一路"、中非合作机制使我国优势资源的知识产权保护获得国际认可，进一步吸纳全球创新资源，是我们需要深入思考的命题。

从以上五个方面的转型我们发现，中国知识产权战略发展至今，经历了私权构建、对私权构建后的公共政策属性的反思，从自上而下的政府主导转向企业需求拉动，以及融入产业经济和国际贸易之中，并逐渐开始对外扩张的过程。这期间，人们逐渐认识到，知识产权问题已不仅仅是一个私权保护的问题，更是一个与社会经济发展、文化安全、对外交往等密切相关的问题。公众对"知识产权战略"的认知率，由 2008 年的 3.7%，已上升至 2017 年的85.3%。随着将知识产权问题提升到国家战略层面，一条通过知识产权统合国家整体发展的思路逐渐清晰。诚然，无论是公权力自上而下地推动还是作为私权的社会自身的滋养，知识产权要真正植根于经济社会发展，只有在"科技推动——产业支撑——商贸融合"价值链中实现自身的价值，才能助推并实现"民富"与"国强"。这才是知识产权战略的要义所在。

2020 年，我国《知识产权强国建设纲要》正在编制。值此关键时期，中美关系及突发的新冠疫情并未打乱我们既定的节奏，却也让纲要制定者进一步清醒地意识到纲要出台所处的国际环境和本国国情。所谓"知识产权强国"者，实则包括了三层含义：第一层含义，是对知识产权本身的质量要求，即要有原创技术、关键技术、核心技术和重大技术，有自己的驰名商标和品牌，有具备市场号召力的作品等；第二层含义，是通过知识产权促进国家强大，通过对知识产权进行底层控制，从而获得高附加值的回报，甚至是制约竞争对手；第三层含义，是借鉴美国通过知识产权、资本和军事实力引领世界的经验，使知识产权成为我国对外发展的软硬兼具的硬核实力，构建自身知识产权文化并融入国际保护的理念、规则和秩序，实现"内外兼修"。第三层次的知识产权与制度、规则和文化捆绑，具有深刻的政治含义，能够增强国家的软实力。

知识产权国际秩序将进一步呈现多极化、均衡化的发展趋势，而这对于长期处于霸主地位的美国来说，可能还需要一段时间适应，甚至会导致美国放弃现有的国际框架体系而另起炉灶。这似乎预示着，"分床而眠"也许会成为一种新常态，中美还会继续博弈。从以往经验来看，在全世界范围内不断推动高标准的知识产权保护规则，塑造新的知识产权或者技术壁垒，以维护国际竞争优势，实现贸易顺差，是美国一贯采取的措施。客观地说，美国这一举措的效果是明显的，USMCA（《美墨加三周协议》）和《阶段性协议》就是典型体现。对于一向注重实用主义的美国来说，其必不会弃用知识产权这枚重要的棋子：软硬兼具，且占据着道德高地。而作为全球创新大国，美国对世界其他国家的持续吸引力也并不会因疫情而消退。总体上讲，世界知识产权保护体系向高标准、高水平演进的态势不仅不会改变，而且会随着第四次工业革命进程加剧日趋严格。于我国而言，欲谋外者先固内。固本强基，由内及外，是新时代知识产权强国建设的逻辑起点。加强中美互信，透过各种形式的多边或者双边机制构建新的国际秩序，是新时代知识产权强国建设的重要手段。理顺体制和机制，通过融贯创新促进知识产权价值链实现，是新时代知识产权强国建设的根本目标。

4.1.1.2　华为的知识产权战略

据武汉工程大学法商学院刘芬发表的《华为知识产权战略及启示》介绍，2017 年 1 月 1 日刚过，华为向全世界递交了一份令人震撼的业绩，2016 年实现销售收入 5 200 亿元。2017 年 2 月 10 日《财经联盟》报道一则新闻：《恭喜华为！恭喜马云！摆平日本！》载道"两个月前，华为向日本东京进攻，地铁站、电视、机场、杂志，无处不见。华为 P9 一度成为日本最受欢迎的安卓机型，Mate9、荣耀 8 纷纷进入日本手机人气榜！"

2016 年 11 月中旬的国际无线标准化机构 3GPP 的 RAN187 次会议上，华为推荐的 Polar Code（极化码）脱颖而出，最终成为 5G 控制信道 eMBB（增强移动宽带）场景编码的方案。虽然距离 5G 时代需要一段时间，但是华为入选事件表明中国通信技术实力不断提高，也进一步说明中国自主研发能力不断增强。

2016 年 5 月 25 日，华为在美国加州北区法院和深圳中级法院两地对三星提起专利诉讼，称三星未经授权在其手机中使用华为 4G 蜂窝通信技术、操作系统和用户界面软件等。从行业的角度看，这是中国企业第一次向手机巨头通过法律手段诉求知识产权。华为主动向三星发起诉讼令业界为之侧目。为什么华为这么有底气，这么理直气壮呢？在这个知识产权成为核心竞争力的时代，华为主动出击保护自身权利，这离不开其对知识产权的高度重视，更是与其 20 多年实行的知识产权战略密切相关。实行系统化的知识产权战略，我们不得不追溯到 2003 年 1 月 23 日，这一天思科在美国得克萨斯州东区联邦法院起诉华为剽窃其知识产权。思科指控华为涉嫌盗用思科源代码在内的 IOS 软件，抄袭思科拥有知识产权的文件和资料，以及侵犯思科其他多项专利。这个官司几经波折，历经 1 年零 6 个月，华为在其美国合作伙伴 3COM 公司的支持与帮助下，最终与思科达成和解协议。经过了这次与思科的较量，华为深刻地认识到知识产权在其全球扩张中的重要性，并且开始着手建立系统而严密的知识产权计划，也就是知识产权战略。华为知识产权战略主要内容有以下 6 个方面。

1. 将知识产权战略融入公司总体战略

1995 年，华为成立知识产权部，虽然成立了知识产权部，但仅仅是公司辅助部门，没有得到高度重视。2001 年中国加入 WTO 之后，华为意识到知识产权的重要作用，但是对知识产权仍然没有引起充分重视。2003 年思科案件之后，华为深刻认识到知识产权对于企业开拓国际市场的重要性，知识产权是企业获得持续发展必不可少的途径。从此，华为开始系统地、有计划有目的地实施知识产权战略。华为知识产权战略是公司总战略密不可分的组成部分。所设立的知识产权管理部门，其地位与公司研发部、生产部、销售部一样重要，而且由生产线销售线的最高领导作为成员，负责公司重大知识产权决策，服务于公司的研发人员。

2. 重视自主研发，研发投资逐年增加

华为高度重视核心技术的自主研发，清楚认识到自主研发是高科技企业的基石，是企业持续发展的原动力，而研发投入反映企业对科技创新的重视程度，所以华为始终坚持高投入的研发策略，在研发上不惜血本投入。每年将销售收入的 10% 以上用于产品的研究与开发，且将研发投入用于基础技术、核心技术以及前沿技术，必要时根据业务发展或者战略目标调整加大研发投入比例，最高可以达到销售收入的 15%。例如，2015 年，华为实现销售总额 39 500 900 万元，研发投入 5 960 700 万元，研发投入占销售总额的 15.1% 左右。2011—2015 年，华为投入的研发费用数额逐年递增。华为高额投入科研为知识产权创造提供了坚实的物质基础。事实证明，高额投入科研给华为带来了良好的回报，推动了其良性的自主研发、技术发展。

3. 重视专利技术

华为的知识产权储备相当丰富，累积核心知识产权，尤其重视专利技术创新，专利技术开放式创新。通过 28 年坚持不懈的努力，华为从原来"没有自主创新产品"的企业发展为现在的"专利丰收"企业，专利申请量在全国以及全球范围内稳步增长。根据国际知识产权组织 PCT 专利申请的数据，华为近 5 年 PCT 专利申请数量逐步增长，尤其 2014 年、2015 年专利数量突飞猛进。2014 年、2015 年连续 2 年专利申请数量排名第一，而且申请的这些专利大部分属于发明专利。由此可见，充足的专利数量和必备的专利质量对华为在全国及全球的高新技术发展起着至关重要的作用，并推动华为成为通信行业的领航者。

4. 实行专利地图计划

思科案件之后，华为深刻意识到知识产权对于企业开拓国际市场的重要性，特别是专利战略的重要性。专利战略是企业获得可持续发展必不可少的途径，是实现技术创新的重要保障，是企业增强活力和竞争力的有效手段。华为实施专利战略的一个重要方式是专利地图计划。2004 年年底《互联网周刊》记者采访华为法律部兼任知识产权部张旭廷部长时，张部长将华为的专利地图思想公之于众。虽然张部长没有阐述专利地图的具体内容，但是根据华为全球范围的专利布局以及 28 年的快速发展，可以确定，专利地图是专利战略的重要内容，是华为知识产权的作战地图。华为根据公司发展需要，对行业内的竞争对手持有的专利技术情况进行分析，比如对 A 技术进行分析判断，是全部掌握还是部分掌握，做到心中有数，清楚自己在整个行业的位置，然后采取相应的措施。通过对 A 技术的研究分析发现，如果对其技术实在攻克不了，想办法绕过去或者采取和对方合作或者专利联盟等方式；如果对其技术完全掌握，采用相应的方法对其技术垄断，使竞争对手采用与其合作或缴纳专利费等方式使用该技术。华为开拓海外市场，专利地图计划也是非常重要的手段。有的企业不进行专利技术情况的分析直接投资开发，结果研发出来的技术、制造出来的产品，要么别人已经有了，要么和别人的技术相同或相似，结果造成了极大的资金和人力浪费。所以，华为的做法是，在开拓某一国家或地区市场之前，通过各方的专业人士（技术专家、法律专家等）对该国家或地区的专利进行系统研究，尤其是进行专利侵权和有效性分析。

5. 开展知识产权知识培训，强化知识产权意识

公司要求从高层到生产一线的工作人员都要接受知识产权的培训，并且学习是一种常态，是一种制度。学习的内容包括如何运用国际知识产权规则，如何按照国际通行的规则处理知识产权事务，也涵盖了解各国各地区的司法历史、案件历史以及商业环境，做到有备无患。

华为曾在美国先后遭遇思科和摩托罗拉等专利侵权诉讼，其不断地学习美国法律制度、法律文化以及知识产权制度，在实践中越来越了解美国的知识产权环境以及自身在美国的生存之道。像美国这样的发达国家，所有在美国开展商业业务的企业或早或晚将会面临专利诉讼，知识产权领域的经营就成为企业的硬性成本。

6. 在尊重他人知识产权的基础上保护自主知识产权

华为从一些简单的教训中，深刻领悟到必须尊重别人的知识成果和知识产权，才能更好地保护自己的知识产权。华为真诚地与众多西方公司按照国际惯例达成有关知识产权的谈判和交叉许可，在多个领域多个产品与相应的厂商通过支付许可费的方式达成了交叉许可协议。比如，法国著名的通信设备供应商阿尔卡特于 21 世纪初发明宽带产品 DSLAM，华为经过 2 年的专利交叉许可谈判，与其公司达成许可，公司支付一定的费用，换来的是消除了在全球进行销售的障碍。2000 年以后，华为战略性开拓海外市场，并且通过海外市场不断取得规模性收入。假如没有与相关海外公司达成许可协议以及营造的和平共处发展环境，其海外市场计划或许很难实现。同友商相互协作、合作发展，虽然付出一定的专利许可费，但企业因此也获得了更大的收益和更快的发展。

4.1.1.3 华为的专利战略

烟台正海磁性材料股份有限公司李广军于 2015 年发表的《华为的专利战略及其对我国中小企业的启示与借鉴》，论述了华为的专利战略。

所谓专利战略，是企业在面对激烈竞争、严峻挑战的环境下，主动利用专利制度提供的法律保护以及种种便利条件，有效地保护自己，并充分利用专利情报信息，研究分析竞争对手的状况，推进专利技术开发，促进自主创新，控制专利技术市场，为取得专利竞争的优势，求得长期生存和不断发展而进行的总体性谋划。对于那些驾驭市场经济游戏规则娴熟自如的跨国企业来说，"产品未动，专利先行"已经成为一种非常自然的市场战略。但中国很多中小企业可能还没有意识到专利战略的重要性，同时国内外知名大企业的战略性的东西都处于保密状态，不利于众多中小企业的学习、借鉴。学习美国、日本、德国等国外大公司的专利战略让众多的中小企业觉得有点遥不可及，本文以中国的华为为例，解剖一下这个中国

发展最快的企业的专利战略，望能对众多中小企业的发展有所启示和帮助。

华为于 1987 年成立于中国深圳。在 20 多年的时间里，华为全体员工付出艰苦卓绝的努力，以开放的姿态参与到全球化的经济竞争与合作中，逐步发展成一家业务遍及全球 170 多个国家和地区的全球化公司。2002 年以来，华为的专利申请量一直处于中国企业第一位，连续 4 年年申请增长量超过 500 件，2005 年国内专利申请量就突破了 2 000 件，与业界跨国公司的年均申请量持平。2013 年华为销售收入 2 390.25 亿元，营业利润 291.28 亿元，营业利润率 12.2%，净利润 210.03 亿元。可见华为是成功的，而成功的原因之一就是华为专利战略的制定和实施。

在华为，每天都有来自全国各地甚至世界各地的参观访问者和合作者。显然，华为成功的原因是多方面的，其中专利战略的制定和实施是他们成功的关键点。本文将对这个大企业的专利战略及其对我国中小企业的启示与借鉴问题作出初步探讨。

华为在二十几年的时间内，运用专利战略成功地积聚了本领域大量的专利资源，构筑了专利网络，并将专利权和技术标准有机结合，在更高层次上实现对行业的垄断，保持了良好的发展势头，一举成为知识产权事业的领头羊，雄踞国内企业申请专利之首。他们的做法值得学习，他们的经验值得借鉴。

1. 建立知识产权管理机构，完善相关管理制度

华为设立了专利管理部门，配齐了专利工作人员，建立了完善的专利管理制度，保证了企业专利工作的顺利开展。近 20 年来，华为始终以开放的态度学习、遵守、运用国际知识产权规则，多方位、多角度解决知识产权问题，实现知识产权价值。

2. 加大投入快速产出，以核心技术为依托，构筑专利防御网络

华为为在核心技术上实现突破，做到了持之以恒的研发投入，长期以来，华为保持着将每年销售额的 10% 投入研发中的惯例。2013 年，华为研发费用支出为 306.72 亿元，占收入的 12.8%，保证了有持续研发能力和核心技术的产出。进行产品与解决方案的研究开发人员约 70 000 名，占公司总人数的 45%。截至 2013 年 12 月 31 日，华为累计申请中国专利 44 168 件，累计申请外国专利 18 791 件，累计申请国际 PCT 专利 14 555 件，累计共获得专利授权 36 511 件。华为是国内申请发明专利最多的企业，他们近 10 年先后投入 1 510 多亿元进行研发，在行业内取得了显著成效，积聚了一大批核心专利技术，为企业的跨越发展奠定了坚实基础。

3. 把专利权与技术标准有机结合

在面对全球市场的大背景下，标准的掌握成为华为走向国际市场的重要战略。为此，华为组织专门的团队积极参与国内外标准组织活动，华为将主流国际标准与产业紧密结合，与全球主流运营商密切合作，为做大 ICT 产业作出贡献。华为推动 WRC - 15 为 IMT（国际移动通信）新增至少 500 MHz 全球频段，发布 5G 技术 Vision 白皮书；在 SAE/PCC 领域推动网络能力开放、Service Chaining（服务链）等重要议题；领跑 NFV（网络功能虚拟化）标准，推动 ICT 融合标准生态环境；促进 Carrier SDN（软件定义承载网）产业孵化；推动更易互联互通、适当增强的 IP/Internet 领域安全原则；引领 Flex - OTN 标准，是 100GE/400GE 以太网标准的主要贡献者；在 IEEE 802.11 启动和引领下一代 Wi - Fi 标准的研究。截至 2013 年年底，华为加入全球 170 多个行业标准组织和开源组织。2013 年，华为向各标准组织提交提案累计超过 5 000 件。把专利权与技术标准捆绑形成新的壁垒，这是当前知识

产权保护的一种趋势，也是专利壁垒发展的高级阶段。华为能够及时把握这种新的动态，积极参与国际标准的讨论制定，并形成自己的标准体系，这对国内企业是个示范，将会引领企业参与国际市场竞争。

4. 积极应对国际市场挑战，不断开拓发展空间

2003年发生的"思科华为案"，被称为中国跨国知识产权第一案，最后以华为的巧胜而画上了圆满的句号。而华为取胜的关键正是其长期以来坚持自主研发和技术创新，拥有了自主知识产权。华为本着"产品未动，专利先行"的原则，在俄罗斯、德国、美国、日本、加拿大、印度、瑞典、土耳其、中国等地设立了16个研究所。华为形成了市场在哪里，研究机构就建在哪里，自主创新人才跟到哪里，专利就部署在哪里的循环发展格局。

5. 清醒的认识，谦逊的态度，助力华为直线快速成长

华为是目前中国最成功的企业之一，各种荣誉、光环不计其数，但华为没有抱着各种荣誉，沉睡在各种光环交织的环境下，而是一如既往、持之以恒、我行我素地一路前行。2013年，华为作为欧盟5G项目主要推动者、英国5G创新中心（5GIC）的发起者，发布5G白皮书，积极构建5G全球生态圈，并与全球20多所大学开展紧密的联合研究，华为对构建无线未来技术发展、行业标准和产业链积极贡献力量。持续领跑全球LTE商用部署，已经进入了全球100多个首都城市，覆盖九大金融中心。以消费者为中心，以行践言（Make it Possible）持续聚焦精品战略，其中旗舰机型华为Ascend P6实现了品牌利润双赢，智能手机业务获得历史性突破，进入全球前三，华为手机品牌知名度全球同比增长110%。取得华为这样的成绩不是一般企业所能做到的，尤其是在十几年不到二十年的时间里，取得这样的成绩更是难上加难，但华为做到了，其原因是其对世界各跨国企业的专利战略有清醒的认识，同时自己具备谦逊、端正的态度和少见的不受外界环境干扰的发展定力。

4.1.1.4　恒瑞医药的专利战略

南京中医药大学翰林学院程远和杨令在2021年第18期《科技视界》上发表了文章《江苏省医药企业专利战略研究——以恒瑞医药为例》。

1. 恒瑞医药发展概述

1990年起，恒瑞医药从传统主营业务——红紫药水，转向抗肿瘤仿制药。通过贷款从中国医科院药研所购买了抗肿瘤新药——异环磷酰胺的专利权，这是恒瑞医药一个重要的转折点。2000年起，恒瑞医药从"单一仿制药"转向"仿制药和创新药并重"，并在上海建立了创新研发中心。2011年，恒瑞首个创新药——艾瑞昔布注册上市；2014年，创新药阿帕替尼注册上市。目前，恒瑞医药已有艾瑞昔布、阿帕替尼、硫培非格司亭、吡咯替尼、卡瑞利珠单抗和甲苯磺酸瑞马唑仑六款重磅创新药注册上市。在新药研发方面，恒瑞医药已形成上市一批、临床一批、开发一批的良性循环，基本形成了每年都有创新药申请临床，每1～2年都有创新药上市的发展态势，在靶向治疗、免疫疗法、超长效胰岛素等领域的新药，研发能力已具备国内甚至国际领先性。

2. 恒瑞医药药品研发投入及专利申请现状分析

（1）研发投入。

科研投入能够带来新的产品，拓展新的市场空间，赋予企业不断创新的机能。恒瑞医药坚持科技创新战略，逐年加大创新投入和科研投入。2017—2020年，公司的研发费用大幅增加。2020年，恒瑞医药继续坚持科技创新战略，进一步加大创新投入，研发投入49.89

亿元，研发投入占销售收入的比重达 18%，为药物创新提供了有力支撑。

（2）恒瑞医药专利申请现状。

专利申请量能够直观地反映企业的创新意识与研发能力，2015—2019 年，恒瑞医药专利申请量大幅上升，2018 年共计 204 件，达到了申请量的阶段性顶峰。1997—2008 年，恒瑞医药以仿制药研发为主，发展目标是"只做仿制药，实现肿瘤、麻醉等领域的进口替代"。因此，恒瑞医药在早期的专利申请量较低。2008—2015 年，恒瑞医药处于仿创结合阶段，并着眼于开拓国际市场。2011 年 6 月，恒瑞首个 1.1 类新药艾瑞昔布注册上市，恒瑞医药的专利申请量呈现小高峰。2015—2018 年，恒瑞医药从仿制中创新正式走向了首创一类新药创新，专利申请数量呈现飞跃式增长。根据《2019 中国药品研发综合实力排行榜》，排名前三的分别为江苏恒瑞医药股份有限公司（以下简称"恒瑞医药"）、正大天晴药业集团股份有限公司（以下简称"正大天晴"）、齐鲁制药有限公司（以下简称"齐鲁制药"）。创新百强企业在新药研发中，凭借企业独家品种、研发资源、规模效应等方面的优势，代表了行业的最高研发水平，笔者整理了同时期该三家医药企业的专利申请量情况，齐鲁制药的发明专利申请量占比最高，为 91.8%，恒瑞医药紧随其后，占比为 81.1%，但是齐鲁制药在专利的数量上远远落后于恒瑞医药，而正大天晴的专利申请总量虽然位居第一，但含金量最高的发明专利申请量却低于恒瑞医药。综合来看，恒瑞医药是一家研发能力较强的创新型企业。

PCT 是指专利合作协定，PCT 专利申请对于开拓海外市场具有重要意义。通过 PCT，申请人无须分别提交多个不同国家或地区的专利申请，提交一份国际专利申请，即可请求多个国家同时对其发明进行专利保护。PCT 申请对原研产品在海外进行专利保护起重要作用。恒瑞医药在实施创新战略的同时，注重国际化发展，加大国际化战略实施力度。恒瑞医药 PCT 专利申请情况大致和普通专利申请情况类似。2008—2014 年，恒瑞医药提出"创新 + 国际化"两大战略，因此，2015—2018 年呈现迅速增长趋势，也和恒瑞医药不同发展阶段相一致。

3. 恒瑞医药专利战略分析

医药企业在实施专利战略时，应当综合考虑国内外各方面因素，进行专利情报分析，掌握国内外医药企业对此药品或相关技术的研发情况和专利情况等。专利战略的选择和实施与企业发展状况有直接联系，企业研发能力强，药品的相关专利数量多，质量高，才能掌握一类药品在专利保护中的主动权，从而实施更强有力的专利战略；反之，如果企业在市场中的主动权相对较低，则可以实施保守型的专利战略。

（1）仿制药阶段——组合型专利战略。

恒瑞医药首仿品多西他赛于 2003 年上市，多西他赛的原研公司为法国阿文蒂斯，其持有多西他赛的多项重要专利，包括多西他赛起始物的制备方法及多西他赛三水化合物的方法专利。而恒瑞医药所制备的多西他赛产品所使用的起始物与原研品不同，并且研制出的最终产品并不含水，因此，恒瑞医药规避了原研公司的化合物专利，并且及时为其申请了多项专利保护，包括化合物的制备方法等，为国产多西他赛的后续上市及销售提供了保障。可以看出，通过专利分析，规避化合物专利，运用的是防御型专利战略中的绕开专利技术战略；研制出并不包含水的最终产品后，恒瑞医药围绕仿品多西他赛进行专利保护，包括化合物的制备方法等多项保护，运用的是进攻型专利战略中的基本专利战略。

（2）仿创结合阶段——防守型专利战略。

2015—2018 年，恒瑞医药处于从仿制药创新转向自主创新药的仿创结合过渡阶段，但在很多领域，恒瑞医药并不占优势，受到国外药企的专利压制。罗拉吡坦于 2019 年 5 月在美国上市，原研公司将专利布局的重点放在了该药物的晶型方面，将两种无水结晶形式也纳入了专利保护，保护年限至 2027 年。2016 年 7 月，恒瑞医药采取防御型战略，通过技术引进以及交叉许可，与该公司达成协议引进该药，并获得生产资格。

（3）自主创新阶段——进攻型专利战略。

2014 年，恒瑞医药研制的用于治疗晚期胃癌的阿帕替尼上市。在阿帕替尼上市 1 年后，恒瑞医药加大了国际化战略的实施力度。此阶段符合笔者想要研究的采用进攻型专利战略的特征，即掌握一定核心技术并试图垄断该技术的国际地位。阿帕替尼化合物专利最早于 2002 年在中国提出专利保护，2005 年提交 PCT 专利保护，并且陆续在美国、日本及欧洲获得授权。在研发过程中，恒瑞医药又陆续申请了相关的外围专利。在此期间，由于发现了通过制备相应的无机盐，可以增强化合物在使用过程中的稳定性、生物利用度等问题，恒瑞医药又重点对盐类专利进行了保护。为了进一步巩固保护范围，恒瑞医药对适应证及联合用药也进行了专利保护。并且，在对适应证进行专利保护的同时，适应证中使用的"增生性疾病"一词，为恒瑞医药今后开发更多的适应证埋下伏笔。

（4）小结。

通过前文专利战略分析案例可以看出，专利战略受企业发展目标、研发水平、经济实力等多方面因素的影响。战略高度的知识产权管理更加注重对企业长远发展的推动作用。多西他赛是恒瑞医药的首仿药，当时的恒瑞医药研发能力不强，研发投入有限，同时受到原研药公司的专利技术压制，因此采取了组合型的专利战略，一方面绕过原研药的专利保护，积极研发自主药品作为代替；另一方面全面保护自己的核心技术。而对于创新药阿帕替尼，采取的是进攻型专利战略，为阿帕替尼提供了较为完善的专利战略保护。

4.1.2　涉及的专利法律条文

以下为《中华人民共和国专利法》（2020 年修正）节选：

第一条　为了保护专利权人的合法权益，鼓励发明创造，推动发明创造的应用，提高创新能力，促进科学技术进步和经济社会发展，制定本法。

第三条　国务院专利行政部门负责管理全国的专利工作；统一受理和审查专利申请，依法授予专利权。

省、自治区、直辖市人民政府管理专利工作的部门负责本行政区域内的专利管理工作。

第四条　申请专利的发明创造涉及国家安全或者重大利益需要保密的，按照国家有关规定办理。

第五条　对违反法律、社会公德或者妨害公共利益的发明创造，不授予专利权。

对违反法律、行政法规的规定获取或者利用遗传资源，并依赖该遗传资源完成的发明创造，不授予专利权。

第八条　两个以上单位或者个人合作完成的发明创造、一个单位或者个人接受其他单位或者个人委托所完成的发明创造，除另有协议的以外，申请专利的权利属于完成或者共同完成的单位或者个人；申请被批准后，申请的单位或者个人为专利权人。

第九条 同样的发明创造只能授予一项专利权。但是，同一申请人同日对同样的发明创造既申请实用新型专利又申请发明专利，先获得的实用新型专利权尚未终止，且申请人声明放弃该实用新型专利权的，可以授予发明专利权。

两个以上的申请人分别就同样的发明创造申请专利的，专利权授予最先申请的人。

第十条 专利申请权和专利权可以转让。

中国单位或者个人向外国人、外国企业或者外国其他组织转让专利申请权或者专利权的，应当依照有关法律、行政法规的规定办理手续。

转让专利申请权或者专利权的，当事人应当订立书面合同，并向国务院专利行政部门登记，由国务院专利行政部门予以公告。专利申请权或者专利权的转让自登记之日起生效。

第十九条 任何单位或者个人将在中国完成的发明或者实用新型向外国申请专利的，应当事先报经国务院专利行政部门进行保密审查。保密审查的程序、期限等按照国务院的规定执行。

中国单位或者个人可以根据中华人民共和国参加的有关国际条约提出专利国际申请。申请人提出专利国际申请的，应当遵守前款规定。

国务院专利行政部门依照中华人民共和国参加的有关国际条约、本法和国务院有关规定处理专利国际申请。

对违反本条第一款规定向外国申请专利的发明或者实用新型，在中国申请专利的，不授予专利权。

第二十条 申请专利和行使专利权应当遵循诚实信用原则。不得滥用专利权损害公共利益或者他人合法权益。

滥用专利权，排除或者限制竞争，构成垄断行为的，依照《中华人民共和国反垄断法》处理。

4.1.3 知识产权要点点评

4.1.3.1 国家知识产权战略的思考

西安工业大学于浩在 2019 年第 6 期《中国军转民》上发表了文章《关于深入实施国家知识产权战略行动的思考》。

近年来，我国抓紧制定国家知识法规体系，突进实施国家知识产权战略行动可谓紧锣密鼓。

1. 加快步伐建立健全法规体系

2017 年 12 月 1 日，由中央军委装备发展部国防知识产权局为主起草编制的《装备承制单位知识产权管理要求（GJB 9158—2017)》（以下简称《要求》）由中央军委装备发展部颁布。这是我国首部装备建设领域知识产权管理国家军用标准。

《要求》是以国家标准《企业知识产权管理规范》（以下简称《规范》）为基础，结合装备领域有关特点编制而成的指导性标准。《要求》提供基于过程方法的装备承制单位知识产权管理模型，指导装备承制单位策划、实施、检查和改进知识产权管理体系，明确了知识产权获取、维护、运用、保护全过程的一般要求。《要求》主要包括装备承制单位知识产权管理的范围、术语和定义、知识产权管理体系、管理职责、合同管理、装备采购各阶段知识产权管理等内容，从装备预先研究、型号研制、生产、维修保障等各阶段，以及招投标、合同订立履行等各环节，明确了装备承制单位知识产权工作的特殊要求。

《要求》首次为装备承制单位建立科学、系统、规范的知识产权管理体系，强化知识产权创造、保护和运用能力，提供了指导规范。《要求》的实施，将全面提升装备承制单位知识产权管理能力，落实新时期创新驱动发展战略更好地完成装备建设任务，保障装备建设在法治轨道上更加有序健康发展。

2. 明确布置和推进重点任务

此外，为落实《深入实施国家知识产权战略行动计划（2014—2020 年）》，全面提高企业知识产权管理水平，促进技术创新，提升企业核心竞争力，有效支撑创新驱动发展战略，国家知识产权局、科学技术部、工业和信息化部、商务部、国家认证认可监督管理委员会、国家标准化管理委员会、国防科技工业局、中国人民解放军总装备部联合制定《关于全面推行〈企业知识产权管理规范〉国家标准的指导意见》，布置了需要推进的重点任务。

（1）优化企业知识产权管理体系。推动各类企业实施《规范》，建立与经营发展相协调的知识产权管理体系，引导企业加强知识产权机构、制度和人才队伍建设，将知识产权管理贯穿生产经营全流程。引导涉及国家安全、国民经济命脉和关键领域的国有企业实施《规范》，加强知识产权管理体系建设，建立健全知识产权资产管理制度。深入实施中小企业知识产权战略推进工程，鼓励科技型中小企业实施《规范》，支持小微企业实行知识产权委托管理。制定武器装备承研承制单位知识产权管理规范，引导承担武器装备科研生产和配套任务的单位规范知识产权管理，提升国防科技创新能力和水平。

（2）建立咨询服务体系。出台激励措施，吸引各类知识产权咨询服务机构参与推行《规范》，鼓励和支持优秀的专利代理机构辅导企业实施《规范》，建立健全内部管理制度和辅导工作流程，提高服务质量和效率，培育一批高质量咨询服务机构，形成竞争有序的服务市场。建立咨询服务机构协调组织，加强对服务机构和从业人员的信用评价，引导健全行业自律规范，促进知识产权咨询服务业整体发展。

（3）加强认证体系建设。根据《国家认证认可监督管理委员会国家知识产权局关于印发知识产权管理体系认证实施意见的通知》（国认可〔2013〕56 号）要求，加快开展企业知识产权管理体系认证工作，引导和培育一批认证机构，推进认证能力建设，加强对认证机构的监督和指导，规范市场秩序，提升《规范》认证的社会公信力。支持认证机构参与国际交流，推进认证结果的国际互认。

（4）发挥各项政策引导作用。围绕产业转型升级和创新驱动发展，综合运用财政、税收、金融等政策引导企业完善知识产权管理体系，调动企业实施《规范》的积极性。推动大型骨干企业优先采购认证企业的产品，降低知识产权风险。完善高新技术企业认定管理办法，将认证情况作为高新技术企业认定的重要参考条件，积极推动企业知识产权管理体系认证与高新技术企业政策的衔接。鼓励外经贸企业建立和完善知识产权管理制度，提高防范国际贸易和投资活动中的知识产权风险和处理涉外知识产权事务的能力。鼓励引导认证企业申报高技术产业化项目、国家科技重大专项、中小企业发展专项等项目，申报国家技术发明奖、中国专利金奖评选等奖项。

（5）加大人才队伍建设力度。充分发挥各类知识产权培训机构的作用，建立《规范》培训业务体系。在知识产权工作实力较强的地区设立培训基地，培养一批深入了解《规范》内容和实务的专业性师资人才，编制培训教材。分层次对政府、服务机构、企业相关人员开展《规范》教育培训，培养一批了解标准化与认证管理、熟悉知识产权工作的人才队伍。开展知识产权内审员岗位培训，规范知识产权认证审核员培训、考核、评价制度和注册证书管理。

（6）营造公共服务环境。积极推进政府部门、服务机构和企业的对接，建立定期沟通机制，搭建交流平台，深入开展《规范》宣贯、专家辅导、意见征询等活动，推动典型经验的信息共享和交流。发挥中小企业知识产权集聚区功能，建立专利工作交流机制。通过政府购买服务等方式，依托中小企业知识产权辅导服务机构，加强对中小企业的培训、辅导和服务。

（7）持续完善《规范》推行体系。科学评测企业实施《规范》效果，及时修订相关内容，围绕不同类型企业实施《规范》的需求，进一步细化和规范知识产权管理体系。以推行《规范》为重点，充分发挥全国知识管理标准化技术委员会的平台作用，推动知识产权领域国家标准的制修订工作，逐步完善知识产权领域标准化管理体系。加大与国际标准化组织、知名机构的合作交流，积极参与制定知识管理国际标准。利用知识产权、标准化等专业性国际会议及各类论坛，加大推广宣传力度，持续提升《规范》影响力。

3. 付诸实践抓好落实

由上可见，不仅在军品领域，即使在民品领域，中国也将会成为全球重要的知识产权保护阵地。管理部门、相关机构和中国企业应积极推动实施知识产权战略，鼓励引导企业掌握核心专利，在海内外布局知识产权体系，有意识地培育中国自己的国际化知识产权代理人才和诉讼人才。不久前，高通在福州中院起诉苹果侵犯专利权，获得了法院的临时禁令支持，苹果被要求立即停止销售七款 iPhone。对此，苹果方面表示已申请复议。两家美国公司选择在中国打知识产权官司，这在很大程度上显示了中国巨大的市场受到国际巨头的高度重视，也证明中国日益完善的知识产权保护体系已经得到国际认可。对于高通、苹果"开撕"，中国企业不能只看热闹。特别是正在积极出海的企业需意识到，在成熟的国际市场，知识产权是最核心资产、最重要武器之一。高通这样的国际巨头能用专利武器在中国狙击苹果，同样也能在全球其他地方用专利狙击任何企业，包括中国企业。多年来，中国已有不少企业出海，尤其是随着中国企业创新能力不断提升，很多企业的产品已经具备了与国际对手竞争的实力。但是，在进军国际市场的过程中，有些企业刚一冒头就遭到了国际同行的专利狙击，付出了巨大代价才扳回局面。这还算幸运的，有的企业甚至在专利狙击之下，被迫放弃了海外市场。因此，任何企业想要在全球市场施展拳脚，必须有自己的专利"护城河"。换一个视角看，高通选择在中国起诉苹果，也从侧面说明中国保护知识产权的力度在不断加大，对中外企业一视同仁，跨国企业敢于在中国打知识产权官司了。过去很多年，几乎全球所有重要的专利诉讼都习惯到美国去提告，因为美国审判的赔偿额度高，美国市场又足够大。现在，高通选择到中国来起诉苹果，表明他们看好中国市场，也体现了国外企业对中国知识产权保护的信心。截至目前，我国已经建立相对完善的知识产权保护法律体系，还设有北京、上海、广州三家知识产权法院，以及南京、苏州、青岛、武汉、西安、成都等十九家知识产权法庭。2018 年 10 月 26 日，全国人大常委会第六次会议还通过了一项决定，今后在有关知识产权诉讼作出一审判决之后，不服且提出上诉的，可以直接上诉到最高人民法院。这将更好地统一全国知识产权审判标准，更加有效地保护知识产权权利人的合法利益。2018 年 12 月 5 日，国务院常务会议通过了《中华人民共和国专利法修正案（草案）》，准备提交全国人大常委会审议。草案显著提高了侵犯专利权的损害赔偿数额和假冒专利行政处罚数额，加大了对侵权行为的打击力度，同时规定被控侵权人在诉讼过程中要承担举证责任。这些措施将更好地保护知识产权持有人利益。正因为中国对知识产权保护日益完善，曾经担忧在中国遭遇侵权的海外企业才逐渐放下包袱，不仅积极进入中国市场，还在中国打起了知识产权官司，保护自身利益。而且，中国市场体量巨大，一旦在中国市场受到司法裁判上的限制，竞争对手将受到重大影响。可以预见，中国将会成为全球重要的知识产权保护阵地。管理部门、相关机构和中国企业必须对此做好准备。除了要积极推动实施知识产权战略，鼓励引导企业掌握核心专利，在海内外布局知识产权体系，还应该有意识地培育中国自己的国际化知识产权代理人才和诉讼人才，尤其是诉讼人才。如果中国律师能有更多人熟悉海外专利法律，帮助中国企业在国际上维护自身权益，就会增加中国创新型企业"走出去"的底气。在中国企业遭遇专利狙击的时候，政府和相关部门如能给予企业一定帮助，指导他们应战，相信中国企业出海将会更有信心，凭借过硬的技术实力在国际竞争中赢得一席之地。

4.1.3.2　华为知识产权战略的启示

武汉工程大学法商学院刘芬在《华为知识产权战略及启示》一文中总结了华为知识产权战略的启示。

1. 确立知识产权战略意识

知识经济，知识（信息）成为第一生产要素。企业财富中心是知识和知识产权。企业和企业工作人员从上至下应当充分认识到知识产权在提升企业核心竞争力上有着重要作用，充分认识到知识产权是企业生存发展并走向强大的根本要素，确定长远的知识产权兴业战略。从华为28年发展史可以看到，其发展的每一重大历史时期都有明确的知识产权战略，且每一时期知识产权战略都得到全面多层次落实。因此，要想使知识产权战略在企业发挥应有的作用，最首要的任务是统一认识，强化知识产权战略意识。

2. 企业应建立知识产权管理体系

完善的知识产权管理工作是实施知识产权战略的起点，也是实施知识产权战略的基础性工作，与知识产权战略有紧密的联系。综观华为实施知识产权战略的成功实践经验，其根据自身的经营状况和技术实力建立相应的知识产权管理部门，其知识产权管理工作是企业经营管理的核心或重要组成部分。企业建立知识产权管理体系可以把握以下3个要点：

（1）知识产权管理部门在企业整个管理体系中应当居于重要地位，应当与技术研发部门、人力资源管理部门、生产经营管理部门、财务管理部门共同组成企业的核心，是企业最高层组织管理机构的组成部分。知识产权管理对企业实施知识产权战略起着重要的保障作用。

（2）知识产权管理部门全面负责企业知识产权管理工作，全面落实企业知识产权制度的实施，组织具体知识产权工作，例如知识产权信息的收集、市场调研、专利申请、制定知识产权战略等。

（3）知识产权管理部门可以采用不同的管理模式，可以根据企业的规模或者性质决定，适用集中管理或者分散管理。无论是集中管理还是分散管理，知识产权管理部门都应处于企业核心地位，与技术研发部门、生产经营管理部门密切联系，知识产权工作以及相关事项最终汇集于知识产权管理部门。

3. 构建全员参与的知识产权战略

全员参与的企业知识产权战略需要各个部门参与知识产权挖掘、形成与管理，华为制定了相当多的具体制度，要求全体员工投身知识产权保护和风险规避工作。实际上，华为很早就利用国内众多研究机构或企业在人力资源管理、知识产权形成和管理方面的不足，建立了人才引进机制，并通过内部各种制度鼓励和要求，使各个领域的员工参与知识产权战略。在华为的发展过程中，来自国内不同层次企业的研发人才逐渐聚集到华为，成就了华为的技术研发体系。

4. 保护和加强知识产权的有效运营，重点是专利有效运营

通过知识产权的运营，企业不仅可以有效保护自己的技术资产，防止或减少侵权损失，而且可以开辟新的财源，谋取丰厚利润，从而促进各项资产的良性循环。所以，企业技术研发不仅仅是着眼于知识产权的保护，而是应当学会并且加强将知识产权与企业的生产经营、企业未来发展趋势、企业全球化发展紧密联系起来，使知识产权运营成为企业的运作核心。知识产权运营的核心内容是专利运营。专利运营是企业进步与发展的助推器，是企业的核心竞争力。首先，从长远发展来看，企业要做好专利布局，专利布局具有前瞻性。其次，在此基础上，企业应当重视对研发人员的培养，重视自主创新，加大研发投入并打造核心专利，这些是核心技术产出的重要保障。最后，在知识产权市场化的背景下，企业应当学会采用多种途径，比如联合创新、交叉许可专利、专利交易等方式，实现专利的有效运用。

华为深知知识产权战略对企业发展的重要性，作为中国较早一批走向国际市场的中国高科技企业，华为未雨绸缪，始终坚定地将知识产权战略作为企业发展的核心战略。经过 28 年的发展，其经营业务不仅占领了国内绝大部分市场，而且通过一场场海外知识产权诉讼，保障其海外经营的稳定与安全，并占领了大部分海外市场。华为向各类经济企业尤其是高新技术企业提供了丰富的知识产权战略经验。

一个企业无论是谋求国内健康持续发展还是寻求海外稳定安全发展，都必须十分重视知识产权战略，而且知识产权战略应当符合世界潮流，顺应时代发展，与时俱进。

企业实施知识战略一定要将专利战略放在首位。专利战略对企业发展具有基础性、长期性、全局性及关键性的作用，是企业竞争的重要法宝。专利战略是知识产权战略的核心，是企业战略发展的重要组成部分。

专利战略的核心是技术创新与产品创新。技术创新和产品创新应当重视企业技术的自主研发，且在此基础上广泛开展技术合作。技术创新和产品创新要围绕市场需求和竞争力创新，因而企业应当做到未雨绸缪实行转录地图计划。专利创新和产品创新都不是凭空生成的，需要大量的科研投入。企业应当重视科研经费的投入，根据企业自身的发展方向及战略目标，坚持每年按照经营收入的一定比例用于研发创新。事实证明，华为能走到今天这样全球化的规模，除了是一直努力拼搏的结果，更是高瞻远瞩、不计成本地支持专利创新和产品创新所应得的相应回报。

企业在以专利战略为核心的前提下，应当建立相应的知识产权管理体系，成立与企业规模相匹配的知识管理部门，探讨符合企业发展需求及自身特点的专利运营策略。

华为 28 年稳健的成长历程和其高瞻远瞩的知识产权战略，值得国内外企业尤其是高新技术企业学习和借鉴。它的成功离不开企业正确的经营，更离不开华为与时俱进的知识产权战略。

4.1.3.3 华为专利战略的启示

烟台正海磁性材料股份有限公司李广军于 2015 年发表的《华为的专利战略及其对我国中小企业的启示与借鉴》，论述了华为专利战略的启示。

华为公司专利战略的实施不仅是自身企业的成功，而且给我国其他中小企业提供了有益的经验。我国中小企业应该积极借鉴华为公司的成功经验，做好以下工作。

1. 应当健全专利管理机构，配备专利管理人员

专利管理组织机构的建设是企业实施专利战略的基础，中小企业应根据公司规模、产业范围，由至少两名技术骨干兼职负责，到成立专门知识产权机构，逐步完善，发展壮大。

2. 重视专利信息、情报工作，设立企业专利档案，提高企业技术人员利用专利情报的水平

首先，从思想素质上讲，企业技术人员应当热爱祖国，有事业心，办事认真，工作踏实，肯于吃苦。其次，从业务素质上讲，企业技术人员应当有大专以上理工科学历，懂得专利法律、文献分类、信息利用方面的知识，了解专利权利要求书的撰写方式，至少掌握一门外语，会使用计算机进行联机检索和数据处理。专利信息情报管理工作需要通过实践积累经验，因此负责该项工作的人员应相对稳定，不宜频繁调换。

3. 专利战略正确定位

在国内研究开发能力整体水平较低的情况下，企业应当扬长避短，紧跟国内外大企业的研究动态，适当引进技术，注重引进技术的改进和创新，适时开发外围专利技术，及时获得法律保护。当然，对于一部分技术力量、经济实力都比较强的企业，开拓型专利开发战略也是应当重视的。

4. 适时引进国内外先进技术，吸收引进技术并进行创新，逐步建立自己的专利战略体系

中国的很多企业，甚至日本、韩国的很多企业也是走的这一路径。这些企业在引进技术的基础上积极消化吸收、进行二次创新，并通过专利形式获得市场竞争力。

5. 大力增加研究开发投入，不断提高企业科技水平，站在巨人的肩膀上攀登，逐步掌握自己的核心技术，并以此为依托，构筑专利防御网络

目前，众多的中小企业大多没有自己的核心专利，这样的状态非常不利于企业的发展壮大，唯一的出路是大力增加研究开发投入。但中小企业往往资金不足，那我们可以走以下捷径。对高新技术的研发，在开题前，必须首先进行专利文献检索，了解同领域的发展现状、技术水平、趋势等，从而确定自己的研发起点，借鉴同行业的领先技术，提高自己的研发水平，也就是我们通常所说的"站在巨人的肩膀上攀登"。这样对技术水平不高的中小企业来说，是一条成功的捷径。

6. 把专利权与技术标准有机结合，积极应对国际市场挑战，不断开拓发展空间

专利是知识产权的核心部分，涉及科技、经济的众多领域。专利战略对企业发展具有全局性、基础性、长期性和关键性的作用，是企业总体战略的重要组成部分。其内容涉及企业专利意识的树立，专利形成及其产业化，人才培养，企业应对专利纠纷能力的提高，完善专利管理机构、队伍，建立专利保护系统、信息情报收集、服务体系等。专利权的形成是一个过程，可能是几个月、几年或更长时间，在这一过程中，从课题立项、研究开发、保密措施到成果完善，都需要在法律的指引下进行，需要实施全过程的保护。专利事业的发展及其对

经济社会发展的促进是一项早期打基础、多年后见效果的基础性工作。因此，企业必须立足现在、着眼未来，进行长远谋划，适时制定和实施有利于自身发展的专利战略。

4.1.3.4　我国医药企业专利战略指引

华东政法大学杨凤雨在 2022 年第 1 期《中阿科技论坛（中英文）》上发表了文章《我国医药企业专利战略研究》，提出了我国医药企业专利战略。

为了解决我国医药产业国际竞争力不强、产业发展动力不足的问题，有必要实施专利战略，加强医药企业专利保护工作。

1. 制定宏观性企业专利战略

专利战略是为获得与保持市场竞争优势，运用专利制度提供的专利保护手段和专利信息，谋求最佳经济效益的总体性谋划，合理的企业专利战略可以有效地运用专利技术，帮助企业提高竞争优势及核心竞争力。一般来说，企业专利战略的制定可以分为四个步骤：首先，要摸清企业现状，了解医药企业的外部环境以及企业的性质、专利水平和市场竞争程度，进行专利战略的定位；其次，要了解企业的使命，制定企业战略目标；再次，在专利战略目标的指引下，需要进一步进行专利战略宏观和微观层面的规划，主要内容为以企业创新、专利研发为重点，进行专利策略的制定；最后，需要制定评价反馈机制，对专利战略的实施效果进行动态的、持续性的分析评价，并在实践中不断调整企业战略，从而更好地达成战略目标。

2. 制定医药企业专利布局策略

在企业专利战略的指导下，医药企业需要进一步结合自身特点开展深入的专利运营工作。专利布局是指对专利申请的周密规划和统筹安排，通过对专利申请时间、地域和途径的选择以及专利保护内容的谋划等，有策略地部署形成专利布局。专利布局的目标根据企业专利战略各有不同，但总的来说，合理的专利布局基本要素应当能够运用知识产权保护企业市场，帮助企业的专利在时间、空间上真正体现其对企业经营的价值，最终提高企业核心竞争力。具体来说，可以分为专利申请阶段的布局和专利运营阶段的布局。

（1）医药专利申请布局。

①选择合适的保护方式。

首先，在是否选择申请专利保护的问题上，医药企业应充分权衡专利保护和技术秘密保护的利弊，选择适合自身的保护方式。具体来说，对于很关键但较易被摸索出，或明显是重要研究方向的内容，申请专利可能会达到更好的保护效果；如果是容易被反向工程的那些极其细节的、不引人注意的或是不易维权的内容，则可以采取适当的保留措施，作为技术秘密进行保护。

②选择合适的专利申请时机。

医药专利的申请时机决定了医药专利的保护期限，因此选择合适的时机进行专利布局非常重要，一般来说有两种模式。

一是专利先行。一般而言，医药企业在研发阶段就选择申请专利的原因可能有三种。其一，企业基于筹集风险资本的需要，通过专利申请可以彰显专利技术价值从而吸引投资。但也可能会陷入困境，即有专利才能吸引到投资，但是又缺少申请专利的资金。其二，申请人的研究成果有学术期刊发表的需求。一般来说，初创企业的研发往往基于学术研究，因此发明人会希望尽快在学术期刊上发表研究结果，因此为了防止损害技术的新颖性，需要在论文发表日期之前申请专利。其三，企业可能会因为竞争对手正在进行有竞争性的研发而率先申请专利。如果所选择研究的靶点或化学物质已经很成熟，有其他公司正在开展相关的研究，市场竞争激烈，此时企业应当选择尽早申请专利，从而避免被竞争对手抢先。

二是推迟申请。医药企业选择推迟专利申请的原因可能有两种：其一，企业经过权衡倾向于选择通过技术秘密保护，为了避免创意被窃取，则需要尽可能晚地申请专利，同时还可以保留以后申请专利的选择，这样有利于降低成本，延长专利保护期；其二，如果企业竞争对手较少，例如选择的化学物质较新，很少公司在开展相关研究，则可推迟申请，一方面，这可以使新药上市后获得较长的保护期限；另一方面，也避免过早暴露自己的研究内容，导致其他竞争对手获得研发信息。

③选择恰当的专利组合模式。

专利组合是实现高成本效益的重要专利布局策略，通过布局的专利组合，能够使不同专利技术围绕某特定技术彼此联系、相互匹配，在技术、时间、地域上保持从申请到授权的不同状态，从而突破传统意义上单一专利在时间、地域以及技术上的局限。对于创新药物来说，特别是复合药物，通过对其中核心的药物活性成分，以及相关的药剂、剂量剂型、制备方法、治疗用途等相关专利申请多项专利保护，能够在重点研发产品上逐步形成专利网络布局，构架起高质量的专利资产。因此，医药企业在进行创新药物研发的同时，需要积极地对相关研究成果申请多项专利保护。从实践角度考虑，我国医药企业还应当结合企业技术战略、市场战略、经营管理战略进行专利组合布局，形成具有一定法律、技术及商业结构的专利组合。如此，既能预防专利无效，延长专利保护期限，也能扩大专利保护范围，通过严密的专利体系抵御市场商业风险。

④申请专利期限补偿。

2021年6月7日，《中华人民共和国专利法》第四次修正后新增了药品专利补偿期限相关规定。药品专利期限补偿制度的建立，能够有效延长药品专利权的实际保护期限，帮助医药企业获得更长的新药销售时间，从而帮助创新药物企业获得更多的利润。因此，医药企业应当充分了解、运用该制度，专利权人则需要在申请药品专利期限补偿前考虑各专利的期限、保护范围和稳定性，以及对应药品的审批进度、商业前景等因素来选择最佳的药品和专利组合，并提出药品专利期限补偿申请，从而最大限度地实现专利价值。其一，对于原研药厂而言，由于我国药品专利期限补偿制度的适用对象是"在中国获得上市许可的新药相关发明专利"，原研药厂更需要抓住机会，特别是如果有一个药品对应多项专利、一项专利对应多个药品的情况，应当提前进行布局和及时提交专利期限补偿请求，使专利期限的补偿最大化和最合理化，同时也可以积极利用药品专利纠纷早期解决机制来维护对原研药的专利保护。其二，对于仿制药厂而言，则应当密切关注原研药厂的专利期限补偿情况，并据此规划仿制药的项目进程和专利应对策略。

⑤建立医药专利预警机制。

专利预警机制是指通过收集与分析本行业技术领域及相关技术领域的专利信息和国内外市场信息，了解竞争对手情况，综合分析得出可能发生的专利纠纷、危害以及应对措施，从而为自己的知识产权运营保驾护航。

一方面，专利预警机制对于及时规避在研药物项目的专利风险具有重要意义，通过对药品专利信息进行全面而严密的分析，企业可以明确现有对手和潜在竞争对手，及时发现药品专利风险。另一方面，专利预警机制还可以帮助企业从宏观层面了解医药专利布局现状和趋势，从系统性、整体性、全局性为专利技术提供方向性和指引性作用，并为专利管理工作的高效开展和专利战略的科学制定提供客观的数据支撑。

而为了实现以上目的，医药企业首先应当建立集专利信息收集、分析、发布、反馈于一体的体系，完善专利预警机制体制；其次，医药企业应当有进行长期预警、分析的意识，即动态、灵活地分析专利风险。通过持续性的专利信息检索分析，分析内容不仅要反映过去和现在专利的状况，而且应当能随着时间序列的变化，合理预测未来重点竞争对手专利活动的发展趋势。最后，企业应当建立专业人才队伍，通过专利检索分析人员进行专利分析，这样才能得出精准化、科学化的分析结果，并据此形成并执行各种控制风险的措施。

（2）医药专利运营布局。

专利权利只有通过运营才可以实现价值最大化，而专利运营是医药企业实现专利产权效益的重要途径，即以专利技术最大限度增值为目的，对专利权利在市场配置的基础上所开展的运筹和经营活动。其能够将技术转化为现实生产力，将知识优势转化为竞争优势和经济优势，从而"为天才之火添上利益之油"。

①运营阶段的布局方式。

一般而言，医药专利在运营阶段主要有两种布局方式。

一是将专利作为一个工具以保证企业市场化运作，既能帮助企业自身进入市场，也能设置技术门槛排除他人进入市场。为了增大专利市场转化率，达到权利财产价值和社会效益的最大化，可以通过专利许可、专利交易、专利诉讼等手段运营专利。同时，专利运营可以分为许可证交易模式、专利权转让模式、专利权共有或单独享有模式以及市场共同开发模式，企业可以根据自己的公司类型、创新能力、专利数量以及市场占有率等多方面因素决定选择哪种运营模式。

二是直接进行专利资产化，把专利变现。例如新型药企专利质押融资模式，就是直接将专利技术作为企业利润中心。这种方式将知识作为核心生产要素，真正体现了知识经济的本质和价值。但该模式也存在一定风险，对专利技术本身的创新水平、法律风险都提出了较高要求。因此在该模式下，企业必须尊重市场规律，在合规的前提下进行专利资产化运作。

②专利区域布局。

除了选择合适的运营方式外，选择一个合适的区域申请专利，对实现药品专利价值也具有重要意义，也就是所谓的"专利区域布局"。近年来，各国经济往来日益紧密，创新药物作为一种与人类健康息息相关的商品，在各国社会发展中都具有不可忽视的重要地位，因此在不同地域获得独占专利权利，对于医药企业拓宽海外市场、提高国际市场竞争力以及提升创新药物国际话语权都具有重要意义。总的来说，专利区域布局需要在企业专利战略目标的指导下，综合考虑企业专利产品的主要销售市场、企业自身的产业行为、市场竞争态势、不同地域的法律环境及司法保护力度等因素，从而选择最有价值的地区进行专利布局。具体来说，主要销售市场应当是专利布局的重点区域，可以分为专利产品当前的主要市场和未来的潜在市场。主要销售市场的确定需要结合不同专利的产业特点进行市场分析，可以从专利申请量、产业消费规模、用户区域分析、消费能力分析、市场需求分析等方面入手。企业自身的产业行为是指企业专利布局应当基于自身产业特点，根据整个产业的发展水平和企业整体市场品牌战略选择专利布局区域。医药企业不仅需要调查制造、销售竞争对手的行为，例如他们的主要销售市场、专利技术布局和专利申请区域等，还要综合考虑专利上游和下游的情况，从而决定是在没有竞争对手的市场申请专利，还是在竞争激烈的区域申请专利。市场竞争态势则是指专利区域布局不仅要考虑企业自身品牌战略，还要考虑其他商业主体的专利情况。一般来说，需要充分了解对手所在的区域以及竞争对手的目标市场、产品和技术的主要发展区域。这样一方面可以确定市场上是否有其他企业拥有障碍专利，防止侵犯他人权利；另一方面可以申请专利，从而打击竞争对手，同时还可以在没有竞争对手的市场申请专利从而形成障碍专利。考虑地域法律保护环境则是因为各国立法、司法和执法特色都不可避免地影响着专利权的行使，因此各国的法律保护环境是规划专利区域布局需要考虑的另一重要因素。一般而言，法治环境较好的地域会被优先考虑。如果所在区域的法治环境达不到要求，可能会导致行使专利权利的成本高，或者根本无法行使权利，在这种情况下，专利的权利要求保护范围再宽，也没有实质的意义。此外，为了筛选出最合适布局的地区，维权成本、时间、专利权人胜诉率和专利无效概率等都应该被纳入法治环境水平的评估。

除了制定合理的专利战略以外，为了让专利战略更好地发挥实施效果，政府和企业还应当加强相关的专利战略配套实施工作。

③加强企业知识产权管理工作。

医药企业应当构建系统的知识产权管理部门，完善和优化知识产权管理制度，将知识产权工作贯穿于管理运营的各个环节。系统的知识产权管理工作通常应当包括知识产权的组织构建、管理职能的实现、管理队伍的建设以及管理制度的建设等内容，这些都是实现医药企业知识产权开发、运营和保护的重要步骤。人才是第一资源，我国医药企业需要充分发挥知识产权专业人员的作用，从而为做好企业知识产权管理工作提供基础保证。因此，企业应当组建包含专门的技术研发人员、专门进行知识产权保护的管理人员和法律专业人员，以及既懂技术又懂专利、经济的复合型人才等的专业人才队伍，并同研究机构充分进行研发合作，促进形成生物医药产业规模集群，从而实现规模化、产业化以及可持续发展。

④加强外部知识产权保护环境支持。

医药专利战略的实施依赖良好的专利法律环境，同样，完善的专利保护政策有利于推动医药创新的可持续发展。因此，一方面，我国需要完善法律法规，营造公正公开的司法保护环境，并加大行政执法力度，从而吸引更广泛的全球创新成果在中国落地。诸如美国、日本、印度等国都把生物技术产业作为提高本国竞争力的手段，并制定了相应的法律法规以规范生物医药产业的发展和保障生物医药的知识产权。在国家宏观政策和规划的制定下，生物医药产业得到了财政支持以及知识产权和相关法律法规的保障，并为生物医药知识密集型产业创造了良好的发展环境。另一方面，我国还应当引进加强创新保护的措施，例如建立药品专利链接制度、适当专利期限补偿和数据保护等制度。通过相关法律法规的完善，既能充分保护医药企业专利权人的利益，实现医药专利的最大价值，还能够鼓励医药企业会用、善用法律武器维护自己的知识产权，对侵权违法行为给予严厉的制裁，从而更好地维护产业利益和公众健康利益。

4.2 专利进攻战略

4.2.1 专利进攻战略的案例

4.2.1.1 主动形成专利保护壁垒

北京某公司通过一年多的努力,于 1990 年在国内率先研制出具有国际先进水平的容栅式位移测量系统,并申请了"电容式位移传感器"实用新型专利和"测径卡尺及其测径方法"发明专利。这两项专利所涉及的技术可同时展宽发送电极和接收电极,通过信号相序的适当组合,彻底摆脱了电极节距和相移原来的固定关系,可以在不影响测量精度和分辨率的情况下降低加工要求,或者在相同的加工条件下提高测量精度和分辨率,既能用于测量线位移,也能用于测量角位移。它不仅为我国量具行业产品实现机电一体化和产品更新换代奠定了基础,也为其他行业的长度和角度测量提供了新的方法。这一项目当年就为该公司获得利润上百万元。

经过一年的实践,该公司认识到企业的生存与发展关键在于有过硬的产品。在科技迅猛发展的今天,更要注重技术创新,重视研制开发新产品,同时还要注重保护自己的研究成果。1993 年,该公司通过对现有技术的改进和创新,又研制出了电容式扭矩传感器。为了能尽快获得专利权而又能使专利权稳定,该公司采取了多种专利申请的策略,即同时申请了"电容式扭矩传感器"发明和实用新型专利,由于实用新型专利审批速度快,在产品投放市场后,可以及时获得法律保护。在以后的十几年里,该公司采取申请系列专利战略,形成了强大的专利保护壁垒,从开发生产 150 毫米数显卡尺组件的单一产品,发展到能批量生产卡尺、高度尺、百分表、千分尺等 4 大系列 50 多种规格品种的数显组件,拥有专利 12 项,其开发的专利产品"电子数显力矩扳手"耗电量小、施力位置不受限制、测量精度准确,1997 年获得部级科技进步奖,赢得了广泛的市场前景,还出口到美国,实现了对外出口零的突破。此后,该公司又申请了一种"双层结构的数显量具组件"、一种"高精度电子数字量表装置""150 大屏卡尺数显组件""150 前侧键卡尺数显组件和计量仪"(150 防水卡尺数显)等多项专利。

在这期间,也有多家公司想仿制这些产品,但由于该公司已经形成了系列专利保护,使这些公司的仿制意图最终成为泡影。该公司依靠专利年均创产值 1 000 万元,实现年利润 200 万元。然而,在成绩面前他们并未停步,提出了再次创业的口号,目前已研究出新型的"磁性传感器",应用于防水型数显卡尺,同时申报了发明和实用新型专利,又在优先权的期限内,递交了 PCT 国际申请,准备将新产品打入国际市场。

4.2.1.2 借鉴国外技术实现超越

上海某公司从 20 世纪 80 年代中期开始从事光纤陀螺仪表的研制工作。该公司研发中心的科技人员通过调研非专利文献等途径了解了国外光纤陀螺的研制情况,世界上研制光纤陀螺的公司有 40 多家,包括美国 Honeywell、Litton、Smith、Northrop 等惯导公司,日本 JAE(航空电子公司)、三菱公司,Litton 在德国的子公司 LITEF 公司。而非专利文献只是简要介绍了研制状况和精度等,具体的细节从一般的文献中很难查到。他们此时想到了专利文献,从申请人检索入手,对国外研制光纤陀螺的公司进行了全面的检索,并获得了美国、日本和德国等有关专利文献资料,在专利工作人员的帮助下,通过检索同族专利,又将德国公司和日本公司在美国申请的专利原文调出来，经过认真研究，从中得到了启发，为光纤陀螺的研制奠定了基础。在研制过程中科技人员还认识到，虽然国外的专利文献介绍了光纤陀螺的工艺技术，但如果完全照搬也是行不通的，比如国外电子器件的精度和温度漂移比国内高，有些采用模拟器件或电路完全能够解决问题，而国内的电子器件精度和温度漂移与国外相比较大，如果完全采用国外的技术是不能解决国内的问题的，所以科技人员通过创新发展，采用全数字电路及补偿电路来完成光纤陀螺的设计工作，这样在国外技术的基础上进行了创新发展。该公司采用专利多层保护，申请了"全数字闭环光纤陀螺"及其内部的一个器件"Y光纤波导及其制造方法"和外围器件"光纤陀螺测量装置"等专利，构成了一个专利多层保护网络。

4.2.1.3　专利商标结合阻止侵权

1992年，沈阳某公司开发了第一台计量加油机，为了保护其新颖的外观设计，及时申报了外观设计专利"计量加油机"。1994年，该公司又开发出了计量加油机"油气分离器"，同年申请了实用新型专利。这种"油气分离器"采用出口单向压力阀，钢球排气装置和圆柱浮子的定位导向片，从而稳定了系统中油液的状态，减小了该机的长度，便于回油，提高油气分离的效果。1994年，此项专利获得优秀专利项目奖。此外，该公司还提出了关于加油机方面的专利申请16项，成为1995年全国十大专利申请企业之一。

1995年后，该公司利用专利技术入股，与法国斯伦贝谢有限公司成立了合资公司。法国斯伦贝谢有限公司总部位于纽约和巴黎，是一家技术型的跨国企业，它在油田服务、资源管理服务、电子交易及系统、半导体测试设备方面处于世界领先地位，业务遍及世界各地100个国家和地区。

与法国斯伦贝谢有限公司合资后，该公司如虎添翼，分别推出了单枪、双枪、四枪、六枪、八枪等多枪多功能电脑加油机，于1995年和1996年又分别申请了9项外观设计专利。

1999年，该公司又开发出了JYDN - 3160型电脑加油机，及时申请了"自动计量加油机"专利，这种电脑加油机采用80C31单片机，功能全、计量准确度高、整机操作方便，并有体积、重量、金额预置加油等功能，数据采用液晶显示，可应用于加油站为机动车辆添加汽油、轻质柴油、煤油等各种轻质燃油。该设备有通信接口，配合中央控制机和打印机，可实现加油机联网，而且其电器采用防爆结构设计，安全可靠，并能在各种恶劣环境（严寒、高热、潮湿）下正常工作。

2000年，该公司根据《国家税务总局关于加强加油站税收管理有关问题的通知》精神，配合"费改税"工作的实施，同另一家公司合作，通过技术创新共同研制出了太空牌TK - 1型加油机税控装置。这种"税控加油机"的特点是：加油机的控制与税控"黑匣子"功能集成在一个芯片内，具有很高的数据安全性和可靠性；具有IC卡加油、IC卡报税功能，可自动将未报税的月税记录写进IC卡，防止漏税；具有数据存储和查询功能，可随时查看单次、日、月累计加油量、加油金额、税额和系统参数；具有单机打印功能和多机联网功能；具有定量加油、定额加油和任意加油3种工作方式。该装置的开发成功，不仅从技术上保证了税源不流失，为税务部门征税提供了科学依据，同时也为一些商品排除走私嫌疑提供了有效证据。2001年，该公司又不失时机地将税控加油机中的2项关键技术申请了"加油机用自带信号输出装置的双缸软活塞容积式计量器"和"加油机用连体式液压装置"2项实用新型专利，有专利保驾护航，销路很好。不仅如此，他们还在加油机领域注册了"太空牌"商标，凭借高质量的产品和良好的信誉，"太空牌"商标被评为沈阳市著名商标。2000年 5 月，南方某市的一个企业曾经假冒"太空牌"生产计量加油机，后经当地工商局的查处，该企业停止了侵权行为。

该公司在开发新产品的过程中，时刻想着专利，同时利用商标这个招牌，使企业的效益获得了较大的增长，使想仿制的企业不得不放弃仿制的打算。

4.2.2　涉及的专利法律条文

以下为《中华人民共和国专利法》（2020 年修正）节选：

第二十二条　授予专利权的发明和实用新型，应当具备新颖性、创造性和实用性。

新颖性，是指该发明或者实用新型不属于现有技术；也没有任何单位或者个人就同样的发明或者实用新型在申请日以前向国务院专利行政部门提出过申请，并记载在申请日以后公布的专利申请文件或者公告的专利文件中。

创造性，是指与现有技术相比，该发明具有突出的实质性特点和显著的进步，该实用新型具有实质性特点和进步。

实用性，是指该发明或者实用新型能够制造或者使用，并且能够产生积极效果。

本法所称现有技术，是指申请日以前在国内外为公众所知的技术。

第二十三条　授予专利权的外观设计，应当不属于现有设计；也没有任何单位或者个人就同样的外观设计在申请日以前向国务院专利行政部门提出过申请，并记载在申请日以后公告的专利文件中。

授予专利权的外观设计与现有设计或者现有设计特征的组合相比，应当具有明显区别。

授予专利权的外观设计不得与他人在申请日以前已经取得的合法权利相冲突。

本法所称现有设计，是指申请日以前在国内外为公众所知的设计。

第二十四条　申请专利的发明创造在申请日以前六个月内，有下列情形之一的，不丧失新颖性：

（1）在国家出现紧急状态或者非常情况时，为公共利益目的首次公开的；

（2）在中国政府主办或者承认的国际展览会上首次展出的；

（3）在规定的学术会议或者技术会议上首次发表的；

（4）他人未经申请人同意而泄露其内容的。

第二十五条　对下列各项，不授予专利权：

（1）科学发现；

（2）智力活动的规则和方法；

（3）疾病的诊断和治疗方法；

（4）动物和植物品种；

（5）原子核变换方法以及用原子核变换方法获得的物质；

（6）对平面印刷品的图案、色彩或者二者的结合作出的主要起标识作用的设计。

对前款第（4）项所列产品的生产方法，可以依照本法规定授予专利权。

4.2.3 知识产权要点点评

4.2.3.1 形成专利保护壁垒路径

根据吴伟仁主编的《国防科技工业知识产权案例点评》进行点评。在4.2.1.1 小节的案例中，该公司对自己的产品进行了多层次的保护，对适合发明专利保护的方法采取申请发明专利保护，对适用发明专利保护又适合实用新型保护的结构类产品采取申请发明和实用新型专利同时保护或单独申请实用新型专利保护。采用多种专利同时进行保护是专利战略的运用形式之一。

由于发明、实用新型和外观设计保护的对象有所侧重，对一个产品而言就会产生多种专利同时保护的问题。所谓多种专利同时保护，是指对一项发明创造采取同时申请两种或三种专利的形式进行保护，即对发明创造的技术方案可以采取申请发明或实用新型的保护形式，而对其产品结构的外观采取外观设计加以保护。产品结构的外观往往与产品结构方案有关，所以在申请发明和实用新型的同时，还可以将产品外观申请外观设计专利。对于一个产品申请了三种专利，必然加大了保护力度。对于仿制者来说，要同时绕开两种或三种专利难度是较大的，肯定要比单一专利权大得多。一项发明创造采用何种形式来保护要根据产品的技术特点（尤其是技术改进点）、市场前景及将来可能发生的纠纷等因素决定。

4.2.3.2 分层次专利保护路径

根据吴伟仁主编的《国防科技工业知识产权案例点评》进行点评。《与贸易有关的知识产权协定》第二十九条第一款规定："各成员应要求专利申请人以足够清晰和完整的方式披露其发明，使该专业领域的技术人员能够实施该发明。"在4.2.1.2 小节的案例中，该公司从申请人或专利权人角度入手，检索外国公司同类技术的专利文献，并通过同族专利检索，采用自己所懂得的英文阅读说明书，了解外国公司的同类技术的发明内容，吸取外国公司的先进技术，提高自己的科研水平。

根据《中华人民共和国专利法实施细则》第二十一条（注：2010 年修正后为第二十条）规定："权利要求书应当有独立权利要求，也可以有从属权利要求。独立权利要求应当从整体上反映发明或者实用新型的技术方案，记载解决技术问题的必要技术特征。从属权利要求应当用附加的技术特征，对引用的权利要求作进一步限定。"在4.2.1.2 小节的案例中，该公司在借鉴国外公司技术的基础上进行创新，"全数字闭环光纤陀螺"及其内部的一个器件"Y 光纤波及其制造方法"和外围器件"光纤陀螺测量装置"等，分别申请了多层式专利，保护该公司的创新技术。

专利的层式保护模式分为两种，一种是权利要求的层式保护，独立权利要求通常以上位概念最高度地概括了一项发明创造最基本的技术特征，以求最大限度地扩大保护范围，而从属权利要求，则对独立权利要求或上一个从属权利要求的技术特征层层加以限制，从属权利要求通常作为中位概念或下位概念的层次。专利权利要求的这种层式写法，对发明创造构成一个多层次的保护，它既能最大限度地扩大保护范围，又不易被别人将整个专利否定，即使遇到独立权利要求被否定时，从属权利要求保护的技术特征仍可重组成立一项新的独立权利要求，别人的产品如果落入了从属权利要求的保护范围仍可能构成侵权。另一种是将产品或方法的发明分层次申请多项专利，如整套产品或整套工艺方法申请一个专利，某个大的部件又单独申请一个专利，大部件中的某个零件再申请一个专利。这种从整体到局部的层式保护模式，对于提高专利的保护范围，制止侵权和模仿行为较为有效，但缺点是所支付的专利费用较大，但比起眼睁睁看着别人仿制，而又无法制止别人的仿制行为的单一专利来讲，还是非常值得的。

4.2.3.3 专利和商标保护产品

根据吴伟仁主编的《国防科技工业知识产权案例点评》进行点评。在 4.2.1.3 小节的案例中，该公司围绕"加油机"产品不断进行技术改进，申请了系列实用新型专利，并将不同形状的"加油机"产品新的形状设计，申请了一系列外观设计专利。

根据《中华人民共和国商标法》第一条规定："为了加强商标管理，保护商标专用权，促进生产、经营者保证商品和服务质量，维护商标信誉，以保障消费者和生产、经营者的利益，促进社会主义市场经济的发展，特制定本法"，该公司为了保护"加油机"产品又不失时机地注册了"太空牌"商标，使产品不但有专利保护，而且有商标保护，增强了该公司"加油机"产品的保护力度。

企业在注重专利保护的同时，也不能忽视商标保护的作用。一项好的专利产品加上好的商标，其保护的效果显然要比单一的专利保护好。他人侵犯专利产品，但使用不同的商标，虽然技术相同，但品牌不同，销售未必好。好的技术加上好的品牌其对市场的影响是显而易见的。商标保护较专利保护有许多优点，最明显的是商标侵权的认定较易，商标的诉讼较易操作，商标的索赔额也较易计算，商标的侵权行为也较易发现，因此专利技术配合商标保护，其综合保护效果是非常明显的。当一种商标成为著名商标、家喻户晓时，专利产品使用这种商标，肯定对该专利产品的保护增加了强有力的砝码。

4.2.3.4 专利进攻战略种类

吴伟仁主编的《国防科技工业知识产权案例点评》论述了专利进攻战略的种类。一般而言，专利战略是制定者为了自身的长远利益和发展，运用专利制度提供的法律保护，在技术竞争和市场竞争中谋求最大经济效益，并保持自己技术优势的整体性战略观念与谋求战术的集成总和体。

企业专利战略的内容广泛，但根据企业技术竞争的需要，可以分为进攻型专利战略与防御型专利战略。

专利进攻战略是指积极、主动、及时地申请专利并取得专利权，以便在激烈的市场竞争中取得主动权，争取更大的经济利益。专利进攻战略主要有以下几种：

（1）基本专利战略。这是一种基于对未来发展方向的准确预测，将核心技术或基础技术研究作为基本方向的专利战略。也就是说，将具有重大变革意义的基本技术（或者说是主体技术）取得专利权，以掌握这一技术的主动权（技术垄断权和相关市场控制权）。

（2）外围专利战略。这是指在取得某项基本专利的基础上，将继续开发出的一些外围技术申请专利，以取得专利保护的策略。这是为了从头到尾，从核心到外围，牢牢地将这一技术全部据为己有，以防因小失大，受制于人，还有一种打算是当基本专利保护期满后，外围专利仍在保护期内，其权益仍能得到专利法的保护。然而，在不少情况下，基本专利和外围专利并不由一家完全独占。这时，一些单位可以在未能得到基本专利的情况下，积极开发外围技术，并及时取得专利权，以此与基本专利权利人抗争。因此，外围专利战略也是重要的，不要轻易放弃。外围专利的权利人还可以通过交叉许可的方式获得优厚的技术和经济权益。外围专利战略对第二次世界大战后的日本经济技术的发展发挥了重要作用。

（3）专利出售战略。这种战略多为技术和经济实力雄厚的单位所采用。他们凭借自身强大的优势，在很多技术领域里取得了专利权，终因不可能全部实施而积极地许可他人实施。将专利权当作商品出售，获得经济利益。

（4）专利收买战略。这是将竞争对手的专利全部买下来，从而达到独占市场的一种战略。买下后可以让其束之高阁，抑制竞争产品；也可以专利权人的身份进行许可证贸易，收取高额专利使用费，或者用来起诉侵权单位，迫使其赔偿经济损失。

（5）专利与产品相结合的战略。这种战略是拥有专利的单位，以允许其他单位使用自己的专利为条件，把本单位的产品强加给对方。这样做的好处是：一方面可以扩大产品的销售量；另一方面可以提高自己在市场竞争中的地位。

（6）专利与商标搭配战略。其具体做法是以允许其他企业使用自己的专利为条件，让其同时使用本公司或企业的商标。产品投放市场后，商标的作用很大，因此该战略有利于巩固本企业的商标地位，扩大影响，提高威信和知名度。

（7）专利回输战略。这是指某单位引入他人专利后，对其进行消化、吸收、创新，然后将改进技术以专利形式卖给原输出单位的战略。

4.3 专利防御战略

4.3.1 专利防御战略的案例

4.3.1.1 应对专利纠纷的策略

天津 A 研究院从 20 世纪 80 年代中期开始开发面粉机械，到了 20 世纪 90 年代中期，其生产的四辊面粉机市场占有率已达到 1/4，在全国居第三位，其开发的八辊面粉机也研制成功，并投入现场考核。正是在这种情况下，1993 年 1 月 A 研究院收到了瑞士 B 公司的来信，指控 A 研究院研制的面粉机侵犯了其在中国的专利权，要求立即停止侵权，限期回复，保留要求赔偿的权利。到了 1993 年 3 月，A 研究院又收到了 B 公司的第二封信件，并附有境外法律服务机构的法律意见书，要求 A 研究院停止侵权，赔偿损失，并限期回复。

B 公司是西欧一家规模较大的制粉机械专业公司，已有连续三代传承历史。在中国不但设有分公司，而且在无锡和深圳建立了合资企业。随着市场对面粉需求的多样化，国内制粉工业迅速发展，我国几年来共引进国外先进的面粉生产线 300 多条，其中从 B 公司就引进了 100 多条生产线，B 公司由此获得了丰厚的利润。

A 研究院在给 B 公司的回信中阐明了本研究院的产品与 B 公司专利内容不符，同时提出 B 公司来信中也未详细阐述"侵权"行为的具体内容，希望 B 公司派人与 A 研究院面谈。同时，忠告 B 公司慎重行事，以免产生不必要的经济损失和其他损失。与此同时，A 研究院组织人员对 B 公司的专利情况进行彻查，结果查明，当时 B 公司在国外共申请了 594 件专利；在中国申请了 36 件专利，其中 7 件专利申请与 A 研究院的产品有关，可能酿成纠纷的是八辊面粉机，B 公司在中国申请的八辊面粉机专利有 2 件：第一件名称为《谷物的制粉方法及其设备》的发明专利申请已经取得了专利权；第二件名称为《磨粉方法及磨粉装置》的发明专利申请处于公开阶段。

双方经过两次面谈，A 研究院了解到 B 公司想利用其在中国的专利来达到垄断中国市场的目的，同时考虑到 B 公司曾扬言斥巨资"清理整顿"中国市场的计划、巨大中国市场蕴藏的潜在利益的诱惑、与在华合作伙伴的关系、渴望另一件中国专利批机械和准授权等因素，A 研究院认识到纠纷将不可避免。

于是，A 研究院组织有关专家就 B 公司可能采取的行动，以及自己应如何应对进行了分析，分析的结果是：

（1）A 研究院的八辊面粉机产品刚置于制粉工艺现场试验，尚未投入批量生产，B 公司拿不到侵权证据，不会马上告 A 研究院侵权；

（2）A 研究院若放弃八辊面粉机研制、生产，就可以避免与 B 公司的纠纷，但其前期投入的研究、开发经费就只能白白损失，而且还会影响到目前现有产品的市场；

（3）A 研究院若继续进行该产品的试验研究，一旦生产、销售，B 公司就会以侵权为由诉至法院，那么胜败必居其一，若消极坐等就会因为时间仓促、情绪紧张而导致诸多失误；

（4）A 研究院若抢先请求专利法律救济，适时地提出"无效"请求，排除 B 公司在中国的专利权，其成功的可能性要大于被诉侵权；

（5）A 研究院若要彻底排除 B 公司的八辊面粉机在中国的专利权，可以向专利局提出"异议"，干扰其第二件专利申请取得专利权的可能。

A 研究院针对专家的分析，选择了主动出击。以第一件专利不具有新颖性和创造性为由，向国家知识产权局专利复审委员会提出了专利权的无效宣告请求，请求专利复审委员会宣告 B 公司的第一件专利权无效，从此，走上了漫长的诉讼道路。同时，以 B 公司的第二件专利申请不具备授予专利权的条件为由，向中国专利局提出"异议"。

无效请求是分两次提出的，第一次是 1993 年 11 月以某集团公司专利处的名义提出。当取证工作取得一定进展时，又以某公司的名义提出了第二次无效请求。

打官司找证据，已成定则。为了打赢官司，搜集有效证据，A 研究院得到单位领导、有关部门和社会各界的大力支持。

B 公司第一件专利的权利要求书是由八项权利要求组成，其形式大致是方法加设备。简单来说，该专利公开了一种制粉方法。它由经连续两道碾磨后再筛理和其余的每道碾磨后即行筛理的方式组成。对应其方法的设备，主要是由两层叠加式八个磨辊组成的，是一种上下两层磨辊间不设筛理设备的磨粉装置。该装置与另设的一个筛理设备组成联合体，实现碾磨精粉、中粉、粗粉的功能。A 研究院即围绕"两磨一筛"加"一磨一筛"的制粉方法和两层磨辊间不设筛的八辊装置展开证据搜寻工作。由于 B 公司是世界上较大的粮机生产厂家，具有一定的权威性，而且第一件专利申请不仅在中国取得了发明专利权，而且 B 公司同时就该技术内容已在 19 个国家申请了专利，并在美国、英国等发达国家取得了专利权，因此"无效"的难度不言而喻。

首先，在国内利用联机检索，检索了国内外有关八辊面粉机的文献，在未取得效果的前提下，为了打掉 B 公司在中国的专利权，该研究院通过以下两种途径收集证据：

（1）走访国内面粉厂请教老专家收集制粉技术资料。制粉技术虽然是一门古老的专业，但是它的发展却是日新月异的，国内外许多科研单位和工厂为了争夺市场，不断推出先进的工艺和设备。A 研究院尽管是一家高科技研究单位，但是从事面粉机械研究生产始于 20 世纪 80 年代中期，历史不长。A 研究院分别到天津、北京、上海等数家面粉厂和情报资料部门寻访了十几位老专家，登门求教。老专家们热情地介绍了制粉技术的发展历史和最新技术动态，并向该研究院的人员提供了许多具有重要参考价值的资料和信息。其中 1959 年和

1965 年出版的两本国内图书中公开的制粉工艺，对该研究院无效请求的成功起到了重要的作用。

（2）通过各种途径在国外收集证据资料。通过该研究院在英国的留学生在英国国家图书馆查阅并复制了英国西蒙公司在 1898—1929 年共 16 篇关于面粉机的专利，其中 1908 年的一篇关于八辊面粉机的专利被专利复审委员会采用作为对比文件。

通过该研究院在德国的留学生在德国查询 MWM 公司的 1924 年产品样本，并去该公司所在地核实了产品的生产销售情况，取得了第一手资料。

通过驻美国和俄罗斯的商务代表查询有关制粉工艺和设备资料。

该研究院为支持提出的"无效"理由，即不具备新颖性和创造性，共向专利复审委员会提交了 9 份对比文件。这 9 份文献为该研究院的胜诉奠定了基础。

专利复审委员会依法组成合议组，于 1996 年 1 月进行了公开口头审理。两请求人委派代表出席，被请求人由代理人出席，请求方在所提交的 9 份对比文件的基础上，充分阐述了被请求方专利不符合《中华人民共和国专利法》第二十二条规定的理由。对比文件 1（出版年份 1924 年）中，公开了磨辊的多种组合形式；对比文件 2 和对比文件 4 中，公开了雷同的碾磨装置；对比文件 5（出版年份 1914 年）中，公开了"两磨一筛"的方法和设备照片；对比文件 6（出版年份 1965 年）图 9～图 11 中的第 11 号粉路图揭示了"两磨一筛"加"一磨一筛"的制粉方法，且已于 1958 年在我国实施；对比文件 7（印刷年份 1924 年）公开了"两磨一筛"在一台机器中实现的机器及其四辊结构的示意图；对比文件 9（英国专利，申请日为 1908 年 3 月 5 日），揭示了实现"两磨一筛"的制粉方法和两层磨辊间不设筛理的八辊磨粉装置。双方辩论相当激烈。

口头审理后约 3 个月，专利复审委员会作出了第 688 号无效宣告请求审查决定，宣告被请求人的发明专利无效。理由是：权利要求 1，2，3，4，5，6，7，8 均不具备创造性。根据《中华人民共和国专利法》第五十条（注：2020 年修正后为第四十七条）规定，宣告无效的专利权视为自始即不存在。

B 公司不服专利复审委员会作出的第 688 号决定，依法于 1996 年 7 月向北京市第一中级人民法院提出行政诉讼，将专利复审委员会告上法庭，请求法院撤销专利复审委员会第 688 号无效审查决定。从此，原来的专利无效案随即转变为专利纠纷行政诉讼案。专利无效案中的两请求人，经申请被批准为诉讼第三人参加诉讼。

受理法院于庭前主持了技术听证会。原告、被告和第三人均参加了会议，对相关技术展开了激烈的辩论。

北京市第一中级人民法院于 1996 年 10 月公开开庭审理此案。原告、被告和第三人均到庭参加诉讼。审理后，法院认为具备创造性的发明同现有技术相比，应当具有突出的实质性特点和显著的进步。在评价发明是否具有创造性时，不仅要考虑发明的技术解决方案本身的实质性，而且要考虑发明的目的和效果，将其作为一个整体来看。原告专利权利要求 1 所述技术方案可由对比文件 6 得到启示；对比文件 9 给出了权利要求 3 的启示；将对比文件 6 与对比文件 2 和对比文件 4 结合起来考虑，可以得到在碾磨设备中设置上下两对平行磨辊的启示。原告主张的专利效果并没有直接的技术特征的支持。因此，被告以对比文件 6 和对比文件 9 为基础作出的第 688 号无效宣告决定，其实体内容并未违反《中华人民共和国专利法》第二十二条的规定，无效审理程序亦符合法律规定。依法判决：维持中华人民共和国专利局专利复审委员会第 688 号无效宣告请求审查决定。B 公司败诉。

B 公司不服一审法院的行政判决，向北京市高级人民法院提起上诉。二审法院依法组成合议庭，进行了公开审理。上诉人、被上诉人和诉讼第三人均到庭参加了诉讼。法院经审理后认为，本案争议专利的权利要求 1 已被对比文件 9 所揭示，因此不具备创造性；权利要求 2 已被对比文件 6 揭示，不具备创造性；权利要求 3 的实质内容与权利要求 1 包含的技术内容完全相同，亦不具备创造性；权利要求 4 所限定的技术方案已为对比文件 9 所揭示，不具备创造性；权利要求 5 ~ 8 对本领域普通技术人员而言属于常规性结构设计，同样不具备创造性。专利复审委员会第 688 号无效决定及北京市第一中级人民法院的行政判决认定事实、适用法律正确，审理程序合法，应予维持。上诉理由不能成立，不予支持。依法判决：驳回上诉，维持原判。

历经 6 年的时间，这场专利纠纷终于尘埃落定。截至 B 公司第一件专利纠纷结束，其第二件发明专利申请还未取得专利权。

4.3.1.2　绕开已有专利自主创新

1997 年，北京 A 研究院经过 6 年的努力，利用其现有低中子注量率反应堆照射生产的^{153}Sm，跳出美国 B 公司的专利束缚，研制出了一种诊断治疗骨肿瘤的放射性药物制剂^{153}Sm – EDTMP，并于 1997 年 7 月申请了一项"一种放射性药物制剂的制备方法"发明专利，2001 年 5 月取得了专利权。A 研究院生产的^{153}Sm – EDTMP 不仅是其自主知识产权的产品，而且是我国第一个正式通过卫生部新药评审程序的放射性治疗药物。该药物各项质量参数达到同类产品的国际先进水平，现已投入批量生产，并迅速占领了国内市场。其销售量已经占该产品市场 70% ~ 80% 的份额，其总产值达 2 500 万元。目前，全国已有 60 ~ 70 家医院开展了应用^{153}Sm – EDTMP 药物制剂进行治疗和临床研究工作。

A 研究院在该项目立项前，已经了解到美国 B 公司于 1990 年、1991 年先后申请了两项^{153}Sm – EDTMP 制剂发明专利，并且其中一项于 1992 年 8 月向中国申请了发明专利，同时还了解到国内某家研究院正在美国 B 公司的这项专利技术的基础上，进行该种药物制剂的研究。美国 B 公司在中国申请的是一种包含了^{153}Sm – EDTMP 放射性药物制剂的制备方法的发明专利。在有关知识产权工作人员的指导下，A 研究院的研究人员在仔细阅读、研究了美国 B 公司该项专利的技术要点后，提出了两个方面的问题：

（1）其权利要求书记载的 EDTMP 与^{153}Sm 的摩尔比为（191 ~ 268）:1，其要求的^{153}Sm 的比活度高，而 A 研究院现有的低中子通量反应堆上只能照射生产的比活度低的^{153}Sm，同时要求的 EDTMP 用量太大，病人使用后给机体带来一些不良反应；

（2）其权利要求记载在酸性或碱性介质条件下制备^{153}Sm – EDTMP，其工艺流程中需要反调 pH 值，操作人员与放射性药品接触次数增多，受辐射剂量大的问题。

A 研究院科研人员认真分析了该专利的权利要求书，明确了绕开专利保护的途径，只要在两个关键技术上有所改进，就可以跳出该项专利的权利要求保护范围，不但不侵犯美国 B 公司的专利权，而且还可以提出自己的专利申请。经过 6 年的研究与实验，该项目取得了成功，并在三个方面进行了创新：

（1）EDTMP 与^{153}Sm 的摩尔比为（40 ~ 100）:1，其^{153}Sm 的比活度低，A 研究院现有的低中子注量率反应堆上照射生产的^{153}Sm 能够满足要求，同时降低了 EDTMP 用量，治疗效果好；

（2）在中性介质条件下，制备^{153}Sm – EDTMP，简化了工艺流程，缩短了放射性操作的时间；

（3）保证了药物制剂^{153}Sm – EDTMP 溶液酸度、放化纯度和性状。

该项目的研究成功，使 A 研究院研究人员提高了专利战略的意识，通过对外国在华专利申请的剖析，在借鉴外国对手公司专利文献的基础上，通过技术改进，提高了技术创新能力。

4.3.1.3　侵权后应对突围路径

北京 A 公司于 1996 年开始研制、生产用于煤矿井下防火、防爆的移动制氮机。1997 年生产并销售了三台。1998 年 2 月，申请了"矿用膜式制氮机"实用新型专利。然而，1998 年 6 月，该公司收到了法院的传票，理由是侵犯了辽宁 B 研究院的"煤矿井下移动式制氮机"实用新型专利权。B 研究院于 1994 年 11 月向中国专利局申请了一项"煤矿井下移动式制氮机"实用新型专利，并于 1996 年 9 月授权公告，其独立权利要求记载的保护范围是：煤矿井下移动式制氮机是一种把膜式空气分离技术应用于煤矿井下制取氮气的装置，该实用新型的特征在于：整体由矿用防爆型空气压缩机组、压缩空气预处理段和膜分离段三部分组成，它们依次用管路串联连接，装在平板矿车上，可在煤矿井下巷道中移动。

尽管 A 公司在规定的 15 天答辩期内，于 1998 年 6 月向国家知识产权局专利复审委员会提出了宣告 B 研究院的"煤矿井下移动式制氮机"实用新型专利权无效的请求，但是因 A 公司提供的证据不够充分，导致无效宣告失败。由于 B 研究院专利权的"煤矿井下移动式制氮机"存在，并且 A 公司生产并销售的三台移动制氮机的技术方案落入了 B 研究院的"煤矿井下移动式制氮机"权利要求保护范围，因此，A 公司的产品侵犯了 B 研究院的"煤矿井下移动式制氮机"专利权。尽管 A 公司在法院一再辩称生产销售的移动制氮机是按照自己的"矿用膜式制氮机"技术生产的，但法院认为侵权在前，申请专利在后，并且 A 公司的"矿用膜式制氮机"尚未取得专利权，因此，判决 A 公司侵权并赔偿了 60 万元。

2001 年 5 月，江苏 C 公司也准备生产这种煤矿井下可以使用的制氮机。在了解市场的同时，全面地检索了中国有关煤矿井下可以使用的制氮机方面的专利。通过分析认为，B 研究院的"煤矿井下移动式制氮机"实用新型专利保护范围宽，是其研制、生产中的最大障碍。C 公司在专利服务机构的帮助下获得了良策。该专利服务机构根据检索出的文献，研究了"煤矿井下移动式制氮机"权利要求的保护范围以及第一次无效宣告的审查决定，为 C 公司出具了一份法律意见书。意见书中认为"煤矿井下移动式制氮机"的独立权利要求中记载了两方面内容：一是一般膜式制氮机；二是将一般的膜式制氮机装在了煤矿通用的矿车上。由于一般的膜式制氮装置是公知技术，因此，建议 C 公司只生产、销售一般的制氮机，再由煤矿用户将其放在平板矿车上运到煤矿中使用，就可以避免侵权。此外，还可以采取无效宣告措施，将 B 研究院的"煤矿井下移动式制氮机"实用新型专利权无效掉。

2001 年 7 月，C 公司向国家知识产权局专利复审委员会提出了宣告 B 研究院"煤矿井下移动式制氮机"专利无效的请求。在无效宣告程序的一年多时间里，C 公司生产销售不带矿车的制氮机。

在专利复审委员会主持下，经过了两轮书面意见答辩后，于 2002 年 5 月，即将口头审理时，双方达成了和解，并签订了一份协议书，其部分内容如下：

B 研究院（简称甲方）与 C 公司（简称乙方）关于生产井下移动式膜分离制氮机事宜，

经磋商达成以下协议：

甲乙双方在井下移动式膜分离制氮机制造技术上相互支持，双方允许对方无偿使用各自的相关专利技术。

因此，C公司就可以顺利地生产、销售其在煤矿井下使用的膜式制氮设备。

4.3.1.4　先引进学习再创新提高

目前，能够生产550 000 MWd/tU（兆瓦日/吨铀）高燃耗燃料组件的公司只有西屋公司、西门子公司以及法马通公司等，我国的高燃耗燃料组件技术是在引进法马通公司AFA2G的基础上又引进AFA3G燃料组件技术而得以实现的。

我国于1986年在四川某厂自行研究、设计、建造了第一条燃耗水平为25 000~33 000 MWd/tU、换料周期为6个月的燃料组件生产线。除了少数设备是从国外引进的以外，大部分为自行设计、联合研制的国产化设备，所生产的燃料组件为我国第一座核电站——秦山核电站提供燃料。

大亚湾核电站的核岛部分是引进法马通公司技术，首炉装料由法马通公司的法比燃料厂提供，其燃耗水平为40 000 MWd/tU、换料周期为12个月。为了实现换料国产化，1991年该厂通过某进出口公司与法马通公司签订了《关于大亚湾90万千瓦核电站AFA2G 17×17核燃料组件设计与制造技术转让合同》，由法马通公司向中方提供AFA2G 17×17燃料组件制造技术，合同中关于"专利"的定义"系指到合同生效日止乙方所有或乙方可授权的那些在中华人民共和国注册或申请的任何专利"。附件中列出了法马通公司在中国的两项专利的申请号、申请日以及项目名称。

该合同中的使用权规定"乙方免费授予甲方在合同期内的非独占的连续使用权，甲方可以使用乙方提供的有关参考产品和运输容器的专利和资料"以及"此外，在合同期内，乙方可以根据具体情况，授予甲方非独占连续使用权，甲方可以使用乙方提供的与参考产品和运输容器有关的专利和资料，在中华人民共和国之外的国家销售和使用"。

1991—1994年，该厂经过对AFA2G 17×17燃料组件制造技术的消化、吸收，进入了批量生产。1994年年底保证了大亚湾核电站第一次换料就用了国产燃料组件，从而实现了大型核电站燃料组件国产化，使我国核电站组件制造跃上了一个新的台阶。在消化、吸收的基础上，经过不断的技术改进，内在质量不断提高，燃料组件的某些技术性能优于法马通公司的水平。

为了提高核电站的经济性和安全性，当今核电界都朝着先进核电站迈进，其中之一就是核电站运行实现长周期、高燃耗换料方式。大亚湾核电站计划从2002年起装入高燃耗（55 000 MWd/tU）长周期换料（18个月）燃料组件，经过国际招标，大亚湾核电站决定采用法马通公司的AFA3G高燃耗技术，届时该厂将提供高燃耗燃料组件。

为了实现高燃耗换料，大亚湾核电站与该厂一起于1998年与法马通公司签订了《设计和制造AFA3G 17×17燃料组件的技术转让合同》，合同中含有与技术有关的、受让者可以使用的、许可者在中华人民共和国注册的专利。附件中列出了法马通公司在中国申请的六项专利的申请号、申请日和项目名称。

该厂在保证AFA2G生产的同时，开始了高燃耗燃料组件制造技术改造工程，该工程于1999年启动，2000年完成并全面通过产品合格性鉴定，2001年正式制造AFA3G高燃耗燃料组件。

4.3.2　涉及的专利法律条文

以下为《中华人民共和国专利法》（2020 年修正）节选：

第四十二条　发明专利权的期限为二十年，实用新型专利权的期限为十年，外观设计专利权的期限为十五年，均自申请日起计算。

自发明专利申请日起满四年，且自实质审查请求之日起满三年后授予发明专利权的，国务院专利行政部门应专利权人的请求，就发明专利在授权过程中的不合理延迟给予专利权期限补偿，但由申请人引起的不合理延迟除外。

为补偿新药上市审评审批占用的时间，对在中国获得上市许可的新药相关发明专利，国务院专利行政部门应专利权人的请求给予专利权期限补偿。补偿期限不超过五年，新药批准上市后总有效专利权期限不超过十四年。

第四十三条　专利权人应当自被授予专利权的当年开始缴纳年费。

第四十四条　有下列情形之一的，专利权在期限届满前终止：

（1）没有按照规定缴纳年费的；

（2）专利权人以书面声明放弃其专利权的。

专利权在期限届满前终止的，由国务院专利行政部门登记和公告。

第四十五条　自国务院专利行政部门公告授予专利权之日起，任何单位或者个人认为该专利权的授予不符合本法有关规定的，可以请求国务院专利行政部门宣告该专利权无效。

第四十六条　国务院专利行政部门对宣告专利权无效的请求应当及时审查和作出决定，并通知请求人和专利权人。宣告专利权无效的决定，由国务院专利行政部门登记和公告。

对国务院专利行政部门宣告专利权无效或者维持专利权的决定不服的，可以自收到通知之日起三个月内向人民法院起诉。人民法院应当通知无效宣告请求程序的对方当事人作为第三人参加诉讼。

第四十七条　宣告无效的专利权视为自始即不存在。

宣告专利权无效的决定，对在宣告专利权无效前人民法院作出并已执行的专利侵权的判决、调解书，已经履行或者强制执行的专利侵权纠纷处理决定，以及已经履行的专利实施许可合同和专利权转让合同，不具有追溯力。但是因专利权人的恶意给他人造成的损失，应当给予赔偿。

依照前款规定不返还专利侵权赔偿金、专利使用费、专利权转让费，明显违反公平原则的，应当全部或者部分返还。

第四十八条　国务院专利行政部门、地方人民政府管理专利工作的部门应当会同同级相关部门采取措施，加强专利公共服务，促进专利实施和运用。

第四十九条　国有企业事业单位的发明专利，对国家利益或者公共利益具有重大意义的，国务院有关主管部门和省、自治区、直辖市人民政府报经国务院批准，可以决定在批准的范围内推广应用，允许指定的单位实施，由实施单位按照国家规定向专利权人支付使用费。

第五十条　专利权人自愿以书面方式向国务院专利行政部门声明愿意许可任何单位或者个人实施其专利，并明确许可使用费支付方式、标准的，由国务院专利行政部门予以公告，实行开放许可。就实用新型、外观设计专利提出开放许可声明的，应当提供专利权评价报告。

专利权人撤回开放许可声明的，应当以书面方式提出，并由国务院专利行政部门予以公告。开放许可声明被公告撤回的，不影响在先给予的开放许可的效力。

第五十一条　任何单位或者个人有意愿实施开放许可的专利的，以书面方式通知专利权人，并依照公告的许可使用费支付方式、标准支付许可使用费后，即获得专利实施许可。

开放许可实施期间，对专利权人缴纳专利年费相应给予减免。

实行开放许可的专利权人可以与被许可人就许可使用费进行协商后给予普通许可，但不得就该专利给予独占或者排他许可。

第五十二条　当事人就实施开放许可发生纠纷的，由当事人协商解决；不愿协商或者协商不成的，可以请求国务院专利行政部门进行调解，也可以向人民法院起诉。

第五十三条　有下列情形之一的，国务院专利行政部门根据具备实施条件的单位或者个人的申请，可以给予实施发明专利或者实用新型专利的强制许可：

（1）专利权人自专利权被授予之日起满三年，且自提出专利申请之日起满四年，无正当理由未实施或者未充分实施其专利的；

（2）专利权人行使专利权的行为被依法认定为垄断行为，为消除或者减少该行为对竞争产生的不利影响的。

第五十四条　在国家出现紧急状态或者非常情况时，或者为了公共利益的目的，国务院专利行政部门可以给予实施发明专利或者实用新型专利的强制许可。

第五十五条　为了公共健康目的，对取得专利权的药品，国务院专利行政部门可以给予制造并将其出口到符合中华人民共和国参加的有关国际条约规定的国家或者地区的强制许可。

第五十六条　一项取得专利权的发明或者实用新型比前已经取得专利权的发明或者实用新型具有显著经济意义的重大技术进步，其实施又有赖于前一发明或者实用新型的实施的，国务院专利行政部门根据后一专利权人的申请，可以给予实施前一发明或者实用新型的强制许可。

在依照前款规定给予实施强制许可的情形下，国务院专利行政部门根据前一专利权人的申请，也可以给予实施后一发明或者实用新型的强制许可。

第五十七条　强制许可涉及的发明创造为半导体技术的，其实施限于公共利益的目的和本法第五十三条第（2）项规定的情形。

第五十八条　除依照本法第五十三条第（2）项、第五十五条规定给予的强制许可外，强制许可的实施应当主要为了供应国内市场。

第五十九条　依照本法第五十三条第（1）项、第五十六条规定申请强制许可的单位或者个人应当提供证据，证明其以合理的条件请求专利权人许可其实施专利，但未能在合理的时间内获得许可。

第六十条　国务院专利行政部门作出的给予实施强制许可的决定，应当及时通知专利权人，并予以登记和公告。

给予实施强制许可的决定，应当根据强制许可的理由规定实施的范围和时间。强制许可的理由消除并不再发生时，国务院专利行政部门应当根据专利权人的请求，经审查后作出终止实施强制许可的决定。

第六十一条　取得实施强制许可的单位或者个人不享有独占的实施权，并且无权允许他人实施。

第六十二条　取得实施强制许可的单位或者个人应当付给专利权人合理的使用费，或者依照中华人民共和国参加的有关国际条约的规定处理使用费问题。付给使用费的，其数额由双方协商；双方不能达成协议的，由国务院专利行政部门裁决。

第六十三条　专利权人对国务院专利行政部门关于实施强制许可的决定不服的，专利权人和取得实施强制许可的单位或者个人对国务院专利行政部门关于实施强制许可的使用费的裁决不服的，可以自收到通知之日起三个月内向人民法院起诉。

第六十四条　发明或者实用新型专利权的保护范围以其权利要求的内容为准，说明书及附图可以用于解释权利要求的内容。

外观设计专利权的保护范围以表示在图片或者照片中的该产品的外观设计为准，简要说明可以用于解释图片或者照片所表示的该产品的外观设计。

第六十五条　未经专利权人许可，实施其专利，即侵犯其专利权，引起纠纷的，由当事人协商解决；不愿协商或者协商不成的，专利权人或者利害关系人可以向人民法院起诉，也可以请求管理专利工作的部门处理。管理专利工作的部门处理时，认定侵权行为成立的，可以责令侵权人立即停止侵权行为，当事人不服的，可以自收到处理通知之日起十五日内依照《中华人民共和国行政诉讼法》向人民法院起诉；侵权人期满不起诉又不停止侵权行为的，管理专利工作的部门可以申请人民法院强制执行。进行处理的管理专利工作的部门应当事人的请求，可以就侵犯专利权的赔偿数额进行调解；调解不成的，当事人可以依照《中华人民共和国民事诉讼法》向人民法院起诉。

第六十六条　专利侵权纠纷涉及新产品制造方法的发明专利的，制造同样产品的单位或者个人应当提供其产品制造方法不同于专利方法的证明。

专利侵权纠纷涉及实用新型专利或者外观设计专利的，人民法院或者管理专利工作的部门可以要求专利权人或者利害关系人出具由国务院专利行政部门对相关实用新型或者外观设计进行检索、分析和评价后作出的专利权评价报告，作为审理、处理专利侵权纠纷的证据；专利权人、利害关系人或者被控侵权人也可以主动出具专利权评价报告。

第六十七条　在专利侵权纠纷中，被控侵权人有证据证明其实施的技术或者设计属于现有技术或者现有设计的，不构成侵犯专利权。

第六十八条　假冒专利的，除依法承担民事责任外，由负责专利执法的部门责令改正并予公告，没收违法所得，可以处违法所得五倍以下的罚款；没有违法所得或者违法所得在五万元以下的，可以处二十五万元以下的罚款；构成犯罪的，依法追究刑事责任。

第六十九条　负责专利执法的部门根据已经取得的证据，对涉嫌假冒专利行为进行查处时，有权采取下列措施：

（1）询问有关当事人，调查与涉嫌违法行为有关的情况；

（2）对当事人涉嫌违法行为的场所实施现场检查；

（3）查阅、复制与涉嫌违法行为有关的合同、发票、账簿以及其他有关资料；

（4）检查与涉嫌违法行为有关的产品；

（5）对有证据证明是假冒专利的产品，可以查封或者扣押。

管理专利工作的部门应专利权人或者利害关系人的请求处理专利侵权纠纷时，可以采取前款第（1）项、第（2）项、第（4）项所列措施。

负责专利执法的部门、管理专利工作的部门依法行使前两款规定的职权时，当事人应当予以协助、配合，不得拒绝、阻挠。

第七十条　国务院专利行政部门可以应专利权人或者利害关系人的请求处理在全国有重大影响的专利侵权纠纷。

地方人民政府管理专利工作的部门应专利权人或者利害关系人请求处理专利侵权纠纷，对在本行政区域内侵犯其同一专利权的案件可以合并处理；对跨区域侵犯其同一专利权的案件可以请求上级地方人民政府管理专利工作的部门处理。

第七十一条　侵犯专利权的赔偿数额按照权利人因被侵权所受到的实际损失或者侵权人因侵权所获得的利益确定；权利人的损失或者侵权人获得的利益难以确定的，参照该专利许可使用费的倍数合理确定。对故意侵犯专利权，情节严重的，可以在按照上述方法确定数额的一倍以上五倍以下确定赔偿数额。

权利人的损失、侵权人获得的利益和专利许可使用费均难以确定的，人民法院可以根据专利权的类型、侵权行为的性质和情节等因素，确定给予三万元以上五百万元以下的赔偿。

赔偿数额还应当包括权利人为制止侵权行为所支付的合理开支。

人民法院为确定赔偿数额，在权利人已经尽力举证，而与侵权行为相关的账簿、资料主要由侵权人掌握的情况下，可以责令侵权人提供与侵权行为相关的账簿、资料；侵权人不提供或者提供虚假的账簿、资料的，人民法院可以参考权利人的主张和提供的证据判定赔偿数额。

第七十四条　侵犯专利权的诉讼时效为三年，自专利权人或者利害关系人知道或者应当知道侵权行为以及侵权人之日起计算。

发明专利申请公布后至专利权授予前使用该发明未支付适当使用费的，专利权人要求支付使用费的诉讼时效为三年，自专利权人知道或者应当知道他人使用其发明之日起计算，但是，专利权人于专利权授予之日前即已知道或者应当知道的，自专利权授予之日起计算。

第七十五条　有下列情形之一的，不视为侵犯专利权：

（1）专利产品或者依照专利方法直接获得的产品，由专利权人或者经其许可的单位、个人售出后，使用、许诺销售、销售、进口该产品的；

（2）在专利申请日前已经制造相同产品、使用相同方法或者已经作好制造、使用的必要准备，并且仅在原有范围内继续制造、使用的；

（3）临时通过中国领陆、领水、领空的外国运输工具，依照其所属国同中国签订的协议或者共同参加的国际条约，或者依照互惠原则，为运输工具自身需要而在其装置和设备中使用有关专利的；

（4）专为科学研究和实验而使用有关专利的；

（5）为提供行政审批所需要的信息，制造、使用、进口专利药品或者专利医疗器械的，以及专门为其制造、进口专利药品或者专利医疗器械的。

第七十六条　药品上市审评审批过程中，药品上市许可申请人与有关专利权人或者利害关系人，因申请注册的药品相关的专利权产生纠纷的，相关当事人可以向人民法院起诉，请求就申请注册的药品相关技术方案是否落入他人药品专利权保护范围作出判决。国务院药品监督管理部门在规定的期限内，可以根据人民法院生效裁判作出是否暂停批准相关药品上市的决定。

药品上市许可申请人与有关专利权人或者利害关系人也可以就申请注册的药品相关的专利权纠纷，向国务院专利行政部门请求行政裁决。

国务院药品监督管理部门会同国务院专利行政部门制定药品上市许可审批与药品上市许可申请阶段专利权纠纷解决的具体衔接办法，报国务院同意后实施。

第七十七条　为生产经营目的使用、许诺销售或者销售不知道是未经专利权人许可而制造并售出的专利侵权产品，能证明该产品合法来源的，不承担赔偿责任。

4.3.3　知识产权要点点评

4.3.3.1　宣告专利无效策略

根据吴伟仁主编的《国防科技工业知识产权案例点评》进行点评。《中华人民共和国专利法实施细则》第四十八条规定："自发明专利申请公布之日起至公告授予专利权之日止，任何人均可以对不符合专利法规定的专利申请向国务院专利行政部门提出意见，并说明理由。"在4.3.1.1小节的案例中，A研究院为了其开发产品的长期发展考虑，决定通过"异议"程序，向专利局提出B公司不具备授予专利权条件的资料，并阐述意见，干扰B公司第二件专利申请取得专利权的可能，事实上也达到了预想的效果。

根据《中华人民共和国专利法实施细则》第六十六条（注：2010年修正后为第六十七条）的规定："在专利复审委员会受理无效宣告请求后，请求人可以在提出无效宣告请求之日起一个月内增加理由或者补充证据。逾期增加理由或者补充证据的，专利复审委员会可以不予考虑。"本案中A研究院在证据不充分的情况下，提出了一次无效宣告请求，但在第一次无效之日起一个月内A研究院并没有取得有利的证据。合案审查原则"对一项专利权提出了多个无效宣告请求的，应当尽可能合案审查，其中所有的请求人均为当事人"，随着A研究院的不断努力，取得了充分有利的证据，A研究院只能通过再一次提出无效宣告请求来提交新的证据材料。本案中的A研究院之所以对B公司的第一件专利权提出两次无效宣告，其理由就在于此。根据上述法律规定，专利复审委员会将两次无效宣告进行合案审查。

根据《中华人民共和国专利法》第四十六条规定："对国务院专利行政部门宣告专利权无效或者维持专利权的决定不服的，可以自收到通知之日起三个月内向人民法院起诉。人民法院应当通知无效宣告请求程序的对方当事人作为第三人参加诉讼。"本案中专利权人B公司不服专利复审委员会作出的全部专利权无效的决定，依法向北京市第一中级人民法院提出行政诉讼，专利复审委员会作为被告，A研究院作为第三人参加了行政诉讼。一审败诉后，又向北京市高级人民法院提出上诉，最后以失败而告终。

为了开发产品，很多企事业单位走上了仿制国外产品的道路。如果仿制他人没有专利保护的产品，属于合法仿制。如果他人已经在中国申请了专利，那问题就复杂了。B公司在中国有专利权，而该研究院在没有进行专利检索的情况下进行盲目仿制，已经埋下隐患。所幸在收到警告信时，A研究院的八辊面粉机产品尚处于试验阶段，没有生产和销售，尚未构成侵权，因此，B公司还不能提起侵权诉讼，只能发警告信。如果没有这封警告信，A研究院还不知道自己的产品将侵犯他人的专利权，A研究院完全是被动应战，处于不利的态势。但是，A研究院依靠知识产权专业人士找到正确的应对措施，通过艰苦的努力和长期的诉讼，主动无效了B公司的专利权，消除了开发产品的障碍。在我国专利法刚刚实施的年代，能够取得这样具有高难度的知识产权诉讼胜利的单位犹如凤毛麟角，的确是难能可贵的。我们从中可以得到一些启发：一是在进行产品开发之前，应当进行专利检索，弄清专利的法律状态，对是否可能侵犯他人专利权作出事先评估，确保开发的合法性；二是一旦产生知识产权纠纷，不要乱了方寸，要请知识产权专家深入研究、分析，找出最佳对策，依法最大限度地保护自己的权益。

4.3.3.2　正确识别专利保护范围

根据吴伟仁主编的《国防科技工业知识产权案例点评》进行点评。《中华人民共和国专利法》第五十九条第一款（注：2020 年修正后为第六十四条第一款）规定："发明或者实用新型专利权的保护范围以其权利要求的内容为准，说明书及附图可以用于解释权利要求的内容。"在 4.3.1.2 小节的案例中，由于美国 B 公司的权利要求中记载的 EDTMP 与 ^{153}Sm 的摩尔比为（191 ~ 268）:1，该研究院研制的 ^{153}Sm – EDTMP 放射性药物制剂中的 EDTMP 与 ^{153}Sm 的摩尔比不在这个范围内，就不被其专利所覆盖，位于其专利保护的范围之外。

权利要求由构成发明或实用新型技术方案的技术特征组成，这些技术特征是权利要求的基本要素。确定了构成权利要求的技术特征，也就确定了专利的保护范围。该研究院借鉴美国 B 公司在中国申请的发明专利所公开的技术内容，通过研究其权利要求的技术特征，将自己的技术方案绕开专利保护范围。这是运用专利战略进行技术创新的鲜明事例。

外国公司在中国申请了大量的发明专利，有的已经取得了专利权，其目的就是垄断中国的技术市场、产品市场，对中国企事业单位的技术发展造成障碍。中国的企业要变被动为主动，每一项技术都有其优点和不足之处，针对外国公司专利中的不足之处，进行技术创新，不但可以取得专利权，而且可以打破外国公司在中国的技术垄断。

4.3.3.3　让专利权项保护落空策略

根据吴伟仁主编的《国防科技工业知识产权案例点评》进行点评。《中华人民共和国专利法》第五十九条第一款（注：2020 年修正后为第六十四条第一款）规定："发明或者实用新型专利权的保护范围以其权利要求的内容为准，说明书及附图可以用于解释权利要求的内容。"在 4.3.1.3 小节的案例中，A 公司生产、销售产品的技术方案落入了 B 研究院"煤矿井下移动式制氮机"专利保护范围，因此当 B 研究院诉 A 公司侵权时，法院判其侵权并赔偿损失是公正的；案例中的 C 公司在专利代理人的帮助下，认真研究 B 研究院"煤矿井下移动式制氮机"独立权利要求，采用独立权利要求中的前部分技术特征，即生产、销售不带矿车技术特征的制氮机，使 B 研究院的该项专利权项保护落空，C 公司的产品不侵犯其专利权。

案例中 A 公司失败的教训在于：在研制、生产和销售产品前，没有进行专利文献检索，不知道"煤矿井下移动式制氮机"专利权的存在，盲目研制、生产、销售，当被告侵权时又匆忙应战，因此失败也就在所难免。C 公司在研制、生产和销售前进行了专利文献以及法律状态检索，掌握了 B 研究院的"煤矿井下移动式制氮机"实用新型专利，采取了积极的法律援助措施，在 B 研究院专利权存在的情况下，生产、销售了与"煤矿井下移动式制氮机"权利要求保护内容不同的产品，使 B 研究院的权项保护落空。同时，C 公司采取了积极的应对措施，宣告 B 研究院"煤矿井下移动式制氮机"专利权无效，最后双方达成了交叉许可，C 公司得以顺利地生产、销售"煤矿井下移动式制氮机"产品。同一件事情由于各自的做法不同，最后结果也就不同，一个失败，一个成功，这值得人们深思。

4.3.3.4　引进、收买再创新超越

根据吴伟仁主编的《国防科技工业知识产权案例点评》进行点评。《中华人民共和国专利法》第十二条规定："任何单位或者个人实施他人专利的，应当与专利权人订立书面实施许可合同，向专利权人支付使用费。被许可人无权允许合同规定以外的任何单位或者个人实施该专利。"在4.3.1.4小节的案例中，四川某厂为了提高自己产品的技术水平，通过技术转让，得到了法马通公司在中国的 AFA2G、AFA3G 燃料组件专利技术使用权。

案例中法马通公司为了占领中国市场，将其 AFA2G、AFA3G 燃料组件技术在中国申请了专利，为其向中国企业的技术输出做好法律上的准备。目前，国内许多企业为了满足产品需求、解决依赖进口的问题，尤其是出于对实现国产化、提高技术水平的需要，从外国公司引进了大量的技术，通过技术引进实现了产品的升级换代，同时也为企业自主创新打下了基础。技术引进的目的不是简单的抄袭，而是在消化、吸收的基础上进行创新。

4.3.3.5　专利防御战略种类

吴伟仁主编的《国防科技工业知识产权案例点评》论述了专利防御战略种类。专利防御战略是指当他人进行专利进攻或其他单位的专利妨碍本单位时，为保护本单位的合法权益，或是将损失降到最低程度而采取的策略。其主要有以下几种：

（1）消除对方专利战略。消除对方专利，即千方百计地寻找对方专利不符合授予专利权条件的漏洞和缺陷，运用无效等法定程序，使对方专利不能成立或无效。这是专利战中常用的策略，无疑也是排除对方干扰的最佳方法。

（2）文献公开战略。文献公开战略意指某单位对自己开发的某项改进技术认为没有必要取得专利保护，然而该项技术如果被他人取得专利后又会给本单位带来不利影响，为了阻止他人取得专利权，将该项改进技术在刊物上公之于众，随即破坏了新颖性的一种谋略。

（3）交叉许可战略。这是单位之间为防止造成侵权而采取的相互之间实施对方专利的战略。这种战略一般在技术相当接近，专利权归属比较复杂的情况下使用。

（4）干扰授权战略。《中华人民共和国专利法实施细则》第四十八条规定："自发明专利申请公布之日起至公告授予专利权之日止，任何人均可以对不符合专利法规定的专利申请向国务院专利行政部门提出意见，并说明理由。"通过专利文献检索，跟踪对手公司的专利申请情况，对其专利申请及时向国家知识产权局提出不具备授予专利权条件的意见。当针对的是外国人在我国的专利申请时，应尽量拖延对该专利申请的授权。

（5）绕开权项战略。绕过对方权利要求书记载的保护内容，开发不相抵触的创新技术。

（6）权项落空战略。认真研究权利要求书的保护内容，使自己研究、生产的产品不侵犯其专利权。

（7）先用权战略。《中华人民共和国专利法》第六十三条（注：2020年修正后为第七十五条）规定："在专利申请日前已经制造相同产品、使用相同方法或者已经做好制造、使用的必要准备，并且仅在原有范围内继续制造、使用的"，不视为侵犯专利权，即享有先用权，先用权是一种法定的实施许可，是专利战略的一种。提出先用权的前提是承认本企业的产品或方法属于对方专利权的范围之内，先用权同样要有充分的证据，否则就等于承认自己侵权。

（8）引进、收买、取得实施许可战略。引进或收买他人取得专利权的技术，获得专利

权人的实施许可。

（9）期满使用战略。专利的保护是有法定期限的，发明专利权自申请之日起20年，实用新型和外观设计专利权自申请之日起10年。另外，专利申请取得专利权后，每年申请之日起，应缴纳下一年度的专利年费，如果未按期缴纳年费，则该专利权终止。专利权保护期满或专利权终止后，进入公用技术领域，任何人使用都不侵犯该专利权，但应注意是否会侵犯其他的专利权。

（10）侵权救济战略（停止生产）。若企业生产、销售的产品侵犯了他人的专利权，在上述战略都无效的情况下，只能停止生产，否则被诉到法院侵权，其损失会更大。

4.3.3.6 日本特色的专利战略

吴伟仁主编的《国防科技工业知识产权案例点评》论述了日本特色的专利战略。从第二次世界大战初期到20世纪70年代，日本一直是专利技术的主要进口国，加之受到美国的专利进攻，采取的是防御型的外围专利战略，构筑专利网；到了20世纪80年代，随着日本经济和科技实力的不断增强，采取了进攻型的基本专利战略，因此，日本专利战略已具有攻守兼备的色彩。

日本特色的专利战略如下：

（1）专利制度的运用，日本的专利制度允许狭窄范围仅有单项权利要求的专利申请，也允许获得实用新型小专利；

（2）保护国内市场，日本专利制度采用了带有公众异议程序的早期公开、延迟审查制，推迟批准那些对日本工业发展有重大影响的基本专利，从而能使日本企业在技术上赶上来。

日本企业利用其专利制度，围绕基础性关键专利，抢先申请各有特色的大量小专利（实用新型），筑起严密的专利网，使欧美的基础性关键技术在其专利网中失灵，从而迫使欧美竞争对手以基本专利交换日本的小专利，从而使日本企业在其专利战中摸索出了一套以小敌大的外围专利战略。此外，日本企业利用其"公众异议程序"，拖延外国竞争对手的基本专利，正如美国的一篇文章指出，在日本拖延批准外国的基本专利10～14年之久是不足为奇的。

我国专利制度的特点如下：

（1）保护发明创造专利权，其发明创造是指发明、实用新型和外观设计；

（2）实用新型"初步审查"，授权后公告；

（3）发明专利采取"提前公开、请求审查制度"，自发明专利申请公布之日起至授予专利权之日止，任何人均可以对不符合专利法规定的专利申请向专利局提出意见，并说明理由。

中国专利制度与日本专利制度具有一定的共同之处，中国企业可以借鉴日本企业在专利战略中的做法。

合理利用专利防御战略在现阶段对于我国国防科技领域来说是非常重要的。从近年来对国防科技领域进行知识产权调研的情况来看，我国企业的专利申请量与国外同领域的知名公司比较起来相差很大，在专利竞争中处于不利地位。对于企业的防御型专利战略运用，首先要进行预防性管理，也就是说企业要通过开展专利管理工作，构筑自己的专利防御阵地，防患于未然。在具体的防御性工作中，应从企业的经营目标、技术和法律上的利害关系加以考虑，有针对性地对妨碍本企业的专利采取对策。

在充分运用防御措施的情况下，通常都可以将其他企业专利对本企业所带来的影响降至最低限度，甚至可以变被动为主动，彻底扭转企业所面临的严重问题，求得新的发展。因此，企业对同领域的其他企业专利不能视而不见，应对其进行透彻的研究，针对这些专利所保护的实际范围，结合行业特点以及本企业的发展需要，从战略的角度采取积极、主动的防御对策。

第 5 章

商业秘密的运用

5.1 商业秘密的特点

5.1.1 商业秘密特点的案例

5.1.1.1 合作要约定保密内容

1988 年 6 月，高某以技术出资的形式与沈阳 A 机器制造总厂签订了合作合同并成立了沈阳 B 装饰材料有限公司，按合同规定履行了提供技术资料的义务，后因双方发生纠纷，合作于 1992 年年底提前终止。

2000 年 6 月，高某发现 A 机器制造总厂于 1993 年 7 月成立了沈阳 C 装饰工程有限公司（以下简称"C 公司"），C 公司简介中写道：该公司的前身为沈阳 B 装饰材料有限公司，成立于 1989 年，是中美合作，由美国引进"新玳磁建筑装饰涂料生产技术"，生产外墙涂料。高某认为沈阳 A 机器制造总厂以欺骗手段获取了"新玳磁建筑装饰涂料生产技术"后，又以变更企业名称的手段继续使用其专有技术，侵害了其知识产权。高某（原告）以侵犯商业秘密为由将沈阳 A 机器制造总厂（被告）诉之法院，请求人民法院依法判令被告停止侵害，赔偿原告损失 200 万元，并承担本案诉讼费。

被告沈阳 A 机器制造总厂辩称，未侵害原告的知识产权，原告所称知识产权是指专有技术，专有技术在法律上未取得工业产权的保护，专有技术是不公开的，作为持有人的独占财产，不是基于法律的保护，而是依靠持有人严守秘密，一旦公开或泄露，即失去独占价值。原告所称的专有技术，是日本在第二次世界大战后发展起来的技术，20 世纪 80 年代，我国开始开发使用建筑喷涂材料，原告所诉专有技术已失去其独占价值，早已在国内和国际公开，不是技术秘密，被告不存在侵害原告知识产权的行为。请求法院驳回原告的诉讼请求。

法院经审理查明，1988 年 6 月原告高某与沈阳 A 机器制造总厂签订合作合同一份。合同约定，双方在沈阳建立合作公司，其中原告以新玳磁技术作为投资，占出资额的 30%，合同中还约定，合同执行期任何一方不得将其出资额（技术）转让给第三者（子公司除外）。1988 年 10 月注册成立了合作公司，即沈阳 B 装饰材料有限公司。1989 年 4 月，沈阳 A 机器制造总厂工作人员陈某根据原告转交的技术资料整理出新玳磁喷涂工艺资料，并经沈阳 A 机器制造总厂法定代表人阎某签字认可。另查明合作公司经营期间，经原告代理人同意，曾六次许可新玳磁技术，许可时原告未声明需保密，所得许可费作为合作公司收入，原告已按约定比例分得相应利益。同时还查明，因发生纠纷，沈阳 B 建筑装饰材料有限公司的合作双方于 1992 年年底提前终止了合作。此纠纷法院已经审理并判决。

法院认为：本案被告是通过与原告签订合作合同的形式合法获得、使用原告的新珘磁技术的，在签订合作合同时，原告没有声明其投入的技术包含技术秘密，没有签订保密条款，也没有明确告知被告负有保密义务。在合作公司成立后，对具体施工人员也未作出保密要求。原告主张的合同中规定了"任何一方不得将其出资额（技术）转让给第三者"即是保密条款，因该条款并不是法律意义上的保密措施，实际上也未起到保密作用，合作公司在经营期间，曾多次对外许可该项技术，许可时也未声明需保密，因此，原告的新珘磁技术未采取合理的、适当的保密措施，依据《中华人民共和国反不正当竞争法》第十条第三款（注：2019年修正后为第九条第四款）规定，缺少保密措施这一必要条件就不构成技术秘密，故原告起诉被告侵犯其技术秘密的诉讼请求，缺乏事实及法律依据，本院不予支持。据此判决如下：驳回原告高某的诉讼请求。本案案件受理费20 010元，由原告承担。

5.1.1.2　合作要约定保密措施

1987年1月，北京A公司从国外引进全套粮食烘干机及制造生产技术，并进行国产化开发。1988年11月—1990年3月，A公司与B机械厂签订了多份《加工承揽合同》，合同约定"A公司向B机械厂提供全套粮食烘干机生产技术图纸和技术资料，用以加工制造粮食烘干机，并由A公司全部收购"，同时规定"B机械厂对该项技术给予保密，不得转让或以任何方式泄露给第三方"。此后，双方又于1990年12月签订了3年期的《技术合作合同》，合同约定"A公司同意将粮食烘干机生产线优先安排给B机械厂加工，并及时收购，支付加工费，B机械厂则对A公司提供的所有图纸、技术文件严格保密，对生产的粮食烘干机不得自行销售"。

但是自1992年7月开始，B机械厂自行在报纸上刊登销售广告，销售、转让粮食烘干机生产技术，A公司发现后多次要求B机械厂停止这种违约行为，但B机械厂一直置之不理。于是1993年2月A公司以B机械厂利用双方合作关系，违约使用其技术、资料自行在报纸上刊登销售广告，销售、转让粮食烘干机生产技术为由，向某法院起诉，要求B机械厂：①停止侵权；②公开登报消除因侵权行为所造成的不良影响；③依据双方所签合同中违约条款的有关规定赔偿经济损失70万元。

B机械厂提供的答辩书中称自己不存在违约问题。其理由是：①B机械厂在自行销售粮食烘干机之前，社会上另有两家公司也在利用这一技术进行生产，因此可以认为此项技术秘密已被公开，成为公知技术，不再是A公司的专有技术。在此情况下，任何人都可以使用该技术，因此不构成侵权。②双方签订《技术合作合同》后，A公司并没有按约定提供全套技术图纸和技术资料，A公司提供图纸的生产设备，无法生产出粮食烘干机，《技术合作合同》从一开始就没有执行。B机械厂现生产销售的粮食烘干机是B机械厂在多年的生产实践中，不断积累经验，投入大量资金和人力、组织技术攻关，自行研究开发的，根本不存在侵权问题。

法院通过调查了解后，查明A公司所诉情况属实，根据合同约定及实际情况，认定粮食烘干机生产技术属A公司的专有技术，B机械厂在答辩中提出的两条理由不成立，不予支持。后经法院调解，双方达成和解协议：①B机械厂承认在履行合同期间，擅自使用A公司的专有技术，违反了合同的约定，构成了对A公司专有技术的侵权，立即停止侵权行为；②A公司为消除B机械厂侵权行为所造成的不良影响，曾在报纸和部分地区作了广告和声明，直接费用近3万元，由B机械厂负责赔偿，70万元违约金予以免除。

5.1.1.3　规范技术档案及保密

"汽车发动机曲轴扭振减振橡胶圈"是汽车发动机的关键部件之一。20 世纪 70 年代，该产品的国产化研究一直是汽车领域的难题。1986 年，湖北 A 研究所与 B 汽车制造厂签订了联合研制该产品的协议。

A 研究所迅速成立以李某、陈某为首的多名专家参与的课题组，经过反复实验、改进，A 研究所于 1988 年向 B 汽车制造厂提供了首批样品，经检测，各项指标达到了设计要求，并可替代进口产品。随后，A 研究所开始批量生产，直接向 B 汽车制造厂及湖北 C 减振器厂供货，并组建相对独立的橡胶圈生产车间，扩大生产规模。此后，A 研究所又研制开发出 20 多种系列产品。

A 研究所橡胶圈生产车间行政技术负责人李某掌握橡胶圈核心技术、生产工艺及销售渠道，也知道橡胶圈产品技术含量高，别人仿制难度大，在较长时间内保持较高的利润是可能的，遂于 1994 年 7 月创办了江苏 D 特种橡胶厂，让其大学毕业已有工作的长子辞职来厂负责管理，以后又陆续调入家庭其他成员。1994 年 11 月，江苏 D 特种橡胶厂向湖北 C 减振器厂提供 EQ6100 橡胶圈 102 箱（价值约 7 万元），此后又不断向 B 汽车制造厂批量供应多种规格型号的橡胶圈。

为了防止供货情况被 A 研究所发现，李某明确要求用户在收到他们发出的产品后，另行存放，单独设账，不准他人进入库房查看，严禁包装箱进车间。1995 年 12 月，为了更隐蔽地生产、便捷地服务，江苏 D 特种橡胶厂又主动租赁了湖北 C 减振器厂的橡胶车间，开办湖北 E 橡胶厂，拟大规模地批量生产，以满足厂方的需要。此时，李某已经正式退休，直接组织两地的生产。

从 1995 年开始，A 研究所在与 B 汽车制造厂和湖北 C 减振器厂的合作过程中发现，经常出现不明原因的"废次品"。尽管 A 研究所将价格一降再降，但订货量还是一少再少，且回款不及时、关系协调不到位。到 1996 年下半年，湖北 C 减振器厂已完全终止了与 A 研究所的供货合同。出现这些情况，已使 A 研究所的业务人员和技术人员警觉起来。1996 年 5 月，A 研究所技术人员在 B 汽车制造厂的生产车间发现了江苏 D 特种橡胶厂的橡胶圈包装箱，其外形尺寸及印刷排版与 A 研究所的包装箱无任何差异，只是填写的厂址不同。

A 研究所迅速组织人员进行调查，经过办案人员的初步调查，基本掌握了李某侵害 A 研究所技术成果的主要事实。A 研究所曾以各种方式要求李某放弃自己的侵权做法，但李某拒绝接受，并声称与 A 研究所"竞争"到底；而该研究所将面临橡胶圈市场丧失，50 多人的生产车间停产，厂房、设备闲置的局面。据后来（1997 年 1 月）法院委托襄樊市某审计事务所的审计结论，1994—1996 年，橡胶圈的销售额急骤下降，造成 A 研究所直接销售利润减少 138 万元。面临如此严峻的形势，A 研究所领导慎重决定，用法律武器维护单位的合法权益。

1996 年 9 月，法院受理了此案。在以后一审、二审过程中，李某辩称 A 研究所的"汽车发动机曲轴扭振减振橡胶圈"技术是早已公开的一般性技术，并未采用保密措施。针对这一说法，该所档案部门及时提供了从用户委托书、本所组织技术人员攻关的计划安排、难点突破记录，到首件产品检测结论、技术报告、供货批文、成果鉴定，以及秘密资料的保管、技术保密规定等完整、全面的档案资料。1998 年 3 月，李某的代理人在"承认侵权，停止侵害，赔偿损失"的法院文书上签字，赔偿 A 研究所经济损失 45 万元。1999 年 10 月，法院确认赔款全部到位。

随着侵权的胜诉，A 研究所的技术和市场保住了，并取得了良好的经济效益。

5.1.2　涉及的商业秘密法律条文

以下为《中华人民共和国反不正当竞争法》（2019 年修正）节选：

第九条　经营者不得实施下列侵犯商业秘密的行为：

（1）以盗窃、贿赂、欺诈、胁迫、电子侵入或者其他不正当手段获取权利人的商业秘密；

（2）披露、使用或者允许他人使用以前项手段获取的权利人的商业秘密；

（3）违反保密义务或者违反权利人有关保守商业秘密的要求，披露、使用或者允许他人使用其所掌握的商业秘密；

（4）教唆、引诱、帮助他人违反保密义务或者违反权利人有关保守商业秘密的要求，获取、披露、使用或者允许他人使用权利人的商业秘密。

经营者以外的其他自然人、法人和非法人组织实施前款所列违法行为的，视为侵犯商业秘密。

第三人明知或者应知商业秘密权利人的员工、前员工或者其他单位、个人实施本条第一款所列违法行为，仍获取、披露、使用或者允许他人使用该商业秘密的，视为侵犯商业秘密。

本法所称的商业秘密，是指不为公众所知悉、具有商业价值并经权利人采取相应保密措施的技术信息、经营信息等商业信息。

5.1.3　知识产权要点点评

5.1.3.1　商业秘密的秘密性

根据吴伟仁主编的《国防科技工业知识产权案例点评》进行点评。《中华人民共和国反不正当竞争法》第十条第三款规定："本条所称的商业秘密，是指不为公众所知悉、能为权利人带来经济利益、具有实用性并经权利人采取保密措施的技术信息和经营信息。"（注：2019 年修正后为第九条第四款规定：本法所称的商业秘密，是指不为公众所知悉、具有商业价值并经权利人采取相应保密措施的技术信息、经营信息等商业信息）在 5.1.1.1 小节的案例中，高某是以拥有的新钬磁技术与被告进行合作投资入股的，但在原告与被告签订的合作合同中，原告没有声明其投入的技术包含技术秘密，没有签订保密条款，也没有明确告知被告负有保密义务，故原告的新钬磁技术就不能成为技术秘密。

案例中原告高某败诉的关键是原告高某在签订的合作合同中没有对新钬磁技术进行技术秘密保护的相应条款，导致该技术不能被认为是法律意义上的技术秘密。被告是通过签订合作合同并成立合作公司的形式合法知悉、获得、掌握原告的新钬磁技术的，不存在使用非法手段的问题。通过本案可以了解到，商业秘密必须时刻采取保密措施，尤其是在许可、合作投资过程中，在合同中一定要注意涉及商业秘密的声明、保密措施和保密义务的约定，一旦缺乏保密措施，也就不能构成商业秘密，自然得不到法律保护。

5.1.3.2　商业秘密的保密性

根据吴伟仁主编的《国防科技工业知识产权案例点评》进行点评。《中华人民共和国反不正当竞争法》第十条（注：2019 年修正后为第九条）规定："经营者不得采用下列手段侵犯商业秘密……（3）违反约定或者违反权利人有关保守商业秘密的要求，披露、使用或者允许他人使用其所掌握的商业秘密……"在 5.1.1.2 小节的案例中，A 公司在与 B 机械厂签订的《技术合作合同》中明确了"粮食烘干机生产技术图纸和技术资料"的保密要求，并与 B 机械厂达成了不得转让该项技术、自行销售设备以及不得以任何方式泄露给第三方的约定。因此，尽管 B 机械厂通过委托加工获得了该项专有技术，但是 B 机械厂没有自行使用、销售设备和转让该项技术的权利。正因为 A 公司在双方签订的《技术合作合同》中对 B 机械厂有约定，B 机械厂就必须对自己违反约定的行为承担法律责任。

专有技术又称为技术秘密，是商业秘密中的一种。商业秘密有时不为一家企业所独有，有其他少数企业也掌握，只要掌握者都采取了保密措施，那么该技术仍具有保密性。在此案例中，B 机械厂在答辩中提出另有两家单位也在利用这一技术进行生产时，法院通过调查了解确有此事，但这两家单位都采取了保密措施，这说明该技术仍具有保密性，没有成为公知技术。商业秘密没有对抗第三者的效力，没有法律意义上的"所有权"的属性，只有使用权和转让权。这种权属只在单位和其职工之间，以及合同当事人之间具有法律约束力，不影响任何掌握该技术的第三方使用和转让同一技术。商业秘密除依靠自身保密外，在技术合作过程中主要依靠合同约定加以保护，这一点是很重要的。

5.1.3.3　保密处理研发及成果

根据《中华人民共和国反不正当竞争法》第十条（注：2019 年修正后为第九条）规定："经营者不得采用下列手段侵犯商业秘密……（3）违反约定或者违反权利人有关保守商业秘密的要求，披露、使用或者允许他人使用其所掌握的商业秘密……"在 5.1.1.3 小节的案例中，李某违反了 A 研究所保守"汽车发动机曲轴扭振减振橡胶圈"商业秘密的要求，擅自使用 A 研究所的该项商业秘密。在商业秘密侵权诉讼中，法院首先审查原告所主张的商业秘密是否客观存在，其商业秘密是否符合法律保护的条件。只有同时具备了秘密性、价值性和保密性的技术信息或经营信息才能称为商业秘密，才能受到法律保护。本案中，A 研究所在诉讼中提供了从用户委托书到首件产品检测结论，以及秘密资料的保管等完整、全面的档案资料，反驳了侵权人李某所认为的"汽车发动机曲轴扭振减振橡胶圈"技术是早已公开的一般性技术，并未采用保密措施的观点。有的单位也曾经发生过商业秘密侵权诉讼，但由于技术文件归档不完整，忽略研制、生产和销售过程中商业秘密的保护，在发生纠纷时拿不出有利证据而败诉，使单位蒙受经济损失。因此，加强商业秘密的管理不仅能够在诉讼中占据主动地位，而且可以使单位的合法权益免受侵害。在市场经济逐步完善的过程中，利用法律手段维护单位的合法权益，是明智的选择。通过这起诉讼，除了使人们了解法律所具有的权威性和公正性外，还可以对人们习以为常的披露、使用原单位商业秘密的行为发出明确警告，有助于遏止侵权行为，增强单位管理人员的法律意识，提高其管理水平。

5.1.3.4　商业秘密的构成要件

贵州民族大学姜文森在 2022 年第 36 期《法制博览》上发表了文章《对新修订〈反不正当竞争法〉商业秘密条款的评析》，论述了商业秘密的构成要件。

1. 商业秘密的秘密性认定

商业秘密之所以受到法律特别保护也是基于其具有秘密性的特点，其中对其定义里的"公众"也不是指除权利人以外的大众，而是指权利人所在领域的相关人员，它有一定主体范围的限制。其中秘密性还指代所包含的信息不是能轻易获取的。

2. 商业秘密的价值性认定

价值性是指商业秘密在市场交易秩序中，所能给权利人带来的实际经济利益和未来发展潜力的作用。其具有价值性，是使权利人能获得法律保护的重要前提。无论是对生产、销售具有直接使用作用的信息，还是未成功的测试报告或是正在使用、研发的信息，都能成为商业秘密的一部分，为权利人带来价值，且受法律专门保护。

3. 商业秘密的保密性认定

商业秘密的生命在于其具有秘密性，如果要持续保持商业秘密的秘密性不受侵害，就需要我们对其秘密性进行保护，即使其处于非公众周知的状态，具体而言需要采取具体的技术措施。作为一个权利人，在主张自己权利时，需要证明自己对商业秘密采取了保密措施且使其一直处于秘密状态。通过实施该保密行为使商业秘密处于隐蔽状态，为自己所独占，才能被法律予以承认和保护，但对保密措施做到何种程度未进行严格要求，即达到基本的注意义务即可，以避免权利人举证难等问题出现。

5.1.3.5 侵犯商业秘密行为

首都经济贸易大学于江华在 2022 年第 11 期《现代营销（上旬刊）》上发表了文章《反不正当竞争法中侵犯商业秘密的界定》，论述了侵犯商业秘密行为。

1. 侵犯商业秘密行为的界定

从结构上讲，反不正当竞争法属于商法，无论是在司法实践中还是在学术讨论中，都存在与民法、刑法的交叉和争议。经济法是填补民商法所没有覆盖调整的特定领域，相对于民商法，经济法更专业更侧重经济领域，是内在有市场导向性和引领性的法律。商业秘密的认定需要其具有独立性、隐私性、价值性，现在对商业秘密的认定较以往更加灵活，这使商业秘密的保护范围得到了扩大。此外，对其价值的衡量，只要具有一定的商业价值就符合这一标准判断，因此，一些以往不能认为是商业秘密的资料和信息，目前在相关企业的手中也可能构成商业秘密。同时，经营者不再是实施相关行为的唯一主体，自然人、法人、非法人组织也可能实施侵犯商业秘密的行为，也可能是被规制的主体。

在《中华人民共和国反不正当竞争法》中有数款关于侵犯商业秘密行为的规定，因此在上层逻辑上要先明晰在民刑领域侵犯商业秘密的区别。在相当长的一段时间内，提及侵犯商业秘密行为，会涉及民法和刑法的交叉关系，而在学术讨论中往往不认可刑法保护优先的这种观点，这是刑法保护的谦抑性。有学者认为，多数情况下民法能够规制商业秘密的侵权行为，刑法保护不应该优先规制相关领域，这个交叉使侵犯商业行为的数额问题成了焦点。从实践来讲，侵犯商业秘密行为如果需要优先考虑数额问题，那就割裂了对市场竞争秩序和市场主体权益保护的初衷，根据数额判断是刑法优先介入还是民法进行规制，是非常不合理不科学的。就相关领域的专业性而言，此类案件应当优先以商业价值和市场竞争秩序作为规制导向，衡量市场主体商业秘密究竟具有多少商业价值。

商业秘密与其他知识产权具有明显区别。后者，如版权、专利权和商标权，是通过行为确立的，保护界限明确。许多公司依赖商业秘密而运营，需要采取保密措施，由于商业秘密就是公司的核心竞争力，故范围更难界定。在常见的诉讼纠纷中，商业秘密侵权案件的核心争议就是被告主张受到保护的信息是否属于商业秘密。针对这一争议，《中华人民共和国反不正当竞争法》对侵犯商业秘密的行为作了列举性规定，导致在实践中会出现诸多问题。

通过对案例的归纳总结发现，目前商业市场中存在的侵犯商业秘密的行为，从主体上可以分为公司工作人员和法人主体之间的纠纷。公司工作人员的相关行为可能存在与前公司的关联性，需要对此进行细致的讨论。

2. 侵犯商业秘密行为的特点

首先，在多数案件中，侵犯商业秘密行为的认定要判断该信息是否为商业秘密。商业秘密是指不为公众所知悉，具有商业价值并经权利人采取相应保密措施的技术信息、经营信息等商业信息。对商业秘密的认定一度成为很多案件的证明中心，相关侵权主体往往以其利用的信息不是商业秘密或者收集后并没有用于实际经营等来进行辩解。目前，随着知识产权保护的发展，这一问题得到了一定程度的回应。

其次，侵犯商业秘密的行为主体不局限于经营者，也可能通过其他人实施。不同于反不正当竞争法的其他规定，认定实施者绝大多数应具有经营者的身份，而认定侵犯商业秘密行为则不受身份的限制。所以，应理解为该主体实际上实施了侵犯商业秘密的行为，而实施行为的方式包括但不限于盗窃、利诱、胁迫或不当披露、使用等，主要是以非法手段使用他人商业秘密，实际上已经或者潜在给相关主体带来损害后果。《中华人民共和国反不正当竞争法》第九条第三款是专门针对工作人员的规定，违反单位规定的保密义务或有关保守商业秘密的合同规定，其行为造成了损害商业秘密权益的结果。

最后，对于侵犯商业秘密行为的判断，因裁判存在标准不一的情况，这要求法官应结合发生纠纷争议的具体领域，以及公司间的争议范围，作出判断和裁判。对于此类案件引入相关领域专家学者或鉴定人是十分必要的。

5.2　商业秘密的运用

5.2.1　商业秘密运用的案例

5.2.1.1　涉密人员跳槽易失密

1988 年，上海 A 研究所与上海 B 厂签订了一份"红外探边装置"的研制合同，该装置把红外技术应用于纺织、印染行业的织布、染色过程中的织物门幅精度控制上。由于这一高新技术产生，推动了国内纺织印染机械行业的技术进步，因此，新产品一问世，就受到了素有中国轻纺市场"半壁江山"之称的江浙一带的国营企业、乡镇企业乃至私营企业的普遍青睐，并迅速占有市场，同时也为 A 研究所带来了可观的经济效益。此项产品还先后获得了上海市优秀新产品三等奖和上海市科技进步二等奖。

1994 年，A 研究所负责此项产品开发的课题组长高某及研制人员秦某、唐某先后调离 A 研究所，到上海 C 信息中心任职。此后，三人以个人集资名义开办了上海 D 技术公司，由高某任总经理和法人代表，秦某、唐某任董事，利用原先手中掌握的该产品的技术信息及销售渠道，从事"红外探边装置"产品生产、销售。

A 研究所获悉后，认为高某、秦某、唐某及上海 D 技术公司侵犯了 A 研究所的合法权益，于是 A 研究所（原告）以高某、秦某、唐某以及上海 C 信息中心和上海 D 技术公司（被告）侵犯技术秘密为理由，向上海市中级人民法院提起了诉讼，请求：①公开向原告赔礼道歉；②停止侵权并赔偿经济损失。

法院在审查过程中，被告认为该产品仿制了德国两家公司的产品，A 研究所首先侵犯了这两家公司的专利权，如果不撤诉就会引起国际纠纷。

A 研究所及时就有关纺织、印染行业用的热定型机的"红外探边装置"领域进行了全面检索，检索结果表明德国两家公司在中国没有此类专利的申请和公告。与此同时，上海市专利管理局也于 1996 年 1 月出具了指导性说明材料，认为：由于知识产权的地域性原则，外国技术未在中国申请专利，则该技术在中国便不受保护。因此，在国内围绕该技术引起的诉讼和判决，不会构成对外国专利的侵权，不应引起国际纠纷。

被告又提出，该"红外探边装置"是公知技术，且 A 研究所未采取保密措施，也没有和他们签订保密协议。但 A 研究所拿出了证据，证明在该技术研制的初期，其研制报告上均盖有"秘密"字样，同时还说明已经采取了保密措施的其他证据。

1996 年 12 月，上海市第一中级人民法院知识产权庭作出一审判决，认定侵权事实成立，责令高某等三人及上海 D 技术公司赔偿原告的经济损失并停止侵权行为。但被告不服一审判决，提出上诉，上海市高级人民法院于 1997 年 10 月作出终审判决：

（1）判决侵权行为人停止对 A 研究所"红外探边装置"非专利技术成果权、生产权的侵害；

（2）判令高某等三人各赔偿原告经济损失 4 万元、3.5 万元和 2.5 万元，共同侵权的上海 C 信息中心和上海 D 技术公司分别赔偿 5 万元和 65 万元，侵权方合计赔偿 80 万元；上述各被告对赔偿经济损失总额承担连带责任；

（3）判令以上被告在上海市《解放日报》或《文汇报》上公开向原告赔礼道歉，费用由各被告分担并负连带责任；

（4）本案一、二审受理费及财产保全费均由各被告分担。

5.2.1.2 鲁西化工 7.49 亿元买教训

2019 年 3 月 4 日，鲁西化工发布公告（证券代码：000830，证券简称：鲁西化工，公告编号：2019 - 005）指出，近日公司收到聊城市中级人民法院送达的戴维、陶氏申请承认和执行外国仲裁裁决一案的《应诉通知书》[案号：（2019）鲁 15 协外认 1 号]。申请人戴维、陶氏认为：鲁西化工违反《保密协议》，使用了商业洽谈中知悉的信息，提出了包括经济赔偿在内的仲裁申请。斯德哥尔摩商会仲裁机构于 2017 年 11 月作出仲裁裁决，主要裁决结果为：仲裁庭宣布，鲁西化工使用了受保护信息设计、建设、运营其丁辛醇工厂，因此违反了并正继续违反《保密协议》。鲁西化工应当赔偿各项费用合计约 7.49 亿元。（详见 1.3.1.1 小节的价值 7.49 亿元的商业秘密）

5.2.1.3 宣纸"泄密"事件

中国宣纸集团公司宣纸研究所中国宣纸协会黄飞松在 2017 年第 19 期《中华纸业》上发表了文章《百年宣纸国际交流实例调查》，介绍了宣纸"泄密"事件。

宣纸是中国传统手工纸在传播过程中注入地方元素而诞生的。随着工艺的精进，品质的提升，从业者们对宣纸关键工艺秘不示人，外界对此觉得神妙莫测。正因技艺从业者们的保守，引来各怀目的者前来探秘。可以说宣纸的国际交流就是从宣纸的探秘开始。

清光绪三年（1877 年）4 月 1 日，受英国人控制的芜湖海关派白恩到泾县了解宣纸生产情况，在当年的芜湖海关关务报告中，就有"泾县西南八英里许，有村庄甚多。傍山之谷，皆造纸之所。其制法采取檀树皮、桑树皮及稻秆洗濯多次，加若干石灰而煮之，复行洗濯，于是终年陈于山麓之空地，以候其干……"将配料方法和制作全过程呈报给总税务司赫德。

次年，日本内阁印刷局造纸部派遣栖原陈政到中国，自称是"广东潮州大埔县何子峨太史的侄子"，在泾县生活了 2 个多月，搜集宣纸制作信息，回国后竟公开出版了《制纸业》一书，其中专门谈到宣纸技艺。

光绪九年（1883 年），一位日本人，曾化装潜入泾县探查宣纸制作技艺，回国后写成《清国制纸取调巡回日记》。

20 世纪初，有一名叫内山弥左卫门的日本人，多次深入泾县产纸地区，寻访宣纸生产。回国后，于光绪三十二年（1906 年）写了一篇名为《宣纸的制造》的文章，刊登在《日本工业化学杂志》第九编第九十八号上，里面较为详尽地说明了宣纸的产地、品种和用途、制作方法，其中的制作内容图文并茂地说明了宣纸的原料、蒸煮、漂白、捣碎、造纸、干燥、整理等工序。

中华人民共和国成立后，由于国门紧闭，外国人无法进入宣纸产区，有关宣纸的国际贸易只能在中国香港等地进行，用现代科学手段化验出宣纸所含的各种成分，然后竞相仿制。20 世纪 70 年代末，我国开始改革开放后，中外交流常态化，我国有关工业信息情报和资料的泄密现象屡有发生。1986 年，某国组派"造纸工业考察团"前来泾县有关厂家参观考察。其中有人顺手牵羊地"牵"走了一些生产原料，带回国反复研究，意欲造出真宣纸，但从目前每年大量的宣纸出口现状来看，外国人仿制宣纸终告失败。

宣纸之所以不可能泄密，主要是因为注入地方元素太多，非人力可以随意窃取的，这已经成为人们的共识。

5.2.2　涉及的商业秘密法律条文

以下为《中华人民共和国反不正当竞争法》（2019 年修正）节选：

第一条　为了促进社会主义市场经济健康发展，鼓励和保护公平竞争，制止不正当竞争行为，保护经营者和消费者的合法权益，制定本法。

第二条　经营者在生产经营活动中，应当遵循自愿、平等、公平、诚信的原则，遵守法律和商业道德。

本法所称的不正当竞争行为，是指经营者在生产经营活动中，违反本法规定，扰乱市场竞争秩序，损害其他经营者或者消费者的合法权益的行为。

本法所称的经营者，是指从事商品生产、经营或者提供服务（以下所称商品包括服务）的自然人、法人和非法人组织。

第三条　各级人民政府应当采取措施，制止不正当竞争行为，为公平竞争创造良好的环境和条件。

国务院建立反不正当竞争工作协调机制，研究决定反不正当竞争重大政策，协调处理维护市场竞争秩序的重大问题。

第四条　县级以上人民政府履行工商行政管理职责的部门对不正当竞争行为进行查处；法律、行政法规规定由其他部门查处的，依照其规定。

第五条　国家鼓励、支持和保护一切组织和个人对不正当竞争行为进行社会监督。

国家机关及其工作人员不得支持、包庇不正当竞争行为。

行业组织应当加强行业自律，引导、规范会员依法竞争，维护市场竞争秩序。

第六条　经营者不得实施下列混淆行为，引人误认为是他人商品或者与他人存在特定联系：

（1）擅自使用与他人有一定影响的商品名称、包装、装潢等相同或者近似的标识；

（2）擅自使用他人有一定影响的企业名称（包括简称、字号等）、社会组织名称（包括简称等）、姓名（包括笔名、艺名、译名等）；

（3）擅自使用他人有一定影响的域名主体部分、网站名称、网页等；

（4）其他足以引人误认为是他人商品或者与他人存在特定联系的混淆行为。

第七条　经营者不得采用财物或者其他手段贿赂下列单位或者个人，以谋取交易机会或者竞争优势：

（1）交易相对方的工作人员；

（2）受交易相对方委托办理相关事务的单位或者个人；

（3）利用职权或者影响力影响交易的单位或者个人。

经营者在交易活动中，可以以明示方式向交易相对方支付折扣，或者向中间人支付佣金。经营者向交易相对方支付折扣、向中间人支付佣金的，应当如实入账。接受折扣、佣金的经营者也应当如实入账。

经营者的工作人员进行贿赂的，应当认定为经营者的行为；但是，经营者有证据证明该工作人员的行为与为经营者谋取交易机会或者竞争优势无关的除外。

第八条　经营者不得对其商品的性能、功能、质量、销售状况、用户评价、曾获荣誉等作虚假或者引人误解的商业宣传，欺骗、误导消费者。

经营者不得通过组织虚假交易等方式，帮助其他经营者进行虚假或者引人误解的商业宣传。

第九条　经营者不得实施下列侵犯商业秘密的行为：

（1）以盗窃、贿赂、欺诈、胁迫、电子侵入或者其他不正当手段获取权利人的商业秘密；

（2）披露、使用或者允许他人使用以前项手段获取的权利人的商业秘密；

（3）违反保密义务或者违反权利人有关保守商业秘密的要求，披露、使用或者允许他人使用其所掌握的商业秘密；

（4）教唆、引诱、帮助他人违反保密义务或者违反权利人有关保守商业秘密的要求，获取、披露、使用或者允许他人使用权利人的商业秘密。

经营者以外的其他自然人、法人和非法人组织实施前款所列违法行为的，视为侵犯商业秘密。

第三人明知或者应知商业秘密权利人的员工、前员工或者其他单位、个人实施本条第一款所列违法行为，仍获取、披露、使用或者允许他人使用该商业秘密的，视为侵犯商业秘密。

本法所称的商业秘密，是指不为公众所知悉、具有商业价值并经权利人采取相应保密措施的技术信息、经营信息等商业信息。

第十条　经营者进行有奖销售不得存在下列情形：

（1）所设奖的种类、兑奖条件、奖金金额或者奖品等有奖销售信息不明确，影响兑奖；

（2）采用谎称有奖或者故意让内定人员中奖的欺骗方式进行有奖销售；

（3）抽奖式的有奖销售，最高奖的金额超过五万元。

第十一条　经营者不得编造、传播虚假信息或者误导性信息，损害竞争对手的商业信誉、商品声誉。

第十二条　经营者利用网络从事生产经营活动，应当遵守本法的各项规定。

经营者不得利用技术手段，通过影响用户选择或者其他方式，实施下列妨碍、破坏其他经营者合法提供的网络产品或者服务正常运行的行为：

（1）未经其他经营者同意，在其合法提供的网络产品或者服务中，插入链接、强制进行目标跳转；

（2）误导、欺骗、强迫用户修改、关闭、卸载其他经营者合法提供的网络产品或者服务；

（3）恶意对其他经营者合法提供的网络产品或者服务实施不兼容；

（4）其他妨碍、破坏其他经营者合法提供的网络产品或者服务正常运行的行为。

第十三条　监督检查部门调查涉嫌不正当竞争行为，可以采取下列措施：

（1）进入涉嫌不正当竞争行为的经营场所进行检查；

（2）询问被调查的经营者、利害关系人及其他有关单位、个人，要求其说明有关情况或者提供与被调查行为有关的其他资料；

（3）查询、复制与涉嫌不正当竞争行为有关的协议、账簿、单据、文件、记录、业务函电和其他资料；

（4）查封、扣押与涉嫌不正当竞争行为有关的财物；

（5）查询涉嫌不正当竞争行为的经营者的银行账户。

采取前款规定的措施，应当向监督检查部门主要负责人书面报告，并经批准。采取前款第四项、第五项规定的措施，应当向设区的市级以上人民政府监督检查部门主要负责人书面报告，并经批准。

监督检查部门调查涉嫌不正当竞争行为，应当遵守《中华人民共和国行政强制法》和其他有关法律、行政法规的规定，并应当将查处结果及时向社会公开。

第十四条　监督检查部门调查涉嫌不正当竞争行为，被调查的经营者、利害关系人及其他有关单位、个人应当如实提供有关资料或者情况。

第十五条　监督检查部门及其工作人员对调查过程中知悉的商业秘密负有保密义务。

第十六条　对涉嫌不正当竞争行为，任何单位和个人有权向监督检查部门举报，监督检查部门接到举报后应当依法及时处理。

监督检查部门应当向社会公开受理举报的电话、信箱或者电子邮件地址，并为举报人保密。对实名举报并提供相关事实和证据的，监督检查部门应当将处理结果告知举报人。

第十七条　经营者违反本法规定，给他人造成损害的，应当依法承担民事责任。

经营者的合法权益受到不正当竞争行为损害的，可以向人民法院提起诉讼。

因不正当竞争行为受到损害的经营者的赔偿数额，按照其因被侵权所受到的实际损失确定；实际损失难以计算的，按照侵权人因侵权所获得的利益确定。经营者恶意实施侵犯商业秘密行为，情节严重的，可以在按照上述方法确定数额的一倍以上五倍以下确定赔偿数额。赔偿数额还应当包括经营者为制止侵权行为所支付的合理开支。

经营者违反本法第六条、第九条规定，权利人因被侵权所受到的实际损失、侵权人因侵权所获得的利益难以确定的，由人民法院根据侵权行为的情节判决给予权利人五百万元以下的赔偿。

第十八条 经营者违反本法第六条规定实施混淆行为的，由监督检查部门责令停止违法行为，没收违法商品。违法经营额五万元以上的，可以并处违法经营额五倍以下的罚款；没有违法经营额或者违法经营额不足五万元的，可以并处二十五万元以下的罚款。情节严重的，吊销营业执照。

经营者登记的企业名称违反本法第六条规定的，应当及时办理名称变更登记；名称变更前，由原企业登记机关以统一社会信用代码代替其名称。

第十九条 经营者违反本法第七条规定贿赂他人的，由监督检查部门没收违法所得，处十万元以上三百万元以下的罚款。情节严重的，吊销营业执照。

第二十条 经营者违反本法第八条规定对其商品作虚假或者引人误解的商业宣传，或者通过组织虚假交易等方式帮助其他经营者进行虚假或者引人误解的商业宣传的，由监督检查部门责令停止违法行为，处二十万元以上一百万元以下的罚款；情节严重的，处一百万元以上二百万元以下的罚款，可以吊销营业执照。

经营者违反本法第八条规定，属于发布虚假广告的，依照《中华人民共和国广告法》的规定处罚。

第二十一条 经营者以及其他自然人、法人和非法人组织违反本法第九条规定侵犯商业秘密的，由监督检查部门责令停止违法行为，没收违法所得，处十万元以上一百万元以下的罚款；情节严重的，处五十万元以上五百万元以下的罚款。

第二十二条 经营者违反本法第十条规定进行有奖销售的，由监督检查部门责令停止违法行为，处五万元以上五十万元以下的罚款。

第二十三条 经营者违反本法第十一条规定损害竞争对手商业信誉、商品声誉的，由监督检查部门责令停止违法行为、消除影响，处十万元以上五十万元以下的罚款；情节严重的，处五十万元以上三百万元以下的罚款。

第二十四条 经营者违反本法第十二条规定妨碍、破坏其他经营者合法提供的网络产品或者服务正常运行的，由监督检查部门责令停止违法行为，处十万元以上五十万元以下的罚款；情节严重的，处五十万元以上三百万元以下的罚款。

第二十五条 经营者违反本法规定从事不正当竞争，有主动消除或者减轻违法行为危害后果等法定情形的，依法从轻或者减轻行政处罚；违法行为轻微并及时纠正，没有造成危害后果的，不予行政处罚。

第二十六条 经营者违反本法规定从事不正当竞争，受到行政处罚的，由监督检查部门记入信用记录，并依照有关法律、行政法规的规定予以公示。

第二十七条 经营者违反本法规定，应当承担民事责任、行政责任和刑事责任，其财产不足以支付的，优先用于承担民事责任。

第二十八条 妨害监督检查部门依照本法履行职责，拒绝、阻碍调查的，由监督检查部门责令改正，对个人可以处五千元以下的罚款，对单位可以处五万元以下的罚款，并可以由公安机关依法给予治安管理处罚。

第二十九条 当事人对监督检查部门作出的决定不服的，可以依法申请行政复议或者提起行政诉讼。

第三十条　监督检查部门的工作人员滥用职权、玩忽职守、徇私舞弊或者泄露调查过程中知悉的商业秘密的，依法给予处分。

第三十一条　违反本法规定，构成犯罪的，依法追究刑事责任。

第三十二条　在侵犯商业秘密的民事审判程序中，商业秘密权利人提供初步证据，证明其已经对所主张的商业秘密采取保密措施，且合理表明商业秘密被侵犯，涉嫌侵权人应当证明权利人所主张的商业秘密不属于本法规定的商业秘密。

商业秘密权利人提供初步证据合理表明商业秘密被侵犯，且提供以下证据之一的，涉嫌侵权人应当证明其不存在侵犯商业秘密的行为：

（1）有证据表明涉嫌侵权人有渠道或者机会获取商业秘密，且其使用的信息与该商业秘密实质上相同；

（2）有证据表明商业秘密已经被涉嫌侵权人披露、使用或者有被披露、使用的风险；

（3）有其他证据表明商业秘密被涉嫌侵权人侵犯。

5.2.3　知识产权要点点评

5.2.3.1　商业秘密不能侵害他人专利

根据吴伟仁主编的《国防科技工业知识产权案例点评》进行点评。《中华人民共和国反不正当竞争法》第十条（注：2019 年修正后为第九条）规定："经营者不得采用下列手段侵犯商业秘密……（3）违反约定或者违反权利人有关保守商业秘密的要求，披露、使用或者允许他人使用其所掌握的商业秘密……第三人明知或者应知前款所列违法行为，获取、使用或披露他人的商业秘密，视为侵犯商业秘密。"在 5.2.1.1 小节的案例中，高某、秦某、唐某违反了 A 研究所保守商业秘密的要求，擅自将 A 研究所的"红外探边装置"技术秘密带走，并允许上海 D 技术公司使用不属于该技术公司的商业秘密。

案例中被告以"红外探边装置"是外国公司的专利技术，且 A 研究所未采取保密措施为理由，否定 A 研究所"红外探边装置"商业秘密的存在。后经过确认，外国公司并未在中国申请"红外探边装置"专利，由于专利的地域性原则，不存在侵犯外国公司专利权的问题。A 研究所的"红外探边装置"生产技术是在国外专利技术基础上改进而来的，其改进之处具有秘密性，并且在 A 研究所的"红外探边装置"技术文件中加盖了"秘密"的字样，而其实用性和价值性是毫无争议的，因此，A 研究所的"红外探边装置"满足商业秘密的秘密性、保密性、实用性、价值性（注：2019 年修正后为秘密性、保密性、商业价值性），符合了商业秘密的构成要件。商业秘密拥有者自己使用、转让该项成果，必须以不侵害他人有效的专利权为前提。因此，非专利技术成果的使用权和转让权是一种相对权（对人权）和非独占权。由于 A 研究所该项技术的商业秘密存在，因此，被告高某、秦某、唐某及其供职的上海 C 信息中心和上海 D 技术公司就必须承担侵权责任。商业秘密侵权案件往往由单一原告与数个被告共同构成商业秘密侵权诉讼的主体，侵权行为的主体并非同一个，而是多个主体分别或共同实施一种或多种侵权行为，这是由商业秘密侵权行为的复杂性与连环性决定的。

本案也是由于人员流动带走技术秘密而引发的。目前，企事业单位的职工对单位所有的机械设备和物资材料等有形财产的认识比较清楚，谁也不会将单位的东西拿走当成私有财产使用并获取收益，而对单位所有的知识产权类无形资产的认识还有待提高，不能认为摸不着、看不见，并且装在自己头脑里的东西，就是自己的私有财产，自己可以随便使用并获取利益。通过本案应该使职工以及重要岗位上的工作人员认识到，在职时利用自己掌握的知识产权获取收益是侵犯本单位利益的行为，离职、退休后利用自己掌握的知识产权获取收益也是侵犯原单位利益的行为，单位的知识产权是不容侵犯的，谁侵犯谁就应该承担法律责任。因此，提高职工以及重要岗位上的工作人员对知识产权的认识是十分必要的。

5.2.3.2　谨慎签订保密协议

盈科律师事务所刘知函律师发布在微信公众号上的文章《知函博士商业秘密访谈》解读了鲁西化工案例。

1. 败诉原因

回顾鲁西化工自述的协议签订过程和败诉原因，每一点都是商业交往中商业秘密保护的"大坑"。鲁西化工对于保密协议的不重视，导致其轻易签订了包含明显不平等条款和高风险规定的协议，最终在对方指责其违反《保密协议》时，毫无招架还手之力，被判 7.49 亿元的巨额赔偿金。知函博士律师团队对其经验教训复盘如下：

（1）《保密协议》中对于保密信息的范围约定不明确。

根据鲁西化工的说法，"该协议约定的保密信息范围非常宽泛""在洽谈过程中，两公司仅向鲁西化工提供或展示了一些用于宣传营销的资料及信息，未提供任何保密技术信息"，导致鲁西化工"无从知晓哪些信息包含了保密信息内容"。

实务中，《保密协议》双方的争议点常常在于涉案信息是否属于保密信息。在交易过程中，作为保密信息的接收方，可在《保密协议》上约定要求对方在需要保密的信息上标明"保密"，并要求对方将磋商过程中涉及的保密信息以《保密信息清单》的形式附在合同之后，以此明确和限定保密信息的范围。

（2）《保密协议》中约定的双方权利义务严重不对等。

协议约定，"如果鲁西化工从公有领域或第三方合法获取的信息包含保密信息内容，鲁西化工在使用或披露该等信息之前，也必须获得戴维、陶氏的书面同意，否则即视为违反保密协议"。

实务中，尤其是涉外知识产权转让或者许可过程中，外方通常会要求中方签订类似《保密协议》或者《保密条款》。对此，中方可以在《保密协议》中明确约定，从公开渠道可直接获得的信息，或者从第三方合法获得的信息，不属于保密信息。

（3）《保密协议》中对准据法以及仲裁庭的选择问题非常重视。

本案中，鲁西化工与戴维、陶氏两公司所签《保密协议》中约定的仲裁管辖地在国外，在不了解管辖地法律制度和规定的情况下贸然签订协议，可能会面临巨大的法律风险。

实务中，几乎所有涉外知识产权贸易合同，合同的外方当事人都要求选择国外某一国家的法律作为合同争议的准据法，并同时选择国际仲裁机构作为争议解决机构。这是导致国内企业在涉外纠纷中屡屡失利的重要原因之一。因此，凡是在涉外贸易谈判中，争议准据法以及仲裁庭的选择都是兵家必争之地，非常重要。

（4）《保密协议》固然存在问题，企业不重视则更致命。

根据鲁西化工发布的公告称，鲁西化工并未侵犯戴维、陶氏的知识产权，而是因为在早期的国际商务谈判中缺乏经验，签订了不公平的《保密协议》，是签约不慎导致今天的巨额损害。就我们处理涉外知识产权实际案件的经验来看，单纯地违反《保密协议》而遭受巨额损害赔偿的情况并没有见过，基于常理也不太可能。因为鲁西化工的仲裁裁决没有公开，我们也无法通过公开渠道查询具体仲裁裁决情况，也就无从知晓商业秘密具体侵权案情。从鲁西化工披露的现有情况看，我们可以有一个推测：鲁西化工急于上线涉案项目，在项目调研、磋商谈判过程中忽视了外方《保密协议》的问题，比较随意地签订了涉案《保密协议》。在笔者代理的案件中，中方企业基本上都是此种态度。外方的惯常做法是，结合《保密协议》以及中方的设备安装、厂房建设、生产线标准、技术许可等方面调查取证，然后到瑞典国际商事仲裁院申请仲裁，要求中方赔偿，最后到中国申请承认该裁决。外方此种套路屡试不爽，笔者经历的案件就有这种情况。中方企业为此吃尽了苦头，值得重视，应该重视。

2.《保密协议》审查要点

鲁西化工的天价教训给企业敲响警钟，在商业信息如此发达的今天，商业秘密保护显得尤为重要，商业合作中保密协议的签订必不可少，风险也接踵而至。尤其是在国际商业合作中，如果没有仔细审查《保密协议》，忽略了其中某些带"坑"的条款，可能会使公司陷入鲁西化工"巨额赔偿"的"天坑"。因此制定或签订《保密协议》时要慎之又慎，最好委托专业的律师团队对《保密协议》进行风险审查，甚至委托专业律师团队参与磋商谈判，以便及时规避合同"天坑"。在商业洽谈阶段，审查《保密协议》时应当重点注意以下问题：

（1）保密内容明确。

权利人应当将需要保密的对象、内容、范围和期限等明确下来，最好通过列举的方式列明所有需要保密的内容，否则很容易因约定不明引发纠纷。不同企业和同一企业的不同时期，保密范围、内容也有所变化，权利人应及时更新协议内容。

（2）保密义务条款。

保密义务人应当仔细审查《保密协议》中关于保密义务的具体规定，比如如何使用商业秘密、涉密文件的保存与销毁方式等内容。企业应当聘请专门的律师团队审查协议中是否存在不平等条款，以及具有何种法律风险。

（3）违约责任条款。

保密义务人应当仔细审查《保密协议》中关于违约责任如何承担的条款。一般约定以支付违约金或赔偿损失的方式承担违约责任，约定损害赔偿的，尽量同时规定具体的赔偿计算办法。

（4）纠纷管辖机构。

《保密协议》中可以约定争议解决机构，但争议解决机构必须确定、唯一，不能既约定选择仲裁机构又约定选择法院，不能既约定选择 A 地又约定选择 B 地的仲裁机构或法院，否则该条款无效。在司法实务中，仲裁机构或管辖法院的选择可能会对案件的审判结果有决定性的影响，关于纠纷解决方式和管辖法院的选择应根据具体案件咨询专业的法律团队。

江南大学法学院江苏省知识产权法（江南大学）研究中心顾成博在 2020 年第 5 期《学海》上发表了文章《经济全球化背景下我国商业秘密保护的法律困境与应对策略》，介绍了商业秘密法律保护面临的以下现状：

商业秘密作为重要的知识产权客体不仅关系着企业发展和产业竞争，也关系着国家的经济发展和贸易竞争。因此，商业秘密保护被美国等西方国家视为推动经济发展和确保国家安全的重要战略。近年来，我国商业秘密保护状况虽在持续改善，但仍存在不少问题。在2018—2019 年的"中美贸易战"中，商业秘密保护即成为此次双方争论的焦点问题之一。2020 年 1 月 15 日，中美双方签署了《中华人民共和国政府和美利坚合众国政府经济贸易协议》（以下简称《中美经贸协议》），中国承诺将按照该协议的要求进一步加强商业秘密的保护。

实际上，在此之前，我国已经采取了一系列加强商业秘密保护的措施。我国于 2017 年3 月颁布了《中华人民共和国民法总则》（注：2020 年 5 月 28 日，第十三届全国人大第三次会议表决通过了《中华人民共和国民法典》，本法自 2021 年 1 月 1 日起施行。《中华人民共和国民法总则》同时废止），该法第一百二十三条首次将商业秘密列入知识产权保护的客体范围，彻底改变了商业秘密游离于我国知识产权保护体系之外的窘境。2017 年 11 月和2019 年 4 月，我国先后两次修改了《中华人民共和国反不正当竞争法》，其中关于商业秘密保护的法律条款得到进一步完善，商业秘密的保护力度得到加强。2018 年 10 月，全国人大常委会出台了《关于专利等知识产权案件诉讼程序若干问题的决定》，规定由最高人民法院负责审理商业秘密等技术性较强的知识产权二审上诉案件。这一措施有利于统一案件的裁判标准和加强司法保护力度。2019 年 3 月，第十三届全国人大第二次会议表决通过了《中华人民共和国外商投资法》，明确规定依法保护外国投资者和外商投资企业的商业秘密，禁止以行政手段强制其转让技术。需要指出的是，尽管我国商业秘密保护的状况在持续改善，但是一些问题仍然存在。

5.2.3.3 商业秘密权益的客体

最高人民法院知识产权法庭审判长徐卓斌博士在 2022 年第 5 期《中国应用法学》上发表的文章《商业秘密权益的客体与侵权判定》，论述了商业秘密权益的客体。

商业秘密被普遍认为是当今企业最有价值的资产之一，商业秘密保护已成为近年来各经济体重点关注的知识产权问题，保护力度呈现逐步加强的趋势。比如美国国会于 2016 年通过《保卫商业秘密法》（Defend Trade Secrets Act），实现了商业秘密保护由"示范法 + 州法"向联邦成文法的转变。《中美经贸协议》中商业秘密保护也是主要议题之一。在我国，2021 年 9 月 22 点中共中央　国务院印发的《知识产权强国建设纲要（2021—2035 年）》提出"制定修改强化商业秘密保护方面的法律法规"，2021 年 10 月 28 日国务院印发的《"十四五"国家知识产权保护和运用规划》将"商业秘密保护"列为十五个专项工程之一，业界也有商业秘密单独立法的呼声，最高人民法院则通过司法解释对商业秘密保护进行了专门规范。专利、著作权以及商标领域的成文法由来已久，但商业秘密领域却缺乏这样的立法史，这意味着商业秘密保护确有不同之处，有必要从保护客体这一基础问题出发，探究商业秘密保护的思路和范式，以期对商业秘密侵权案件的审理提供一种更接近商业秘密保护与发展规律、更好满足保护需求的进路。

1. 商业秘密权益的客体

加强商业秘密保护的关键问题之一在于准确认定商业秘密法律制度所保护或者说商业秘密权益的客体。根据《中华人民共和国反不正当竞争法》（以下简称《反不正当竞争法》）第九条的规定，商业秘密是指不为公众所知悉、具有商业价值并经权利人采取相应保密措施的技术信息、经营信息等商业信息。但技术信息和经营信息等商业信息本身并不是商业秘密制度的保护客体，只是展现的表象或形式，真正的客体应当是信息的秘密性及基于此而产生的竞争优势，即该信息不为公众所知悉本身即具有商业价值，因此法律对其予以保护。

秘密性是商业秘密保护的必要条件，没有秘密性便没有商业秘密，不管为信息投入了多少时间、金钱和努力。应当关注的是信息背后的实质——创意和思想，这才是法律真正保护的客体，而这种实质如何表达则是无关紧要的。信息的传播几乎没有成本，并能够被无数人同时使用，极易成为公共品，信息的市场价格会以极快的速度掉落至零，如果它是有价值的、值得保护的，则应当通过法律的形式。当然，过于宽泛、无所不包的商业秘密定义，虽然看似有利于商业秘密的保护，但不一定是一件好事。站在社会利益的立场，信息的传播与利益的保护具有同样重要的价值，过强的商业秘密法律保护将使发明人不再寻求专利保护，对此法律必须予以平衡，因此并不是所有保密的商业信息都应当是商业秘密法的保护对象，有时技术措施与合同约束是更好的保密方法。

与保护客体的内容及范围清晰可识别、具有公开性和对世性的专利权、著作权、商标权等类型化的知识产权保护模式不同，商业秘密保护采取行为法模式，并不具体定义权利人享有哪些权利及具体权能，而是仅规定了他人未经许可禁止实施的行为，商业信息的秘密状态一旦被打破（公开），不管行为人是否采用合法手段，则其秘密状态是无法恢复原状的，救济方式只能是赔偿损失。

《中华人民共和国民法典》第一百二十三条规定商业秘密作为知识产权的客体，但是否存在"商业秘密权"这样的类型化财产权？有学者认为，商业秘密权既有内在的内容和对于商业秘密持有人的正当"利益"，也具有法律保护的形式，其秘密性、不确定性与不稳定性的自然属性增加了商业秘密保护难度，但并不能构成否认商业秘密知识产权化的理论障碍。

实际上，拥有商业秘密的自然人和法人之所以可以排除他人对其合法控制信息的不正当披露、获得或使用，并不是因为他对此拥有财产权，而是基于一种诚信义务，责任在于违反这一义务，即违反合同义务、滥用信任或以其他不正当的手段获得商业秘密，除此之外，商业秘密可以像其他非秘密的设备或方法一样自由"复制"。正如美国的霍姆斯大法官在判决中所指出的，无论原告是否有任何有价值的秘密，被告通过特殊的信任关系知晓了该信息，原告的财产可能被否定，但秘密性不能。因此商业秘密案件的出发点不是财产权或正当法律程序，而是被告是否具有对原告的保密关系。

商业秘密是否属于一种财产历来饱受争议。"财产化"的首要步骤是对权利的客体进行内容及边界的识别和划定。通常情况下，它应当是公开的。以专利权为例，专利申请人必须提交请求书、说明书、权利要求书等文件对其申请专利的发明创造的内容作出清楚、完整的说明，国务院专利行政部门也将对审查符合要求的专利进行公布，通过对专利的充分公开换取申请人在一定期限内独占利用其发明的权利。

而商业秘密与其他知识产权最根本的差异，也是其最核心的属性在于信息的秘密性。这意味着其作为产权的内容和边界无法界定，因此，商业秘密侵权案件审理的核心在于判断是否存在盗取等不正当手段获取、非法披露或使用商业秘密的行为。比如美国联邦最高法院即认为商业秘密法不干涉专利法背后的联邦政策，侧重于盗用行为而不是技术本身。一般而言，其中不正当手段获取、非法披露是基础性、第一性的侵害行为，从源头上破坏了信息的秘密状态；非法使用是衍生性、第二性的侵害行为，使用等侵害行为必然基于此前的盗取等不正当手段获取行为以及非法披露行为。

知识产权客体必须具有公开性、排他性，商业秘密的本质特征是其非公开性、非排他性，不符合知识产权客体的要求，其对于持有人而言属于合法利益而非权利。商业秘密所有人对该信息没有排他的、专有的占有和使用的权利，他人如果通过自行开发研制或反向工程获得相同技术信息或经营信息的，则他可以自由披露或使用而无须对商业秘密所有者负责，法律对此不会设定救济措施。商业秘密之上实际并不存在拟制的所有权，不存在权属问题，权利不存在则无所谓转让，例外转让场景是财产的概括转让。比如公司兼并、收购，保密技术成果是可以转让的，至少技术方案之上存在专利申请权，其秘密状态也是可以随之保有移交的，但技术方案或技术成果与其秘密状态（技术秘密）是不同层面的事物，应当予以区分认识，商业秘密本身不存在单独转让的可能性，实际上仅存在许可的可能。

所谓许可，实质上是权益享有人相对放弃保密信息的秘密性，将之与人在特定范围内共享，并获得相应对价作为补偿，这完全是一种契约法意义上的交易安排，法律也并不要求交易的标的必须是已经类型化的权利，这与专利许可等也是有所不同的。当然，如为了行文表述的方便，仍可称商业秘密持有人、商业秘密权益享有人为权利人。

2. 如何认识保密商务信息

2019 年 11 月 24 日，中共中央办公厅、国务院办公厅印发了《关于强化知识产权保护的意见》（中办发〔2019〕56 号），文件提出要"探索加强对商业秘密、保密商务信息及其源代码等的有效保护"，这是"保密商务信息"概念首次出现在中央正式文件中。2020 年 1 月 15 日，中美两国签署《中美经贸协议》，该协议涉及对保密商务信息的保护，并对保密商务信息进行了定义。

2020 年 4 月 15 日，最高人民法院印发《关于全面加强知识产权司法保护的意见》（法发〔2020〕11 号），提出要"加强保密商务信息等商业秘密保护"。《2020—2021 年贯彻落实〈关于强化知识产权保护的意见〉推进计划》明确提出"视情推进行政许可法、反不正当竞争法修改，加强商业秘密和保密商务信息保护"。2022 年 3 月 1 日起施行的《人民法院在线运行规则》（法发〔2022〕8 号）第三十五条规定，在线司法活动中的保密商务信息等数据依法予以保密。

可见，无论从立法、执法还是司法的角度看，"保密商务信息"这一名词已经走进了中国的法律话语体系。保密商务信息属于国内法体系新晋法律概念，并非中国法律话语所固有，对于其内涵、外延以及法律保护方式，均有诸多不明朗之处，保密商务信息如何在庞大的法律体系中妥切容身，值得细密思量。

保密商务信息（Confidential Business Information）这一概念首先出现在美国法，迄今也主要是美国法运用较多，于其他法域均不多见。但美国法对于保密商务信息并无确定的、一致的定义，一如商业秘密定义之难。在司法实践中，法院为提供法律保护的便利，有时甚至并不纠缠于如何去定义，而是认为保密商务信息属于财产（Property）。由于保密商务信息与商业秘密概念相近甚至部分重合，对于保密商务信息的定义差异主要体现在其如何处理与商业秘密的关系，主要观点如下：

第一种观点认为，保密商务信息是商业秘密的同义词，无须对二者进行实质上的区分，所有具有商业价值的、专有的信息，皆可认定为商业秘密。欧盟商业秘密指令即采纳这种立场，从该指令的名称可以看出，欧盟认为未披露商务信息等同于商业秘密。英国学界的主流观点与此类似。英国法上的保密信息（Confidential Information）概念包含商业秘密（Trade

Secrets）、文艺信息（Artistic and Literary Information）、政府秘密（Government Secrets）、个人信息（Personal Information），而商业秘密与保密商务信息属同义词。

第二种观点认为，保密商务信息范围大于商业秘密，商业秘密是保密商务信息的一种类型或者说分支。美国联邦政府的部门规章（Federal Regulation）多采用此观点，比如美国国际贸易委员会规定保密商务信息为"商业秘密、流程、经营、作品风格或设备，或生产、销售、发货、采购、转让、客户识别、库存，或收入、利润、损失或费用的金额或来源，或其他具备商业价值的信息"。联邦部门规章效力低于联邦法律，但高于州法，仍具有全国性的普遍效力，因此该类观点可看作是美国法的正式观点。对于商业秘密，比较权威的定义应该是《经济间谍法》（Economic Espionage Act 1996）与《保卫商业秘密法》（Defend Trade Secrets Act 2016）中的定义：①各种形式、类型的金融、商务、科学、技术、经济、工程信息；②信息所有人采取了合理保密措施；③该信息能基于不被普遍知悉和不被以常规手段轻易获知而获得实际的或潜在的独立经济价值。从行文上看，保密商务信息的范围较商业秘密为宽。《中美经贸协议》对保密商务信息的定义与美国联邦部门规章相似，为"任何自然人或法人的商业秘密、流程、经营、作品风格或设备，或生产、商业交易，或物流、客户信息、库存，或收入、利润、损失或费用的金额或来源，或其他具备商业价值的信息，且披露上述信息可能对持有该信息的自然人或法人的竞争地位造成极大损害"，可见该协议采纳保密商务信息范围大于且包含商业秘密的观点。

第三种观点认为，保密商务信息范围小于商业秘密，保密商务信息是商业秘密的一种类型或分支。经合组织（OECD）的一份研究报告认为，商业秘密的概念宽泛，包括客户名单、价格清单、商业战略等保密商务信息。欧洲委员会的一份研究报告认为，从经济学家的角度看，没有必要区分商业秘密与保密商务信息，商业秘密包含了保密商务信息。《最高人民法院关于全面加强知识产权司法保护的意见》有"加强保密商务信息等商业秘密保护"的表述，可见其认为商业秘密包含且范围大于保密商务信息。被美国大部分州立法采纳的示范法性质的《统一商业秘密法》（Uniform Trade Secrets Act），其立场虽不完全相同但近似于此。有观点认为，如果说早期美国法区分商业秘密和保密商务信息，但随着法律的发展，二者得到的保护却是相似的，《统一商业秘密法》已经将保密商务信息纳入商业秘密的范畴。《统一商业秘密法》将商业秘密定义为"信息，包括配方、样式、汇编、程序、设备、方法、技术或流程：①能够基于不被普遍知悉和不被以适当方式轻易获知而获得独立经济价值；②采取合理的努力保持秘密性"，这个定义非常具有包容性，将早期被认为属于保密商务信息的信息类型绝大部分纳入了商业秘密的范畴，这也是导致保密商务信息地位式微的原因之一。当然，也有观点认为将保密商务信息完全纳入商业秘密是弱化了对其的保护，因为商业秘密具有法定的构成条件，这些限定条件也同时加到了保密商务信息之上，意味着保密商务信息的保护门槛被抬高了。

第四种观点认为，保密商务信息与商业秘密并不相同或相互包含，亦互不隶属，属于并行法律概念。美国法学界早期就认为商业秘密不同于保密商务信息，商业秘密是企业经营中持续使用的流程或设备，而合同的出价、员工的薪金、安全投资的数目、新政策或新型号产品的发布日期等信息，则被认为区别于商业秘密，许多州的商业秘密法采纳这种观点。美国威斯康星州最高法院曾在一起案件中认为，即使保密信息尚未满足商业秘密的法定条件，商业秘密法也不能排除对该保密信息的其他民事救济方式，如他人实施侵占行为，应允许给予侵权救济。而商业秘密的联邦立法则是晚近之事，这种观点实际上在美国仍有拥趸。有观点将信息分为三类：一是特定行业中几乎所有人均知晓的信息；二是特定行业中多数人知晓、少数人不知晓的信息；三是特定行业中少数人知晓、多数人不知晓的信息，并认为第二种即为保密商务信息，第三种为商业秘密。该观点进一步认为，保密商务信息尚不符合商业秘密保护的要件，处于商业秘密与公开信息之间的灰色地带，其竞争价值低于商业秘密，但仍有加以保护的必要，其对保密商务信息的定义为：①该信息对寻求者而言是新颖的并能带来经济或竞争价值；②该信息对相关从业者而言并非必需；③信息持有者将其作为保密信息。美国有学者认为，保密商务信息是指那些尚达不到商业秘密保护门槛但具有价值的保密的商业信息，可以通过合同法乃至不当得利法予以保护。《关于强化知识产权保护的意见》将商业秘密与保密商务信息并列，似采纳类似观点。

由此可见，对于保密商务信息的定义及范围，无论中外，尚无定论，观点龃龉，难以统一。当然，究其根源，在于保密商务信息当前仍不是确定的法律概念，其背后的运行机理尚未完全显露，立法及司法上均尚难以作出适当的、周延的回应。暂以《中美经贸协议》对保密商务信息的定义为讨论基点，就其行文可知保密商务信息的构成要件与商业秘密几无差异。保密商务信息之"保密"，意味着信息持有人采取了保密措施。"或其他具备商业价值的信息，且披露上述信息可能对持有该信息的自然人或法人的竞争地位造成极大损害"这样的用语，意味着保密商务信息必须具有商业价值，且意味着保护的客体是基于保密商务信息产生的竞争优势。而既然是保密商务信息，则该信息当然不为外界公众所知悉。

可以说，保密性、价值性是显性要件，秘密性是隐含要件，保密商务信息在构成要件上与商业秘密区别甚微。在中国法律语境中如何理解保密商务信息，确实是一个值得思考的问题。《反不正当竞争法》保护的是基于商业信息的秘密性而产生的竞争优势，保密商务信息原则上仍属于商业秘密范畴，这一点从《反不正当竞争法》第九条对商业秘密的定义即可了然，该定义明确商业秘密指向技术信息、经营信息等"商业信息"，而商业信息与商务信息并没有什么实质差异，即使在该条于2019年4月修正之前，技术信息、经营信息的概念也具有广泛的包容性而足以涵盖保密商务信息。退一步讲，即使其不满足商业秘密保护的条件，《反不正当竞争法》的原则条款也具有足够的弹性和包容性，对所谓的保密商务信息进行保护。

商务信息具有广泛性、复杂性，难以穷尽列举。如《中美经贸协议》关于保密商务信息的定义中，比较难理解的是"作品风格"（Style of Works）为什么也属于保密商务信息范畴。一般而言，作品应当通过著作权法予以保护，并且著作权法仅保护表达而不延及思想，作品风格并非作品，因此难以得到著作权法保护。发表之前的作品确实可以处于不为外界知晓的秘密状态，未经作者授权而予以发表，属于侵害作者发表权的行为，可通过著作权法予以救济。当然，也有国家对此另辟蹊径，认为具有独创性的未发表作品可构成保密信息。

在商标法和反不正当竞争法领域，对风格的保护也是可行的，商业实践中的风格可以成为受保护的商业外观（Trade Dress）。作品风格的保护，从市场视角应是一个更好的观察角度。在后工业化时代，文艺创作已经被"工业化"，市场和资本给文艺创作筑就了平台，也编织了牢笼。文艺创作的个性因此而臣服，作品的风格不再是作者灵性的体现、个性的标签，而是营筑市场、开拓市场、展开竞争、获取利润的工具，推广何种作品、流行何种风格，不再是市场的选择，而是资本的选择，大众的审美成为被决定的对象。下一消费季里，大众看什么风格的影视、读什么风格的小说、穿什么风格的服饰，都在之前已经被策划设计，当然也只有如此，市场的流水线才可能运行流畅。也正由于此，作品风格才具有商业价值，在推向市场之前采取保密措施，是自然的选择。作品风格在作品推向市场之后自然公开，但在此之前，作品风格的相关信息因被采取保密措施，确实可以归入保密商务信息或商业秘密的范畴。

另外还值得关注的是源代码作为保密商务信息或商业秘密保护。在美国司法实践中，源代码可以作为商业秘密保护由来已久。源代码所指的当然是计算机程序的源代码，市场上分发的程序均为由源代码（源程序）转化而来的可机读的目标代码（目标程序）。目标代码都是可公开获取的，源代码一般而言是处于保密状态的，除非其为开源软件。如果他人未经许可复制了源代码，比如在自己的程序源代码中使用了他人的部分源代码，则会构成著作权侵权行为。但如果没有复制行为，比如有的程序员有阅读他人源代码以研究学习的习惯，如果其手段是非法的，无疑会破坏源代码的秘密状态，则将构成侵害他人商业秘密，原告以反不正当竞争法相关条文作为请求权基础提起商业秘密侵权之诉，也是可行的。

因此，对源代码的保护存在著作权和商业秘密两种进路，相应的被保护客体则分别是代码作品和源代码的秘密状态，其行为认定和所需证据都是有所不同的。

5.2.3.4　商业秘密侵权判定

最高人民法院知识产权法庭审判长徐卓斌博士在 2022 年第 5 期《中国应用法学》上发表的文章《商业秘密权益的客体与侵权判定》，介绍了商业秘密侵权行为的认定。

商业秘密的客观状态和属性使其权利范围并不像专利权、商标权等一样清晰和明确，商业秘密侵权判断的关键在于认定不正当行为之有无。根据《最高人民法院关于审理不正当竞争民事案件应用法律若干问题的解释》（注：已失效）第十四条规定，当事人指称他人侵犯其商业秘密的，应当对对方当事人采取不正当手段的事实负举证责任。但由于侵害商业秘密案件绝大部分直接证据掌握在被诉侵权人手中，权利人掌握的多为间接证据，让其直接证明被诉侵权人获取商业秘密的途径和手段，难度较高甚至难以实现，这对权利人的证明能力提出了较高的挑战。

为解决这种矛盾，减轻权利人的证明负担，我国司法实践中通常采用"接触 + 实质相同 - 合法来源"这一推定的间接证明方式，即在存在商业秘密的前提下，当权利人证明被诉侵权人有接触和获取涉案商业秘密的机会或可能性，且被诉侵权信息与商业秘密不存在实质性区别，此时举证责任转移，由被诉侵权人证明信息的合法来源。如果被诉侵权人不能提供信息为其合法获得或使用的证据，则法院可根据案件具体情况，推定侵权行为存在。

《最高人民法院关于充分发挥知识产权审判职能作用推动社会主义文化大发展大繁荣和促进经济自主协调发展若干问题的意见》第二十五条指出："商业秘密权利人提供证据证明被诉当事人的信息与其商业秘密相同或者实质相同且被诉当事人具有接触或者非法获取该商业秘密的条件，根据案件具体情况或者已知事实以及日常生活经验，能够认定被诉当事人具有采取不正当手段的较大可能性，可以推定被诉当事人采取不正当手段获取商业秘密的事实成立，但被诉当事人能够证明其通过合法手段获得该信息的除外。"《中华人民共和国反不正当竞争法》第三十二条第二款规定了侵犯商业秘密行为的举证责任转移，即商业秘密权利人仍对侵犯商业秘密的行为负有举证责任，其提供的证据达到初步证明和合理表明的标准和程度后，举证责任发生转移，由对方当事人证明其不存在侵犯商业秘密的行为。

值得注意的是，商业秘密案件审理不同于专利侵权判定中需要进行技术特征比对的思路。在专利侵权案件审理中，通过权利人主张的权利要求所记载的全部技术特征与被诉侵权技术方案所对应的全部技术特征逐一进行比较，当被诉侵权技术方案包含与权利要求记载的全部技术特征相同或者等同的技术特征时，应当认定其落入专利权的保护范围，从而侵权行为成立。商业秘密侵权判定中，只不过当权利人缺乏证明对方当事人实施侵权行为的直接证据时，通过审查被诉侵权行为涉及信息与原告商业秘密相同或实质相同，结合被诉侵权人对商业秘密的接触可能性，从而推定侵权行为成立。如果原告掌握被诉侵权人实施侵害行为的直接证据，所谓的实质相似的比对是多余的。对被诉侵权人使用的信息与商业秘密信息是否实质相同的审查，只是侵权行为成立的间接证明途径，最终目的仍是行为审查，二者的关系不可本末倒置。

美国法院主流观点亦认为，商业秘密保护法承认一个基本逻辑，当两种产品看起来相似时，它们之间的联系可能不仅仅是巧合。如果被指控的侵权人所制造的东西带有涉案商业秘密的某些独特标志，就可以推断其使用了该商业秘密。考虑到盗窃和滥用商业秘密的行为很少能通过令人信服的直接证据来证明，通过产品本质的相似性来推断侵犯商业秘密的行为具有合理性。在高某与北京一得阁墨业有限责任公司（以下简称"一得阁公司"）、北京传人文化艺术有限公司（以下简称"传人公司"）侵犯商业秘密纠纷案中，传人公司生产的三种产品品质、效果指标与一得阁公司生产的"一得阁墨汁""中华墨汁""北京墨汁"相同或非常近似，传人公司的最大股东高某曾在一得阁墨汁厂工作且负责技术开发、产品升级换代等工作，基于其工作职责完全具备掌握商业秘密信息的可能和条件，为他人生产与该商业秘密信息有关的产品，且不能举证证明该产品系独立研发，根据案件具体情况及日常生活经验，可以推定高某非法披露了其掌握的商业秘密。

在"香兰素"技术秘密案中，最高人民法院对王龙集团公司等被诉侵权人是否实施侵害涉案技术秘密的行为进行认定时，首先将涉案技术秘密涉及的设备图、流程图与被诉侵权技术信息的载体进行比对，在生产工艺流程和相应装置设备方面虽有个别地方略有不同，但结合被诉侵权人未提供有效证据证明其对被诉技术方案研发和试验的过程，并在极短时间内完成香兰素项目生产线并实际投产，因此可以认定个别差异是由被诉侵权人在获取涉案技术秘密后进行规避性或者适应性修改所导致，从而进一步认定王龙集团公司等被诉侵权人实际使用了其非法获取的全部 185 张设备图和 15 张工艺流程图。

商业秘密侵权案件比较通行的审理思路是，首先要对涉案信息是否符合商业秘密构成要件进行审查，固定商业秘密权利外观，不能将公知信息纳入商业秘密保护范围，否则有损公众利益，审查重点在于涉案信息"不为公众所知悉"。审理中必须要求原告明确商业秘密的具体范围和内容即"秘密点"，而秘密点是指区别于公知信息的技术方案、技术信息或经营信息。显然，现实诉讼中原告必然会主张一个范围很大的"秘密点"，其中可能包括了大量公知信息，于是又通过鉴定等方式筛选、剔除公知信息，以确定涉案信息的"不为公众所知悉"即秘密性。如果前文关于商业秘密权益的客体是信息的秘密性及竞争优势能够成立的话，则前述思路有待完善之处。公知信息本身与公知信息的秘密性，应作区分。

就技术秘密侵权诉讼试举一例：生产某种化工产品有三种技术路线或技术方案 A、B、C，难分伯仲，这些技术本身经历多年的积累演进，都是公开可获得的，业界人尽皆知。互为竞争对手的甲、乙公司，甲公司的产能、市场占有率、利润一直优于乙公司，乙公司对此耿耿于怀，意欲探知甲公司到底采用何种技术，并于某日派遣某人进入甲公司一探究竟，获知甲公司采用的是 A 技术后为甲公司发觉并报警，可谓人赃俱获。该案例中，甲公司所采用技术 A 本身是公知技术，似乎乙不应构成侵权，但是，甲公司采用了该 A 技术这一点本身即具有秘密性，因为甲公司对其所采用何种技术采取了保密措施，外界对其采用何种技术只能在 A、B、C 之间猜测，甚至可能认为其开发出了某种新技术。在此假设案例中，难道能依据甲公司采用了公知技术而认定乙公司不构成侵权？显然，虽然技术信息公知，但使用了该技术这一点并非公知，甲公司对其使用某种技术一事采取了保密措施，则仍可产生秘密性、仍具有值得保护的利益。如果采纳剔除公知信息再确定秘密点的思路，则会得出不合理的结论，并且，公知信息和未采取保密措施的信息，二者并非同一，如果要剔除，也应当是剔除未采取保密措施的信息。

公知信息不能简单剔除的另一原因是，技术方案中的各种信息是互相关联、互相影响的，相互之间产生协同效应，对技术方案应作整体观，而不能简单以公知与否划线、割裂、剔除，确定秘密点的"点状思维"，可能影响对技术秘密的全面周延保护。就此也可看出，认识到商业秘密权益的客体系信息的秘密性而非信息本身，对此类案件审理思路的确定具有关键影响。

在非法使用已经获取的商业秘密案件类型中，如果涉案的商业信息为权利人已实验失败的资料或数据，是否可构成不正当使用呢？答案是肯定的。2017 年修正《中华人民共和国反不正当竞争法》时，删去了原有商业秘密的构成要件之一"具有实用性"，统一修改表述为"具有商业价值"（注：2019 年修正保留了"具有商业价值"）。借鉴专利法中"实用性"的定义，其通常是指该技术能够在产业上制造或者使用，并且能够产生积极效果。这与商业秘密中"价值性"的要求是不同的，"价值性"更强调相关信息具有现实的或潜在的商业价值，为权利人提供竞争优势，而不一定需要在现实的生产中投入使用。

技术研发不是一蹴而就的，尤其是复杂的工艺或技术从来都伴随着多次失败，从而在研发过程中会产生大量的失败实验资料或数据。毋庸置疑，这些资料和数据对相关领域的其他竞争者具有极大价值，他人可以从中总结失败的经验，排除错误的技术路线，相比于权利人原本可能投入的大量研发时间和成本，其可降低试错和研发的成本，有利于提高本企业技术研发的成功率。美国《统一商业秘密法》中承认"消极信息"（Negative Information）或关于什么没有用和不能做的信息，可作为商业秘密进行保护，从反面角度来看它们是具有商业价值的，例如通过一个漫长且投入高昂成本的研究证明某种方法起不到作用，对竞争对手是有价值的。

美国司法实践中，商业秘密法对消极信息的保护也往往得到支持。法院认为"知道什么不该做往往可以自动导致知道什么该做"，如果一个人的想法节省了另一个原本错误认识它的人的时间和金钱，那么这个人可被视为已经获得了物质上的利益；类似地，一个方案从完成构想到正式投入生产和市场会经历前商业性使用（Precommercial Use）的阶段，例如研发、改进优化和实验的阶段，都有权享有与商业秘密同样的保护，因为它们为秘密持有者提供了竞争优势与领先优势。在广东省深圳市龙岗区人民检察院指控吴某、张某某、姜某某、王某某、郁某、李某某犯侵犯商业秘密罪一案中，针对被告人提出的涉案技术秘密仅是简单草案、不是产品具体设计方案、根本无法实现、不构成商业秘密的观点，二审法院认为，技术方案能否直接实施，不是构成技术秘密的先决条件。实验数据、阶段性研发成果，甚至失败的技术路径（被验证不可行），均具有潜在的商业价值，可以使权利人节省研发成本，避免再次受挫，获得竞争上的优势，均可作为技术秘密予以保护。《最高人民法院关于审理侵犯商业秘密民事案件适用法律若干问题的规定》第七条第二款中强调的"生产经营活动中形成的阶段性成果"可认为其包含了权利人失败的实验资料和数据。

5.2.3.5 合法获取商业秘密策略

吴伟仁主编的《国防科技工业知识产权案例点评》中列举了技术秘密和经营秘密，以及合法获取商业秘密策略。

一般而言，所谓"技术秘密"或"技术信息"可以包括研发战略、技术方案、工作进度、工程设计、电路设计、制造方法、配方、工艺流程、关键算法、技术指标、计算机软件源程序、数据库、研究开发记录、技术报告、测试报告、检测报告、实验数据、实验结果、图纸、样品、样机、模型、模具、操作手册、技术文档等；所谓"经营秘密"，是指具有秘密性质的，与经营者的销售、采购、金融、投资、财务、人事、组织、管理、法律事务等经营活动有关的内部信息、情报，载体通常是信函、传真、备忘录、纪要、协议、合同、报告、手册、文档、软件代码、图纸、电子邮件等，甚至可以存在于人的大脑记忆中。

商业秘密的合法获取策略有以下几种：

（1）通过独立研究、开发而取得的相同或相似的商业秘密：这是商业秘密的特点之一，秘密性是相对的，同一商业秘密在客观上可以被多人拥有，而且互不排斥，不具备其他知识产权那样的专有性。

（2）通过合法转让或其他合法途径而取得的商业秘密：企业完全可以通过转让、许可或投资入股等合法形式获取商业秘密。实际上，在国际技术贸易中，技术秘密贸易也是十分普遍的。

（3）通过"反向工程"而取得的商业秘密："反向工程"是对合法取得的产品或用户手册等进行解剖和分析，从而得出其构造、成分以及制造方法或工艺的行为。这一过程是揭示产品中包含的商业秘密的过程，使商业秘密权利人无法对抗反向工程人拥有使用该项商业秘密的权利，属于正当的竞争手段，应受到法律的充分保护。

（4）由于商业秘密权利人的疏漏而取得的商业秘密：在有的情况下，由于商业秘密权利人未采取保密措施，使商业秘密公知；商业秘密转让他人，而原商业秘密所有人公开商业秘密或未采取保密措施（合同没有约定保密义务的情况），被无明示的或默示的保密义务的对方所知晓，此时获取的商业秘密是合法的。商业秘密权利人对他人善意取得的商业秘密无权主张权利。

（5）商业秘密的权利用尽：商业秘密权利人无权对商业秘密的有形产品市场流通进行限制。如可口可乐配方属于商业秘密，但可口可乐产品可以在市场上自由地被使用。

5.2.3.6 竞业限制与竞业禁止

天津益清律师事务所张倩在 2022 年第 5 期《企业改革与管理》上发表了文章《竞业限制与竞业禁止对企业商业秘密的保护作用探讨》，介绍了竞业限制与竞业禁止等。

1. 竞业限制

竞业限制指的是依据《中华人民共和国劳动合同法》第二十三条第二款的规定，"企业对负有保密义务的员工，可以在劳动合同中或者保密协议中与雇佣的员工约定竞业限制条款，并约定在解除或者终止劳动合同后，在竞业限制期限内按月给予劳动者经济补偿。劳动者违反竞业限制约定的，应当按照约定向用人单位支付违约金”。而竞业限制条款的内容，则是约定该劳动者应该在离职后不能到与本单位经营或者生产同类产品或从事同类业务、有竞争关系的其他用人单位工作，或者自己开立企业生产或者经营同类的产品、从事同类的业务。依据《中华人民共和国民法典》规定产生的竞业限制义务是基于用人单位与劳动者的约定，而不是当然存在的法定义务。

竞业限制适用的主体是全部用人单位，在我国境内的企业、个体经济组织、民办非企业单位等组织，以及社会团体等。

竞业限制的人员适用于用人单位的高管、高级的技术人员和其他负有相关保密义务的人员。

竞业限制的范围和地域根据用人单位的具体情况和业务影响力由双方进行约定。

竞业限制主要适用于劳动者离职后，并且规定期限不得超过 2 年。

2. 竞业禁止

竞业禁止依据的是《中华人民共和国公司法》第一百四十八条中第一款第五项规定的情形，公司董事、高级管理人员没有经过公司股东会或者公司股东大会同意，不得利用自己职务的便利为自己或者他人谋取应该属于公司的商业机会，也不得自己经营或为他人经营与其所任职的公司同类型的业务。这是对于公司董事和高级管理人员的法定禁止性义务，不需要双方另行约定；这项规定的内容也与公司法对董事、高级管理人员所要求的对公司的忠诚义务完全一致。

根据《中华人民共和国公司法》的规定，竞业禁止义务的适用对象是公司的董事和高级管理人员，人员范围虽与竞业限制的适用人员有部分重合，但竞业禁止适用于上述人员在职期间的行为，而竞业限制主要适用于离职后，在时间范围上并不重合。竞业禁止义务如有违反，处理办法是所得收入归公司所有，如对公司造成损失的还要赔偿公司的损失，与竞业限制协议中约定违约劳动者向公司支付违约金的内容也有所区别。

我国商业秘密侵权案件中涉及企业员工或者前员工的案件占比达到80%以上，如何更好地运用法律赋予企业的权利并采取有效的方法，防止企业内部的人员成为侵犯企业商业秘密的主体，以下从两个方面分别进行阐述。

1. 劳动法规定的保密和竞业限制

对于企业内部人员，不论是企业的高级管理人员还是一般劳动者，也不论其工作职责是技术内容还是操作内容，都是企业的员工，都与企业具有劳动关系，因此，就可以适用《中华人民共和国劳动合同法》对保密和竞业限制的规定，而且保密协议和竞业限制协议结合起来使用会更有利于保护企业的商业秘密。

（1）保密规定与保密协议。

根据目前我国现行的劳动方面各个层级的法律法规，企业与劳动者可以在劳动合同中增加保密条款，也可以单独签订保密协议，就保护企业的商业秘密和知识产权的情况进行详细的约定。进行约定时，企业应尽量在保密协议中明确商业秘密的范围、劳动者的保密义务、保密的期限、违反保密约定需要承担的违约责任等。

企业与劳动者所签订的保密协议约定的保密责任主要是基于劳动者应对用人单位负有忠实义务的法理基础，所以，以下两个问题应该引起注意。首先，如果没有约定明确的保密期限，则商业秘密的保护应为长期，也就是直到该项商业秘密被公开，劳动者对商业秘密的保密期限与商业秘密的实际存续期限相同，与劳动者是否仍然在职并无直接关系；其次，如果保密协议中约定了企业向劳动者支付保密费，那么企业就应该本着诚实信用原则去履行支付保密费的义务，如果在保密协议中没有约定保密费，那么也不影响保密协议的效力，不影响劳动者应该按照保密协议约定的内容履行保密义务，也就是说保密义务并不以企业必须支付保密费为前提。

（2）竞业限制规定与竞业限制协议。

我国竞业限制所依据的规定主要是《中华人民共和国劳动合同法》第二十三条和二十四条以及《最高人民法院关于审理劳动争议案件适用法律问题的解释（一）》第三十六条直至第四十条的相关内容，在此基础上关于竞业限制协议及竞业限制协议的履行情况分别阐述如下：

竞业限制协议是企业与其雇佣的、负有保密义务的劳动者签订的协议，或者在其双方签订的劳动合同中或保密协议中与劳动者约定的竞业限制条款。其主要内容是约定在解除或终止劳动关系后，在竞业限制的期限内，劳动者不能到与本单位经营或生产同类产品或从事同类业务、有竞争关系的其他用人单位工作，或者自己开办企业生产或经营同类型的产品、从事同类型的业务，企业应按月向劳动者支付经济补偿。劳动者违反竞业限制约定的，应当按照约定向用人单位支付违约金。竞业限制协议主要应包括双方主体信息、竞业限制的内容期限和地域范围、经济补偿、违约行为及违约金等内容，也可以约定竞业限制的汇报或检查方式。

关于竞业限制的履行应注意以下几个问题：一是竞业限制经济补偿应不低于劳动者在企业离职前 12 个月平均工资的 30%，并且不低于当地最低工资标准；二是竞业限制协议签订后，企业可以随时要求解除，但劳动者不能要求解除竞业限制协议。如果在劳动者离职后，企业要求解除之前与其签订的竞业限制协议，劳动者可以要求企业向其额外支付 3 个月的竞业限制经济补偿；三是劳动者离职后的 3 个月，企业一直未按约定向其支付约定的竞业限制经济补偿的，其可以要求与企业解除竞业限制协议；四是劳动者违反了竞业限制协议的约定，即使支付了违约金，也仍然应该按照双方签订的竞业限制协议约定的内容继续履行其竞业限制义务。

由于竞业限制协议的有效执行需要企业向劳动者支付竞业限制经济补偿，其会给企业造成一定程度的经济负担，企业在商业秘密管理制度建立时，应尽量将不必要接触商业秘密的人员进行相对的隔离，尽量减少签订竞业限制协议的数量。在已经签订竞业限制协议的劳动者离职前，也应该再次衡量竞业限制协议是否有继续履行的必要，在保护企业商业秘密的同时，也尽量降低因此而产生的成本。

2. 公司法规定的竞业禁止

竞业禁止主要的法律依据是《中华人民共和国公司法》第一百四十八条和一百四十九条规定的内容，保护的主体是有限责任公司和股份有限公司，承担竞业禁止义务的是这两类公司的董事和高级管理人员，与劳动合同法规定的竞业限制所保护的主体和适用的人员均有所区别。由于竞业禁止责任是我国公司法基于委托—代理理论对于在公司任职的董事、高级管理人员对公司应承担的忠实义务规定的法定责任，不需要另行约定。因此，也规定了例外情况，也就是应该承担竞业禁止责任的公司董事和高级管理人员如果经过了公司的股东会或股东大会的同意（一般表现形式为书面的股东会或股东大会决议），就可以不再承担公司法规定的该项竞业禁止责任。

根据《中华人民共和国公司法》第二百一十六条的规定，公司的高级管理人员，指的是公司的经理、副经理、财务负责人，以及上市公司的董事会秘书或公司章程中规定的其他人员。公司在对内部管理架构进行设计时，既要充分考虑公司经营管理的需要，也应同时考虑商业秘密保护的需要，对于在公司担任高管的人员可以直接适用公司法规定的竞业禁止义务，同时又可依据劳动法相关规定与其签订保密协议，如有必要还可与其签订竞业限制协议，以确保其在离职后的 2 年内不到与本单位有竞争关系的单位工作，以便更加有效地保护本公司的商业秘密免遭侵犯。

在商业秘密保护的漫长道路上，企业及其管理者应增强法律意识，运用法律手段，针对不同的企业内部人员制定不同的商业秘密保护职责，综合运用竞业限制和竞业禁止等法律规定，与相关人员签订相应的协议，从而更加有效地保护企业的商业秘密。

5.2.3.7　企业保护商业秘密的方式

天津益清律师事务所张倩在 2022 年第 5 期《企业改革与管理》上发表了文章《竞业限制与竞业禁止对企业商业秘密的保护作用探讨》，介绍了企业商业秘密保护的方式。

1. 从保密制度上进行规范

企业在建立健全本企业的商业秘密保护制度时，应充分考虑企业的具体情况，以必须涉及为原则，对于不同的管理职位规定不同的管理权限，避免非必要人员接触到企业的商业秘密，尽量缩小涉密人员的范围，并对必须涉密的人员进行保密职责的架构设计，不同职位的人承担不同的保密职责。同时，对于不同工作内容的人员进行不同岗位职责的设置和划分，对于不同性质的商业秘密根据企业具体情况规定涉及和接触的岗位和人员，避免非必要的内容交叉和职责滥用导致企业商业秘密被众多人员接触，从而降低商业秘密被泄露的风险。

2. 从保密措施上进行保护

不同工作岗位和不同职位的人员对于企业商业秘密的使用需求不同，基于此可以设置不同的接触方式，有的岗位可以查看，有的岗位可以复制或下载，有的岗位可以进行修改和编辑。对于拟离职的涉密人员可以设置脱密期，并且可以设置运用一些技术手段、装置和措施保护企业里重要的商业秘密，比如对于企业经营非常重要的技术机密或财务数据等。

3. 从相应协议文本上进行约定和保护

除了纯粹技术手段入侵企业商业秘密存储介质盗取数据的情况以外，企业商业秘密被侵犯的一个重要前提是能够接触企业商业秘密的人员的参与或者该人员独立实施侵权行为。因此，能够接触企业商业秘密的人员无非是两类：

一类是企业内部人员，其中包括企业的高级管理人员、关键技术人员和财务人员，以及商业秘密保护不到位的企业中的一般员工。

另一类则是企业的外部合作单位的人员，例如，企业的供应商根据企业的技术需求为企业提供定制化的产品、零件或技术开发服务，在此过程中，供应商的相关人员会接触企业的商业秘密；此外，企业在为客户提供售后技术指导或技术服务的过程中，客户的相关人员也会接触企业的商业秘密。

　　对于企业的内部人员，企业应运用公司法、劳动法等相关法律法规赋予企业的权利，以内部规章制度和各类协议文本的形式对自身的商业秘密主动采取保护措施。

　　对于企业的外部合作单位，则要在相应的合作协议中增加保密条款，对商业秘密范围、禁止泄密、违约责任进行约定，或者以单独保密协议的方式对双方合作过程中涉及的商业秘密保护进行明确具体的约定，以及违反约定后可以采取的相应措施和违约责任也进行详细的约定，以最大限度地保护企业的商业秘密。

第6章

知识产权的管理

6.1　知识产权管理体系与运行

6.1.1　管理体系与运行的案例

6.1.1.1　单位缺乏专利意识

"红外水分仪"是造纸、烟草等行业远距离测量纸张、烟丝等水分含量的仪器，过去我国依赖进口。从美国进口的同类产品每台约为 16 万元，从英国进口的同类产品每台约为 25 万元。1988—1990 年，北京 A 研究所在借鉴外国产品的基础上，自主开发了"双光路四光束红外水分仪"，取得了可喜的经济效益。1993—1994 年，A 研究所又进一步自主开发成功"双光路六光束红外水分仪"，经济效益大幅提高，形成了小批量生产，并在 1999 年进行了产品标准备案，获得了计量器具生产许可证书，具备了完善的计量器具生产条件。截至 2000 年，共生产销售 200 多台，销售收入近 2 000 万元，毛利润近 1 000 万元。

1997 年，该产品的一名主要研究开发人员调离 A 研究所后，利用该技术，在当地继续从事红外水分仪的生产销售，形成与 A 研究所争夺市场的局面。

截至 1999 年年底，参与该产品研制的另两名主要工作人员辞职未获批准，自动离职，一同在 B 有限责任公司（以下简称"B 公司"）继续从事红外水分仪的生产销售。B 公司于 2001 年年初获得省科技厅颁发的科技成果鉴定证书，不久 B 公司又申请了国家专利，接着又获得了国家贴息贷款。

由于主要技术人员的出走和技术的流失，到 2001 年，A 研究所不得不终止了红外水分仪的研究、开发、生产与销售。

6.1.1.2　单位缺乏保密意识

20 世纪 80 年代中期，我国彩电行业迅速发展，但彩管生产线及主要设备均由国外进口，其制造技术对我国封锁。陕西某研究所从 1987 年开始研制第一台"日立"牌 14 寸黑底曝光台，它是根据与陕西咸阳显像管厂的合同，在引进技术的基础上，消化、吸收、创新研制的产品。该研究所在研制过程中，成功地运用了一次定位技术、屏定位技术、精密传动技术、自动调光技术及可编程控制器等多项先进技术，解决了非球面光学件加工技术等诸多技术难点，提高了曝光台的灵活性、可靠性，同时也提高了产品的质量和生产效率，创造了良好的经济和社会效益。该设备 1991 年 10 月通过部级鉴定，达到了国际同类先进水平，打破了国外技术封锁。从 1988 年开始，该研究所开始将该成果扩展到"日立""东芝" 14 寸、18 寸、21 寸、25 寸黑底、荧光粉、高分辨率各种型号类型的曝光台，先后为咸阳、上海、深圳等地的彩电显像管厂生产了上百台设备，并销售到中国香港以及韩国和东南亚等地，为该研究所创造了上千万元的经济效益。1993 年以后，该研究所发现自己的客户相继转移方向，不再与自己签订合同。后经调查才得知，是所里的原设计人员携图纸及技术出走，另起炉灶，重新开张，并且以价格优势与该研究所开始竞争，仅 1994—1996 年就与客户签订数十台的销售合同，使该研究所损失达到近千万元，同时也使该研究所民品开发处于非常不利的地位。该研究所本想用法律程序来保护自己的合法权益，但由于没有申请专利，且管理不善，致使一些技术研制报告未及时归档，同时所里也没有完善的保密措施，故其只能眼睁睁地看着别人夺走自己的市场。

6.1.2　涉及的知识产权法律条文

以下为《中华人民共和国专利法》（2020 年修正）节选：

第十一条　发明和实用新型专利权被授予后，除本法另有规定的以外，任何单位或者个人未经专利权人许可，都不得实施其专利，即不得为生产经营目的制造、使用、许诺销售、销售、进口其专利产品，或者使用其专利方法以及使用、许诺销售、销售、进口依照该专利方法直接获得的产品。

外观设计专利权被授予后，任何单位或者个人未经专利权人许可，都不得实施其专利，即不得为生产经营目的制造、许诺销售、销售、进口其外观设计专利产品。

第十二条　任何单位或者个人实施他人专利的，应当与专利权人订立实施许可合同，向专利权人支付专利使用费。被许可人无权允许合同规定以外的任何单位或者个人实施该专利。

第十三条　发明专利申请公布后，申请人可以要求实施其发明的单位或者个人支付适当的费用。

第十四条　专利申请权或者专利权的共有人对权利的行使有约定的，从其约定。没有约定的，共有人可以单独实施或者以普通许可方式许可他人实施该专利；许可他人实施该专利的，收取的使用费应当在共有人之间分配。

除前款规定的情形外，行使共有的专利申请权或者专利权应当取得全体共有人的同意。

第十五条　被授予专利权的单位应当对职务发明创造的发明人或者设计人给予奖励；发明创造专利实施后，根据其推广应用的范围和取得的经济效益，对发明人或者设计人给予合理的报酬。

国家鼓励被授予专利权的单位实行产权激励，采取股权、期权、分红等方式，使发明人或者设计人合理分享创新收益。

第十六条　发明人或者设计人有权在专利文件中写明自己是发明人或者设计人。

专利权人有权在其专利产品或者该产品的包装上标明专利标识。

第十七条　在中国没有经常居所或者营业所的外国人、外国企业或者外国其他组织在中国申请专利的，依照其所属国同中国签订的协议或者共同参加的国际条约，或者依照互惠原则，根据本法办理。

第十八条　在中国没有经常居所或者营业所的外国人、外国企业或者外国其他组织在中国申请专利和办理其他专利事务的，应当委托依法设立的专利代理机构办理。

中国单位或者个人在国内申请专利和办理其他专利事务的，可以委托依法设立的专利代理机构办理。

专利代理机构应当遵守法律、行政法规，按照被代理人的委托办理专利申请或者其他专利事务；对被代理人发明创造的内容，除专利申请已经公布或者公告的以外，负有保密责任。专利代理机构的具体管理办法由国务院规定。

第十九条　任何单位或者个人将在中国完成的发明或者实用新型向外国申请专利的，应当事先报经国务院专利行政部门进行保密审查。保密审查的程序、期限等按照国务院的规定执行。

中国单位或者个人可以根据中华人民共和国参加的有关国际条约提出专利国际申请。申请人提出专利国际申请的，应当遵守前款规定。

国务院专利行政部门依照中华人民共和国参加的有关国际条约、本法和国务院有关规定处理专利国际申请。

对违反本条第一款规定向外国申请专利的发明或者实用新型，在中国申请专利的，不授予专利权。

第二十条　申请专利和行使专利权应当遵循诚实信用原则。不得滥用专利权损害公共利益或者他人合法权益。

滥用专利权，排除或者限制竞争，构成垄断行为的，依照《中华人民共和国反垄断法》处理。

第二十一条　国务院专利行政部门应当按照客观、公正、准确、及时的要求，依法处理有关专利的申请和请求。

国务院专利行政部门应当加强专利信息公共服务体系建设，完整、准确、及时发布专利信息，提供专利基础数据，定期出版专利公报，促进专利信息传播与利用。

在专利申请公布或者公告前，国务院专利行政部门的工作人员及有关人员对其内容负有保密责任。

以下为《中华人民共和国反不正当竞争法》（2019 年修正）节选：

第九条　经营者不得实施下列侵犯商业秘密的行为：

（1）以盗窃、贿赂、欺诈、胁迫、电子侵入或者其他不正当手段获取权利人的商业秘密；

（2）披露、使用或者允许他人使用以前项手段获取的权利人的商业秘密；

（3）违反保密义务或者违反权利人有关保守商业秘密的要求，披露、使用或者允许他人使用其所掌握的商业秘密；

（4）教唆、引诱、帮助他人违反保密义务或者违反权利人有关保守商业秘密的要求，获取、披露、使用或者允许他人使用权利人的商业秘密。

经营者以外的其他自然人、法人和非法人组织实施前款所列违法行为的，视为侵犯商业秘密。

第三人明知或者应知商业秘密权利人的员工、前员工或者其他单位、个人实施本条第一款所列违法行为，仍获取、披露、使用或者允许他人使用该商业秘密的，视为侵犯商业秘密。

本法所称的商业秘密，是指不为公众所知悉、具有商业价值并经权利人采取相应保密措施的技术信息、经营信息等商业信息。

6.1.3 知识产权要点点评

6.1.3.1 专利与商业秘密的作用

根据吴伟仁主编的《国防科技工业知识产权案例点评》进行点评。6.1.1.1 小节的案例中涉及的第一个问题是专利的独占性。《中华人民共和国专利法》第十一条规定："发明和实用新型专利权被授予后，除本法另有规定的以外，任何单位或者个人未经专利权人许可，都不得实施其专利……"只有取得专利权，才能对市场实行有效的控制。专利权的取得需要向官方提出书面申请。本案例中的"红外水分仪"从研究开发、产品创新、开拓市场、取得社会效益和经济效益，到出现市场竞争对手，继而被他人申报专利，最终被迫终止生命的全过程说明，在当前的知识经济时代，缺乏对专利权的保护，即使新产品开发成功也可能会在市场上遭遇失败。

案例中涉及的第二个问题是商业秘密保护。《中华人民共和国反不正当竞争法》第十条规定："本条所称的商业秘密，是指不为公众所知悉、能为权利人带来经济利益、具有实用性并经权利人采取保密措施的技术信息和经营信息。"（注：2019 年修正后为第九条规定：本法所称的商业秘密，是指不为公众所知悉、具有商业价值并经权利人采取相应保密措施的技术信息、经营信息等商业信息）商业秘密是权利人自行认定的，无须官方批准。但是，运用商业秘密保护自己时必须经过诉讼程序，需要对商业秘密进行司法确认。该研究所虽然研制了"红外水分仪"，但是对"红外水分仪"商业秘密并未根据法律规定与涉密人员签订保密协议，其商业秘密保护工作处于无人管理的状态。此外，人员流动给该研究所"红外水分仪"项目造成的损害，未能引起单位的警觉，该研究所没有采取相应的补救措施。继而又有两名主要技术人员离职，带走技术，单位仍然是束手无策。这个案例生动地说明在激烈竞争的市场经济条件下，不采取任何保护措施的科技创新必将事与愿违。

6.1.3.2 完善保护创新技术

根据吴伟仁主编的《国防科技工业知识产权案例点评》进行点评。6.1.1.2 小节的案例与前一案例具有相似之处，涉及的法律问题是相同的。首先是该研究所对自己的技术创新"黑底曝光台"未申请专利保护，因此，其不具有该项技术的独占权，也就不具有对市场的控制能力。本案例中该研究所没有开展商业秘密管理工作，对其技术创新未采取保密措施，当发生人员流动带走技术信息时，也无法追究其侵权责任。目前这一问题在国有企事业单位中具有一定的普遍性，类似的事件在很多企事业单位中都曾发生过，因此应引起各单位的足够重视，企业应切实加强知识产权保护与管理，提高自身的竞争力。

6.1.3.3 构建中小企业知识产权管理体系

国家能源集团宁夏煤业有限责任公司刘瑞华在 2022 年第 20 期《中国管理信息化》上发表了文章《中小企业知识产权管理体系构建研究》，论述了中小企业知识产权管理体系构建策略。

为解决当前中小企业的知识产权管理困境，作者建立了适用于中小企业的知识产权管理体系。该体系将知识产权管理分为外层管理、内层管理和核心管理三个层次。外层管理包括机构设置、制度建立和人员配置，其目的是为知识产权工作的有序开展提供保障。内层管理是对知识产权开发、保护和运营工作的直接管理，其目的是充分发挥和挖掘知识产权的综合作用。核心管理即知识产权战略管理，是指借助科学的知识产权战略助力企业高质量发展。

外层管理、内层管理和核心管理三者逐级递进又互为保障，通过三者的共同作用，可以切实增强中小企业的核心竞争力。

1. 完善外层管理，建立全方位的保障体系

（1）完善机构设置，提供组织保障。

企业要设立专职管理机构对知识产权工作进行统筹规划。首先，要将主管领导任命为部门总负责人，提高企业内部对知识产权工作的认可度，从而有效推动相关工作的开展。其次，要畅通沟通渠道，对内要注重与研发部、法务部、市场营销部以及财务部等部门的交流合作，保证各项事务的顺利开展；对外要加强与情报机构、科研机构、政府机构以及设计公司等机构的沟通与合作，发挥部门核心职能。最后，要明确部门职责，包括知识产权情报分析、风险控制、运营途径以及相关的人财物力管理等。

（2）加强制度建设，提供制度保障。

完善的制度是一切工作顺利进行的必要保障，企业知识产权管理工作更是如此。企业要将所有与知识产权相关的工作形成制度文件，进行统筹管理，这样才能使各项工作有条不紊地开展。规章制度建设主要分为两个层面，即公司层面和部门层面。在公司层面，企业要制定知识产权管理工作原则，明确各相关部门的职责，建立沟通机制，畅通各个部门之间的协调合作渠道。在部门层面，企业要制定具体的知识产权管理工作手册，明确工作流程，建立部门知识库。除了基本的管理制度，企业还要制定合理的知识产权奖励制度。首先，要对知识产权的开发者进行奖励，以激发科研人员的创造热情，增强企业创新能力。其次，要对知识产权的优秀管理者进行表彰，如在知识产权保护方面作出突出贡献的员工，以及通过科学的知识产权运营策略给公司带来巨额利润的员工等，增强管理人员的工作成就感，推动知识产权管理工作的高效开展。中小企业通过上述措施可以在企业中营造尊重知识产权的氛围，推动企业知识产权工作进一步开展。

（3）完善人员配置，提供人力保障。

知识产权管理工作涉及技术、法律、经济等众多领域，需要管理者具有较丰富的知识储备和较强的工作能力。知识产权管理人员既要有知识产权专业知识，又要有法律、经济、技术等方面的专业背景，还要有一定的管理能力，这样才能保证知识产权开发、保护、运营等各方面的工作有序开展，从而为企业创造财富。企业要注重吸纳和培养专业的知识产权管理人才。一方面，通过招聘或内部调动完善人员配置，补齐人力资源短板；另一方面，企业要对管理人员进行系统培训，包括知识产权战略布局、知识产权专业知识、知识产权风险控制以及知识产权运营管理等内容，打造一支专业的管理团队，切实提升知识产权管理能力。

2. 加强内层管理，发挥和挖掘知识产权的综合作用

（1）合理布局知识产权，提升知识产权获取能力。

中小企业要转变管理思路，不能将知识产权和企业的经营发展分割开来。知识产权管理是企业的一项重要工作，不仅涉及沟通与协调方面的工作，而且要深入研究本企业以及所属行业的技术和市场产品线。因此，知识产权管理部门要与市场部和研发部密切合作，深入企业的核心业务并体现自身独特的价值，解决企业经营活动与知识产权分割的痛点问题。首先，要对知识产权进行合理布局，注重知识产权情报分析，及时了解相关企业的知识产权现状以及市场动态。其次，要建立知识产权评价体系，在评价体系中，应当动态地、科学地评估知识产权的价值，合理设置评价指标，将评价指标作为知识产权工作的指南和考核标准，

以提升企业的知识产权质量。最后，对企业在生产经营活动各个环节所产生的知识成果及时进行产权化，增强知识产权获取能力。

（2）建立风险管理体系，加大知识产权保护力度。

产权保护是知识产权价值实现的基础，也是体现知识产权竞争力的重要保障。如果不注重知识产权的保护，那么知识产权的价值将无从谈起。中小企业应当将知识产权保护作为知识产权管理中的重要一环，建立完善的风险管理体系，对内能够有效保护企业的合法权益，对外能够尽量避免侵权行为。首先，企业要创建内部知识产权档案，并进行定期监督，及时发现并制裁侵权行为，保护企业正当权益。其次，针对企业的核心技术进行战略规划，通过延伸上下游技术等手段，限制竞争企业对核心技术的"模仿"。最后，针对新技术研发过程中可能出现的知识产权纠纷做好相应的风险规避、风险转移、损失控制，编制风险预防及应急预案，将企业的风险损失降到最低。

（3）进行产权价值评估，增强知识产权运营能力。

知识产权作为企业的重要无形资产和核心经营资源，其价值的实现有赖于高效的运营，如果运营得当，会给企业带来巨大的经济效益。中小企业要提升知识产权运营能力，注重知识产权的资本化、市场化和产业化，将知识产权真正转化为经济效益。一方面，中小企业要根据知识产权类型和价值进行有差别的运营，将企业所拥有的各个类型的知识产权实现价值最大化，真正做到物尽其用；另一方面，中小企业要加强与各类服务机构的合作，灵活运用外部力量，开拓知识产权运营途径。

3. 注重核心管理，推动企业可持续发展

核心管理即知识产权的战略管理，是企业知识产权管理最重要的部分。知识产权战略管理的优劣直接决定了企业的市场竞争力能否实现大幅跃升。知识产权战略管理是在充分评估和考虑企业外部市场及竞争环境的基础上，使企业在相当长的时期内获得竞争优势的整体性谋划。

企业的发展阶段以及企业知识产权的发展阶段都会直接影响知识产权战略的制定。在企业知识产权发展的初级阶段，中小企业要根据实际经营情况制定知识产权发展战略，以知识产权促进企业发展，不能将知识产权战略和企业发展割裂开来。初级阶段管理战略主要适用于企业初创期和发展期，初创期应当优先申请企业核心技术的知识产权，同时要尽可能扩大权利保护范围；发展期要对企业的产品进行梳理、深挖，使核心技术的知识产权更加深入、专精。

在企业知识产权发展的高级阶段，知识产权战略应当实现从融入企业发展战略到引领企业发展战略的转变，要成为企业战略决策的决定要素。高级阶段管理战略主要适用于企业的成熟期，这个时期的企业知识产权战略主要分为两方面：一方面是通过开拓国际市场进一步提高知识产权的影响力和市场占有率，稳固已有技术的核心地位；另一方面是通过加速知识产权建设和布局，将企业现有的业务边界进行拓展，进军新技术领域，及时申请新技术的知识产权，抢占市场先机。

简言之，中小企业必须制定与市场环境、自身发展阶段和企业发展战略相适应的知识产权保护战略，逐步建立由防御到相持，再到进攻的知识产权战略，最大限度地实现知识产权价值，推动企业创新发展。

建立一个科学有效的知识产权管理系统，对于提升企业知识产权管理能力，促进企业快速、可持续发展是相当关键的。设置组织机构、建立规章制度、完善人员配置等措施能为知识产权管理工作提供全方位的保障。提升企业的知识产权获取能力、保护能力和运营水平，能够充分发挥和挖掘知识产权的综合价值。加强知识产权战略管理能够从根本上推动企业高质量发展。发挥三个管理层级的共同作用，可以使知识产权成为企业获得经济效益、提升竞争力的有效砝码。

6.1.3.4　构建创新型企业知识产权管理体系

航天长征化学工程股份有限公司研究发展部章刚等人在 2021 年第 4 期《科技创业月刊》上发表了文章《科技创新型企业知识产权管理体系构建》。以科技创新型企业为例，分析其知识产权管理体系构建的特点。在科技创新型企业内部构建知识产权管理体系，发挥知识产权资产的动态价值显得尤为迫切。同时，从知识产权管理与科技创新的关系、创新成果转化和知识产权风险管控等方面分析科技创新型企业知识产权管理体系建设的特点。

1. 研发与知识产权管理紧密结合

企业知识产权管理体系是一个多环节、多层次的管理体系，需要研发与知识产权管理有机结合。科技创新是知识产权管理的出发点和根本目的，知识产权管理体系建设则是自主创新进行的基础与动力。技术研发与知识产权管理之间是互动的效应，技术研发是知识产权产生的源泉，知识产权管理贯穿于技术研发全过程，技术研发与知识产权管理之间是一种互动关系。技术研发是知识产权管理的重要环节，知识产权管理围绕技术研发全面统筹；同时，知识产权管理在研发工作的各个阶段发挥作用。

（1）技术研发是知识产权管理的重要环节。

技术研发与知识产权管理工作密不可分，是知识产权管理过程的关键环节。从知识管理的角度来看，企业通过技术研发和知识产权管理将难以用法律机制保证收益的隐性知识明示化，最终以显性知识的方式实现向战略性资产的转化，并且实现研发成果的最大化收益。

知识产权管理体系服务于科技创新，在技术创新开始前，协同公司部门合理搭建创新平台，积极组建高水平的创新团队，结合企业的自身情况制定自主创新工作规划，从技术经济领域分析竞争对手实力和预测产品市场，在为科技创新工作打好基础的同时提供导向性。研发出创新成果后，合理运用知识产权战略，通过知识产权的单独使用或与企业其他资源联合使用实施转化，从而实现企业利益的最大化。技术研发结束后应对创新团队采取适当的激励，对在知识产权领域作出重大贡献的核心创新人员予以重奖。

（2）知识产权管理在技术研发各个阶段发挥作用。

知识产权管理在技术研发工作的各阶段发挥重要作用，技术研发的过程往往具有连续性，研发周期从几个月到几年不等，在技术研发周期内进行全面的知识产权管理十分关键。科技创新型企业在使用知识产权成果时创造价值与效益，同时在创新过程中不断积累知识与经验，为知识产权管理和技术创新进一步打下坚实的基础。

在研发选题阶段，知识产权管理通过检索报告的形式，帮助研发人员分析相关领域的创新热点，分析创新项目是否具有独创性与先进性，为科学制定研发路线提供依据。在技术研发过程中，要关注竞争企业相关领域可能产生的知识产权成果，同时结合最新市场信息及知识产权成果评价项目的合理性。通过采集和分析最新信息及时调整研发工作计划，力求知识产权风险最小化。在研发成果转化阶段，知识产权管理工作的重心主要是对知识产权成果的保护与转化，一方面从制度层面和组织人员等方面严格把控知识产权成果的共享范围；另一方面科学规划专利申请布局，力求全面的同时又突出重点。

2. 重视成果转化

（1）密切关注市场需求。

市场需求既是企业发展的关键导向，也是技术研发的主要目标，从市场缺口和用户需求出发，组织技术研发工作最为有效。科技创新型企业应充分发挥知识密集的优势，通过技术研发积极补充市场缺位的产品，提升企业产品及服务水平，最终使企业创新能力能够充分转化为产品优势与企业效益，在激烈的市场竞争中占据主动。然而市场需求是动态变化的，这就需要及时把握市场动向，根据市场实际情况，对企业的研发路线和知识产权管理策略及时调整。从技术研发角度来说，及时掌握变化的市场需求，有目的地调整研发工作的内容与方向，为知识产权转化打下良好基础。从过程管理角度来说，在尊重企业发展和市场规律的基础上，可以根据企业发展对企业知识产权管理进行时间段上的划分，实现企业在不同的发展阶段都能对企业知识产权进行有效的管理。

（2）充分熟悉知识产权转化的市场运作模式。

运用企业现有知识产权为企业谋求更大收益，增强企业的市场竞争力是知识产权管理的最终目标。科技创新型企业知识产权管理应在了解各种知识产权制度利弊的基础上，选择对企业最为有利的方式，形成全方位、多角度的管理机制，进行分层交叉管理，充分利用不同知识产权的优势，使企业的利益达到最大化。专利实施许可和转让是知识产权市场化的主要方式，特别是科技创新型企业，及时广泛地传播和应用技术创新产品对企业抢占市场先机，获得更多的效益和更大的竞争优势至关重要。明确知识产权实施许可的权力范围，在充分尊重被许可方使用和经营自由的同时，与被许可方约定专利使用限制、区域限制和排他性限制等方式，可以有效地规避知识产权实施许可过程中的风险，保证企业利益。适时进行知识产权转让，快速地将无形资产转化为企业现金流，适当时可将知识产权投资入股，将转让费转化为股权收益，实现出资价值。此外，科技创新型企业也可以通过知识产权许可方式融资，充分利用知识产权资源增加资产流动性，同时不影响其对该知识产权的继续使用。

（3）实现知识产权收益在企业的良性反馈。

知识产权收益是技术研发成果转化的结果，在帮助企业发展的同时，应将这部分收益以合适的比例再次投入技术研发工作中，用于改善研发条件、培养研发人员、购买研发设备和提升研发人员待遇等方面，从而实现知识产权收益在企业的良性反馈。一方面将知识产权收益投入企业研发成本中，进一步为技术研发工作提供更充足的资金支持；另一方面对于核心发明人和发明团队，要结合其知识产权成果转化情况进行有效激励。对于已产生知识产权成果，但由于其他原因没能及时促成实施与转化的，同样应及时激励，该部分支出可计入研发成本。

3. 知识产权管理风险防范

技术研发开始前，可通过知识产权检索的方式避免与现有知识产权产生冲突；研发过程中，及时进行知识产权检索并结合市场分析技术研发成果，适时调整研发路线以规避可能存在的知识产权风险；知识产权成果研发成功后，通过合适的方式及时进行成果转化，并对创新团队进行有效激励。

技术创新型企业知识产权管理风险防范应由研发部门牵头，人力资源部、实施与转化部门、法务与信息披露部门等联合进行知识产权管理风险防范。人是创新的主体，创新人员管理是知识产权风险防范的根本，对于新员工，要充分掌握其知识产权背景并明确划分，避免因知识产权交错而产生的风险；对于参与技术创新工作的人员，要定期进行知识产权风险管理培训；对于离职员工，应签订知识产权保密协定并及时进行知识产权分割。另外对参与研发的核心人员，应提前签署离职排他性协议，包括但不限于商业秘密保密协议、职务技术成果归属、竞业禁止协议等，以此规避由员工在公司间流动而产生的知识产权风险。

实施与转化方面，企业专利专有产品在制造、采购与销售过程中，应与参与方签订知识产权保护协议，约定对方知识产权使用权限和保护义务，对采购的中间产品需进行知识产权独立性调查，规避在实施转化过程中可能产生的风险。法务部门应协助研发管理部门共同提出知识产权保护风险防范条款，从司法层面进一步规避风险。及时披露信息可以为企业赢得更高的市场关注，但信息披露的时间和内容应结合实际情况适度发布，以避免因过度披露而产生风险。

知识产权管理能力是科技创新型企业核心竞争力的重点组成部分，能力与水平的高低对能否提高企业的经济效益具有直接影响。技术研发工作与知识产权管理紧密结合的同时，知识产权管理作用于研发工作全周期并合理调整。技术创新成果在实施转化阶段，充分利用和熟悉专利实施许可和转让的模式，为企业创造更高效益，让知识产权收益在企业形成良性反馈，保障企业在知识产权上合理投入的同时，对研发团队进行激励。同时，加强企业知识产权管理人才的培养，联合相关部门对企业知识产权的运营和风险控制进行战略定位，不断完善内部知识产权制度，从而建立高效的知识产权管理体制，这样才能增强科技创新型企业的研发实力，不断提高企业的市场竞争力。随着科技进步，企业知识产权管理体系建设面临新挑战，科技创新型企业需利用知识产权管理赢得更大的市场竞争优势。

6.2　知识产权管理岗位责任与内容

6.2.1　岗位责任与内容的案例

6.2.1.1　未缴年费痛失专利

四川某研究设计院在军转民过程中，利用其核技术方面的优势，积极开展核医疗器械方面的研究与应用。其下属 A 厂在市场调研中发现，医用钴 -60 远距离治疗机具有一定的市场前景。针对现有产品存在的问题，A 厂进行了技术改进，并于 1991 年 10 月向中国专利局提交了一份"医用钴 -60 远距离治疗机的钴源驱动装置"的发明专利申请，并于 1993 年 8 月取得了专利权。该产品上市后，受到用户好评，并迅速地占领了国内市场的大部分份额，A 厂取得了良好的效益。

然而，2000 年年初，A 厂发现山东 B 厂仿造了其专利产品医用钴 -60 远距离治疗机，随即给 B 厂发了一封警告信称：B 厂侵犯了其专利权，要求对方停止侵权，并赔偿损失，否则，A 厂将诉之于法律。随信还寄上了 A 厂"医用钴 -60 远距离治疗机的钴源驱动装置"的专利证书复印件。B 厂对 A 厂的侵权警告置之不理，并且陆续对外销售了几十台治疗机，使 A 厂的市场占有份额减少。2001 年，A 厂准备提起诉讼，但检索该项专利的法律状态后发现，该专利已经因"未缴纳年费专利权终止"，公告的时间为 1998 年 12 月。A 厂几次向中国专利局请求补缴年费，均因期限已过，未得到批准，最终丧失了专利权。由于 A 厂专利权的丧失，也丧失了追究他人侵权的权利。A 厂领导介绍，该厂 1998 年专利管理人员变动，未及时缴纳年费，导致专利权提前终止，给 A 厂造成了不可挽回的损失。

6.2.1.2 未关注专利维护痛失专利

西安某大学某教研室的老师王某，在 20 世纪 90 年代初完成了一项高分子材料的制造发明。这种高分子材料具有亲水性，因此，非常适于制造水下工作机械的轴承，可以用来制造潜水泵轴承，水就是该轴承的润滑剂，很有市场前景。为了保护自己的合法权益，王某征得该大学的同意，以大学的名义申请了发明专利并取得了专利权。经谈判，许可 W 省某县 B 乡使用，双方达成许可协议，签订了许可合同。由于 B 乡不仅购买了该专利材料的生产许可，而且购买了用该材料制造耐水轴承的生产方法，其中包含着技术秘密，因此，双方签订的合同是包含专利许可和技术秘密许可的混合合同。B 乡支付给该大学 30 万元使用费。王某随后协助 B 乡办厂，生产合格的产品。

该大学的专利年费要由发明人自己缴纳，经费由发明人的课题费中列支。发明人王某通过银行转账汇款给专利局，由于标注专利号在传输过程中丢失，导致专利费没有缴纳。一般而言，专利局对于没有按时（授权后每年申请日以前）缴纳年费的项目，会发出两次通知书，第一次是缴费通知书，专利权人收到该通知书后，可以按照通知书上的规定，向专利局缴纳相应年度的年费和滞纳金，时效为申请之日起 6 个月内；第二次是专利权终止通知书，专利权人收到该通知书后，可以请求恢复专利权，时效为 2 个月。但王某对专利局发出的两次通知书一次也未收到，最终导致专利权终止。

受让方 B 乡也不知道该项专利权已经终止，但是一桩诉讼案揭开了实情。1995 年，B 乡发现 X 市有一厂家也销售和自己同样的产品，认定对方侵权，到 X 市中级人民法院起诉。原来，该大学参加这个项目科研工作的一个研究生跳槽来到 X 市，把这项成果带到该厂家。在诉讼过程中，被告为了摆脱困境，委托专利代理机构进行检索，发现该大学的专利已经公告终止。由于没有专利权，自然谈不上侵犯专利权，所以 B 乡的官司很快败诉。

据该大学称，某天，B 乡的有关人员来到该大学，要求该大学再和 B 乡签订一个补充协议，目的是该大学授予他们对侵犯该专利的侵权行为有起诉权。于是在随意找到的横格信纸上，由 B 乡人书写了以下内容，大意是：双方约定，对于侵犯该专利的侵权行为，B 乡有权向人民法院起诉。双方签字盖章，在协议正文和签字项之间，留下了若干行空白。由于 B 乡不能随身携带公章，所以该大学先在两份协议文本上盖章，让 B 乡带回去盖章，然后再寄给该大学。B 乡拿到补充协议的全部文本以后，在文件的空白处添加了以下文字"如果专利失效，学校应负全部责任"。B 乡坚决否认添加了上述文字，在后来的诉讼中也未被法院采信，成为耐人寻味的插曲。

1996 年，B 乡在 W 省某县法院把昔日的合作伙伴告上公堂。该大学收到法院的传票后，一时间措手不及，看到证据中的补充协议，更是目瞪口呆，于是请律师，找证据，乘飞机赶赴某县应诉。诉讼中，一个争论的焦点是签订的补充协议是否有效，协议上"如果专利失效，学校应负全部责任"的文字是不是后加的。由于该大学拿不出有力的证据证明补充协议中的这句话是 B 乡后加的，法院对该大学的说法不予采信。很快，一审法院根据这份补充协议作出判决，认定该大学和 B 乡的许可合同是无效合同。按照法律对无效合同的处理，应当返还财产，恢复原状。于是，判决该大学退回收取的许可费 30 万元，同时赔偿 B 乡办厂的全部费用 160 余万元。该大学不服，经过二审判决后，仍然认定合同无效，要求该大学退回许可费 30 万元，再赔偿 B 乡的损失 100 余万元。B 厂剩余的设备由该大学拉走。最终，该大学不仅退回了许可费 30 万元，还要赔偿 100 万元，加上几年的诉讼费，总计损失在 150 万左右。

6.2.1.3　著录项目变更不是小事

湖南 A 研究所于 1997 年 8 月，向国家专利局提交了一项"空气调节方法及其设备"的发明专利申请，并于 2000 年 11 月取得了发明专利权。

然而，2001 年 8 月下旬的某天，负责 A 研究所专利工作的刘某收到了国家知识产权局 2001 年 8 月发出的"著录项目变更手续合格通知书"。通知书内容如下："上述专利，专利权人于 2001 年 7 月提交的著录项目变更申报书，经审查，符合专利法第十条及其实施细则第九十二条第二款中有关规定，并且申请人在实施细则第八十九条规定的期限内，按实施细则第八十二条规定，缴纳了著录项目变更费，准予变更。现将变更的内容通知如下：'变更项目：专利权人，变更前：A 研究所，变更后：北京 B 公司'。根据专利法第十条和专利法实施细则第八十一条规定，专利权的转让或继承的变更情况将在 17 卷 42 号专利公报上予以公告。"

刘某感到很突然，单位没有让自己办理过专利权人变更事宜，怎么将 A 研究所的专利权变更到了 B 公司的名下！她马上与代理此项专利的事务所取得了联系。事务所工作人员答复说："该项专利权变更事宜是一位姓金的女同志 7 月来办理的，我所检查了文件，包括著录项目变更请求书、你研究所与 B 公司签订的转让专利权的协议书。"刘某与金某取得联系后，金某说她是与该项目的发明人袁某一起去的，A 研究所不知道此事是不应该的。

B 公司的人称，事情的起因是这样的：B 公司的有关人员与 A 研究所同属一个集团公司，通过多方联系就"空气调节方法及其设备"开发投资事宜达成合作，该研究所负责技术，B 公司负责找投资，袁某作为该项目的发明人多次到北京配合 B 公司开展融资工作。就"空气调节方法及其设备"的产业化事宜，B 公司与 C 投资银行达成投资 2 000 万元的意向。但由于专利权人是 A 研究所，B 公司要求与 A 研究所达成专利权转让的协议，B 公司支付 A 研究所 10 万元费用，专利权变更到 B 公司名下。转让协议是在北京起草的，双方起草人确认后，B 公司先在转让协议上盖了公章，协议书由袁某带回 A 研究所盖公章，然后双方派人到国家知识产权局办理专利权人变更事宜。

A 研究所坚持认为转让协议没有经过法定代表人同意，转让协议无效。经过研究决定，要求袁某将"空气调节方法及其设备"发明专利权变更回 A 研究所名下，变更所需费用由袁某负担。2001 年 11 月，A 研究所又向国家知识产权局提交了一份著录项目变更请求书，将"空气调节方法及其设备"发明专利的专利权人变更到 A 研究所名下，事情得以解决。

6.2.1.4　用专利独占性占领市场

20 世纪 90 年代初，江苏 A 厂设计所曾经按照台商的要求研制了一种运输散装水泥的集装箱。但是样品出来以后，台商却不见踪影，这项技术就被放在厂里闲置起来，后来本地一位民营企业家看中了这项技术，花了 24.5 万元把样箱和全部图纸买走，同时聘请一位设计员协助其生产产品。该企业家以该技术为基础成立了 B 公司。A 厂卖出技术，不仅收回了全部投资，而且核算下来略有盈利。

为了得到专利保护，B 公司委托专利代理机构准备把从 A 厂买来的技术申请专利。这个信息被 A 厂管理专利工作的李某在无意中得知，他把这个情况立即汇报给 A 厂设计所所长，并且向所长陈述了利害关系。设计所所长当即决定，由设计所垫付申请费用，抢先办理专利申请事宜。于是，A厂最终获得了"水泥集装箱"的实用新型专利权（以下将这项专利简称为"专利1"）。

当B公司得知A厂抢先申请专利以后，非常不满，以该技术已经卖给自己为由，向省专利管理局提起第一次专利纠纷调处请求，要求把A厂的"水泥集装箱"专利变更为B公司所有。经过一番辩论，B公司败诉，因为在B公司与A厂的技术转让合同中没有写明专利申请权的归属。

虽然调处失利，但是B公司并不死心，再次提出要购买A厂的专利，要求把自己增补为专利权人，为此向省专利管理局提起第二次纠纷调处请求。对于A厂来说，增补B公司为"水泥集装箱"专利权人并无损害，经过几次谈判，双方达成协议，B公司再支付15万元，增补其为专利权人。

成为专利1的权利人以后，B公司并不满意，在A厂专利的基础上，加上已经由他人申请专利的出料装置，合并在一起申请了一项实用新型专利，也获得了专利权（以下将这项专利简称为"专利2"）。

与A厂属同一集团公司的C厂为了寻找适销对路的民品，看中了A厂的水泥集装箱。由于我国某大型工程实施，C厂认为这种集装箱有市场。C厂本应与A厂签订专利许可合同，合法地制造该产品，但是C厂却采取了省钱的做法，直接到A厂测绘了样箱。测绘时A厂还没有把技术卖给B公司，测绘后，C厂也研制了样箱，并进行了各种试验和产品鉴定，该产品还申请了科技进步奖。从此，水泥集装箱成了C厂的科研成果。

为了得到专利使用费，A厂曾多次找C厂协商签订专利许可合同，但由于多种原因，一直没谈成。

无论是C厂还是B公司，其集装箱的买主都是某工程指挥部。1995年以前，两家同时给用户供货，倒也相安无事。但是1995年年底的招标结果，某工程指挥部决定只要C厂的集装箱，不再向B公司订货。这个投标结果把B公司逼到了绝路上，B公司就凭借其专利进行了反击。1996年，B公司在法院状告C厂侵犯其专利权2，并要求诉讼保全，查封C厂的账户、产品和在制品，要求C厂立即停止侵权行为，并赔偿其损失160万元。C厂无奈只得向专利复审委员会宣告B公司的专利权2无效。由于武汉一个厂家在C厂之前就对B公司的专利2提出行政撤销（注：2020年修正后的《中华人民共和国专利法》中已无行政撤销），行政撤销还没有审结，再提无效宣告专利复审委员会就不予受理。由于没有站得住脚的答辩理由，一审很快败诉。

C厂向省高级人民法院提出上诉。由于原告的专利是实用新型，法院决定等待专利局的复审结果。由于官司久拖不决，大型工程可不能等，鉴于C厂不能履行供货合同，某工程指挥部只好改向B公司订货。于是，全部市场被B公司独占，而C厂一度处于破产的境地。

6.2.1.5 谁先申请谁得专利

2000年，洛阳A研究所经过广泛的市场调研，并结合自身的技术优势，将列车用"油压减振器"列为新产品开发项目。由于A研究所不具备生产条件，为了加快产品开发和生产工作，经过多方论证，A研究所决定与B公司联合研制开发。由于A研究所与B公司曾有过良好合作关系，因此A研究所未与B公司签订联合研制开发合同就开始工作了。在研制初期，双方共同努力，合作良好。A研究所负责产品的设计绘图、零部件选材以及制订工艺方案，并指导生产加工和研制样机。B公司参与了整个设计过程，并负责样机的性能测试和装车考核。但是，当该项目进展到装车考核试运行阶段时，由于试验周期长（约 1 年时间），A 研究所参加研制的人员经常不到试验现场，B 公司就背着 A 研究所将用于试验的"油压减振器"样机拆解。B 公司的人员对试验的"油压减振器"样机进行了某些改进，自行组织人员召开了"油压减振器产品鉴定会"。产品通过鉴定后，B 公司就开始自行组织生产，独自向用户销售产品。后来 A 研究所得知了此事，指责 B 公司违反双方联合研制开发的约定，自行生产、销售，独自占有了取得的经济利益。B 公司认为"油压减振器"产品是自行开发的，与 A 研究所没有任何关系。在双方协商不成的情况下，A 研究所想通过法律途径为自己讨回公道，但由于 A 研究所与 B 公司之间没有签订联合开发"油压减振器"的合同，同时也找不到任何可以证明双方曾经进行了"油压减振器"联合开发的证据，A 研究所面对自己的权益被他人侵害，却无可奈何。

6.2.1.6　华为、联想、徐工知识产权管理维度

华为于 1987 年成立，最初为一家香港公司代理销售用户交换机，经过 30 多年的发展，现已成为全球领先的信息与通信技术解决方案供应商，2021 年在世界 500 强企业中排名第 44 位，较 2020 年上升 5 位，连续 2 年进入全球 50 强企业榜单；在知识产权方面，2021 年华为共申请国内专利 6 952 件，连续第 5 年位居全国首位。联想控股股份有限公司（以下简称"联想"）成立于 1984 年，目前已发展成为全球最大的互联网安全及高品质产品组合和服务提供商之一，2021 年在世界 500 强企业中排名第 159 位，连续 11 年上榜；在知识产权方面，截至 2022 年 1 月，联想共持有专利 19 406 件，排名全国第 42 位。徐州工程机械集团有限公司（以下简称"徐工"）创建于 1989 年，是目前我国工程机械领域最具竞争力和影响力的上市公司之一，2021 年在世界 500 强企业中排名第 395 位，连续 3 年上榜。

6.2.2　涉及的知识产权法律条文

以下为《中华人民共和国专利法》（2020 年修正）节选：

第十条　专利申请权和专利权可以转让。

中国单位或者个人向外国人、外国企业或者外国其他组织转让专利申请权或者专利权的，应当依照有关法律、行政法规的规定办理手续。

转让专利申请权或者专利权的，当事人应当订立书面合同，并向国务院专利行政部门登记，由国务院专利行政部门予以公告。专利申请权或者专利权的转让自登记之日起生效。

第十二条　任何单位或者个人实施他人专利的，应当与专利权人订立实施许可合同，向专利权人支付专利使用费。被许可人无权允许合同规定以外的任何单位或者个人实施该专利。

第十三条　发明专利申请公布后，申请人可以要求实施其发明的单位或者个人支付适当的费用。

第十四条　专利申请权或者专利权的共有人对权利的行使有约定的，从其约定。没有约定的，共有人可以单独实施或者以普通许可方式许可他人实施该专利；许可他人实施该专利的，收取的使用费应当在共有人之间分配。

除前款规定的情形外，行使共有的专利申请权或者专利权应当取得全体共有人的同意。

第十五条　被授予专利权的单位应当对职务发明创造的发明人或者设计人给予奖励；发明创造专利实施后，根据其推广应用的范围和取得的经济效益，对发明人或者设计人给予合

理的报酬。

国家鼓励被授予专利权的单位实行产权激励，采取股权、期权、分红等方式，使发明人或者设计人合理分享创新收益。

第四十二条　发明专利权的期限为二十年，实用新型专利权的期限为十年，外观设计专利权的期限为十五年，均自申请日起计算。

自发明专利申请日起满四年，且自实质审查请求之日起满三年后授予发明专利权的，国务院专利行政部门应专利权人的请求，就发明专利在授权过程中的不合理延迟给予专利权期限补偿，但由申请人引起的不合理延迟除外。

为补偿新药上市审评审批占用的时间，对在中国获得上市许可的新药相关发明专利，国务院专利行政部门应专利权人的请求给予专利权期限补偿。补偿期限不超过五年，新药批准上市后总有效专利权期限不超过十四年。

第四十三条　专利权人应当自被授予专利权的当年开始缴纳年费。

第四十四条　有下列情形之一的，专利权在期限届满前终止：

（1）没有按照规定缴纳年费的；

（2）专利权人以书面声明放弃其专利权的。

专利权在期限届满前终止的，由国务院专利行政部门登记和公告。

6.2.3　知识产权要点点评

6.2.3.1　法律状态决定专利保护

根据吴伟仁主编的《国防科技工业知识产权案例点评》进行点评。《中华人民共和国专利法》第四十二条、第四十三条规定："发明专利权的期限为二十年，实用新型专利权和外观设计专利权的期限为十年，均自申请日起计算。专利权人应当自被授予专利权的当年开始缴纳年费。"（注：2020年修正后为第四十二条、第四十三条规定：发明专利权的期限为二十年，实用新型专利权的期限为十年，外观设计专利权的期限为十五年，均自申请日起计算。专利权人应当自被授予专利权的当年开始缴纳年费）在6.2.1.1小节的案例中，A厂没有按期缴纳年费，导致其专利权终止，致使当发现B厂仿造了其专利产品时，无法追究其专利侵权责任。尽管法律规定发明专利权自申请之日起保护20年，但是专利权人必须按期缴纳年费。每年按期缴纳专利年费是专利权人的义务，否则，将导致专利权终止。此外，企业的知识产权管理工作要保持连贯性，不能因为人员的变更或者机构的改革，削弱甚至中断知识产权管理工作。否则，就可能会像A厂一样遭受不可挽回的损失。

根据《中华人民共和国专利法》第四十四条规定："有下列情形之一的，专利权在期限届满前终止：（1）没有按照规定缴纳年费的；（2）专利权人以书面声明放弃其专利权的。专利权在期限届满前终止的，由国务院专利行政部门登记和公告"，本案中B厂通过专利公告发现了A厂的"医用钴-60远距离治疗机的钴源驱动装置"专利权终止，B厂仿制A厂的该项产品属于合法利用，因此，不存在侵权问题。通过B厂的做法应该使企事业单位了解到，利用专利公告，尤其是专利公告中的技术内容和法律状态，对企业的发展是非常重要的。

6.2.3.2　保护专利责任在专利权人

根据吴伟仁主编的《国防科技工业知识产权案例点评》进行点评。《中华人民共和国专利法》第四十三条规定："专利权人应当自被授予专利权的当年开始缴纳年费。"在6.2.1.2小节的案例中，专利权人是王某所在的大学，专利权人有缴纳年费的义务。根据《中华人民共和国专利法》第四十四条规定："有下列情形之一的，专利权在期限届满前终止：没有按照规定交纳年费的"和《中华人民共和国专利法实施细则》第九十一条第一款、第二款（注：2010年修正后为第九十四条第一款、第二款）规定："专利法和本细则规定的各种费用，可以直接向国务院专利行政部门缴纳，也可以通过邮局或者银行汇付，或者以国务院专利行政部门规定的其他方式缴纳。通过邮局或者银行汇付的，应当在送交国务院专利行政部门的汇单上写明正确的申请号或者专利号以及缴纳的费用名称。不符合本款规定的，视为未办理缴费手续"，本案例中发明人王某在缴纳专利年费过程中由于专利号丢失，法律上规定视为未办理缴费手续，导致专利权因此而终止。但是，专利权人是该大学，本来该大学应当承担专利权维护的责任，也就是说，应当由大学的专利管理部门负责统一缴纳专利费用。

目前，有些单位将申请专利的权利交给发明人，发明人想申请就申请，不申请专利单位也不管，如果申请了专利，缴纳专利申请费、证书费以及专利年费的任务也就由发明人承担，费用由其课题费中支出，一旦课题结束，费用没有地方落实，专利权也就终止了，这种做法是很危险的。企事业单位应该对知识产权问题进行集中管理，建立知识产权管理制度，设立专职或兼职的知识产权管理机构，落实知识产权工作经费。对技术创新采取法律保护的同时，还要加强对自己权利的维护，只有这样才能避免遭受经济损失。缴纳专利年费也是知识产权管理的工作之一。各单位应从本案例中吸取教训，改进自己的专利管理模式，做好自己的专利权维护工作。

6.2.3.3 专利权人才能决定专利转让

根据吴伟仁主编的《国防科技工业知识产权案例点评》进行点评。《中华人民共和国专利法》第十条第一款、第三款规定："专利申请权和专利权可以转让。转让专利申请权或者专利权的，当事人应当订立书面合同，并向国务院专利行政部门登记，由国务院专利行政部门予以公告。专利申请权或者专利权的转让自登记之日起生效。"在6.2.1.3小节的案例中，A研究所是专利权人，专利权人具有转让专利权的权利，转让专利权时双方当事人应当签订合同。本案例中专利权的转让合同未经过单位法人代表审批，知识产权管理人员也不知道。从上述事实可以了解到，A研究所内部有关知识产权合同的管理比较混乱。企事业单位知识产权工作应该实行法人负责制，同时明确分管领导，配备专职或兼职的知识产权管理人员，建立和完善涉及知识产权内容合同的审批程序。

6.2.3.4 专利诉讼可以赢得市场

根据吴伟仁主编的《国防科技工业知识产权案例点评》进行点评。《中华人民共和国专利法》第十二条规定："任何单位或者个人实施他人专利的，应当与专利权人订立书面实施许可合同，向专利权人支付专利使用费。被许可人无权允许合同规定以外的任何单位或者个人实施该专利。"在6.2.1.4小节的案例中，C厂实际上是仿制了A厂的水泥集装箱，由于当时A厂的水泥集装箱没有申请专利，C厂仿制也就仿制了，但是后来A厂取得了专利权，C厂由于多种原因没有与A厂达成专利许可协议，因此就没有取得合法使用的权利，为以后被诉侵权埋下了隐患。

本案例有很多发人深省的地方，首先，A厂的李某为该厂立下头功，将A厂的技术抢先申请了专利，取得主动权。其次，B公司不惜代价（15万元）获得专利权人的地位，真可谓明智之举。再次，B 公司在竞标失败后，运用法律武器夺回市场，值得企业效仿。不管 B 公司的专利 2 是否具有创造性，但它的存在为 B 公司战胜 C 厂赢得了时间，使 C 厂一度处于破产的境地。最后，C 厂正是因为不知道非法使用他人专利技术的危险，才付出了惨痛的代价。

6.2.3.5　签订合作开发合同很重要

根据吴伟仁主编的《国防科技工业知识产权案例点评》进行点评。《中华人民共和国合同法》（注：2020 年 5 月 28 日，第十三届全国人大第三次会议表决通过了《中华人民共和国民法典》，本法自 2021 年 1 月 1 日起施行。《中华人民共和国合同法》同时废止）第三百四十一条的规定："委托开发或者合作开发完成的技术秘密成果的使用权、转让权以及利益的分配办法，由当事人约定。没有约定或者约定不明确，依照本法第六十一条的规定仍不能确定的，当事人均有使用和转让的权利，但委托开发的研究开发人不得在向委托人支付研究开发成果之前，将研究开发成果转让第三人。"（注：2020 年《中华人民共和国民法典》为第八百六十一条规定："委托开发或者合作开发完成的技术秘密成果的使用权、转让权以及收益的分配办法，由当事人约定；没有约定或者约定不明确，依据本法第五百一十条的规定仍不能确定的，在没有相同技术方案被授予专利权前，当事人均有使用和转让的权利。但是，委托开发的研究开发人不得在向委托人交付研究开发成果之前，将研究开发成果转让给第三人。"）在 6.2.1.5 小节的案例中，A 研究所与 B 公司没有签订合作开发合同，因此也就没有对合作开发完成的技术秘密成果的使用权、转让权以及利益分配办法进行约定，A 研究所与 B 公司均有使用和转让的权利。因此当 B 公司自行生产、销售并取得利益时，A 研究所面对自己的权益遭到侵犯而毫无办法。在合作开发时，企业一定要加强对合同的管理，增强自我保护意识。

6.2.3.6　苹果公司管理创新案例

2014 年天津财经大学商学院张英华和天津理工大学管理学院姚丽发表了文章《从苹果公司的案例看管理创新》，介绍了苹果公司管理创新案例并进行了分析。

苹果公司的管理创新案例，为研究管理创新提供了一个现实的样本。本文依据美国公开信息进行案例研究。

1. 苹果公司创新的组织架构、价值链设计及知识产权管理

（1）苹果公司的组织架构及其演变。

苹果公司成立之初的主要经营业务是设计、销售个人电脑。1980 年，苹果公司在爱尔兰设立了若干家关联公司，其绝大部分研发活动在美国本土进行，产品在美国加州和爱尔兰进行生产。

20 世纪 90 年代末，苹果公司经历了严重的财务危机。1997 年，乔布斯重回苹果公司，进行架构重整并将焦点关注于创新。乔布斯的回归不仅为苹果公司带来了创新的技术，同时也对其组织架构进行了重构。苹果公司取消或终止了若干条产品线，并重新整合了在美国以外的运营架构。苹果公司开始将它的大部分生产活动外包，即使用第三方专业制造商来生产苹果公司在美国研发出来的各种零配件和部件。苹果公司将最终产品的组装、装配工作几乎全部外包给了在中国的一家第三方合约制造商。苹果美国公司（简称 API）是苹果公司所有经营管理活动和决策的实际控制者，也是其所有知识产权全球唯一的法律权利的拥有者，同时，它也拥有在美洲市场销售苹果产品所对应的知识产权的经济权利。苹果美国公司负责组

织、协调和管理其在美洲市场的销售活动。苹果国际运营公司（简称 AOI）是一家在爱尔兰注册的壳公司，在爱尔兰没有物理意义上的办公场所，它实际上扮演了苹果公司在美国以外最重要的海外持股公司的角色。苹果欧洲运营公司（简称 AOE）是苹果国际运营公司的子公司。苹果国际销售公司（简称 ASI）是苹果欧洲运营公司的子公司，负责苹果公司在美洲以外，即欧洲、中东、非洲、印度和亚太地区的市场销售活动。

（2）苹果公司创新的价值链设计。

苹果公司的运营架构经过不断演变，形成了其独特的价值链。本文从其研发、采购、生产、营销和物流等价值链活动加以阐述。

①苹果公司的本土化研发。

几乎所有苹果公司的研发活动都是由苹果美国公司的员工在美国加州完成的，大部分苹果公司的工程师、产品设计专家和技术专家的居住地就在美国加州。

②苹果公司的全球化采购。

苹果公司通过全球化的采购模式对其原材料和部件进行采购。苹果公司的供应商依据苹果公司提出的设计方案和提供的技术，按照苹果公司的要求，为其提供原材料和部件。

③苹果公司的合约化生产。

苹果公司的零配件和部件几乎全部运往中国，中国第三方合约制造商依据与苹果公司达成的《合约加工服务协议》，最终完成各类产成品的组装和最终装配，形成苹果公司的产成品。

④苹果公司复杂化的海外分销网络与简单化物流系统。

苹果公司具有异常复杂的海外分销网络和相对简单的物流系统。在美国本土和中国以外的地区，苹果国际销售公司作为中国制造商所生产的产成品的第一手买家，通过苹果的销售网络和渠道，把产品销往全球各地。买卖行为只是用合同和订单的方式完成法律意义上的苹果公司产成品的所有权转移，苹果国际销售公司并不需要将其购买的产成品从中国运到爱尔兰，然后再运到下一手买家。在经过复杂的分销流程后，苹果公司的产成品由中国制造商的工厂起运，直接到达最末端分销商或者最终消费者手中。

（3）苹果公司的知识产权管理。

苹果公司知识产权管理的独到之处，是将知识产权拆分为法律权利和经济权利，对其分别进行管理。众所周知，苹果公司从未间断对其知识产权进行法律权利的保护。对于知识产权的经济权利的利用往往不为人知。苹果公司巧妙地通过其组织架构和价值链设计，将知识产权的经济权利最大化。苹果公司的各项知识产权的根本来源，就是苹果公司的研发活动，其研发活动几乎全部都是在美国本土完成的。苹果美国公司从中国第三方合约制造商处购买苹果公司产成品，附上足够大的加价之后，再把这些产成品销售给苹果公司的另一些关联公司，苹果国际销售公司从而截取、保留了巨大的销售利润。

2. 苹果公司管理创新案例分析

苹果公司创新的组织架构、价值链设计以及知识产权的保护和利用机制，都具有独到之处，其独特的管理创新行为为苹果公司在诸多方面创造了巨大的收益，主要体现在以下几个方面：

（1）运用独特的组织架构（税收架构）合理避税，创造巨额现金流。

苹果公司依据其极具创造性的税收架构，2009—2012 年在全球范围内获取的免税金额高达 440 亿美元。苹果公司的投资结构并没有采用其他美国跨国公司常用的双爱尔兰荷兰三明治结构（Double Irish Dutch Sandwich Structure），而是采用自否居民纳税人的方法规避税收责任。苹果公司通过在爱尔兰成立的苹果国际运营公司和其下属公司苹果国际销售公司，在全球除美国本土范围内合理避税。苹果国际运营公司于 1980 年在爱尔兰设立，但几乎所有的经营活动都是由位于美国的苹果美国公司管理和控制。由于苹果国际运营公司没有宣告自己是爱尔兰或其他任何国家和地区的税收居民，因此，苹果国际运营公司没有、也没有必要在爱尔兰或其他任何国家和地区缴税。同时，美国税收法典对此的规定是，依据公司的注册、设立的地点来确定其居民纳税人的身份。苹果公司利用爱尔兰税法规则与美国税收法典中关于税收居民相关规定的差异来避税。苹果公司正是利用了两个国家的税收漏洞，达到"双边均不纳税"的效果。

（2）利用独特的价值链设计转移利润。

苹果公司将高附加值的活动，如研发、采购和分销活动留在美国本土；而将低附加值的活动，如加工、装配等活动放在中国。不易被觉察的是，苹果公司利用建立多家关联公司和复杂的业务流程将巨额利润转移到税率极低的爱尔兰。

苹果美国公司和苹果国际销售公司依据其与中国制造商签订的《合约加工服务协议》，从中国制造商处以极低的价格购买苹果产品。但当苹果美国公司将苹果产品转售美洲市场，苹果国际销售公司将苹果产品卖到欧洲和亚太地区的关联公司时，就会附加很高的价值。通过精心设计的价值链，苹果美国公司和苹果国际销售公司成为苹果公司拥有价值链上最具有价值的部分：知识产权。同时，通过转移定价工具，将美洲的利润留在了苹果美国公司，美洲市场以外的利润留在了苹果国际销售公司。

通过对苹果公司价值链的剖析，可以清楚地发现，苹果公司价值链设计的真实目的并不是所谓的从业务运营和发展的根本需要出发，而主要是通过这种架构，利用转让定价的手段和方法，把美洲以外市场的销售利润截留在公司所得税税率极低的国家——爱尔兰。

（3）利用"成本分摊协议"实现知识产权经济价值的最大化。

苹果公司对知识产权的特殊安排，是将苹果的知识产权分为法律权利和经济权利，通过利用"成本分摊协议"这一工具实现其知识产权经济权利的最大化。

苹果公司的成本分摊协议的条款规定，苹果欧洲运营公司和苹果国际销售公司这两家公司与苹果美国公司共同分摊并承担苹果公司的研发活动的成本和风险。作为交换，这两家公司获得了研发活动产生的知识产权的经济权利。苹果美国公司、苹果国际销售公司、苹果欧洲运营公司之间签订的成本分摊协议，是使苹果公司能够有效规避其在美国的纳税责任的一项重要措施。该协议的主要功能，就是把苹果公司产成品的销售利润从美国转移、输送到苹果海外关联公司，以规避美国的纳税责任，使知识产权的经济权利最大化。

通过揭示苹果公司的管理创新实践，为我国创新发展提供以下管理启示：

首先，从国家层面来讲，国家政策制定者要注重管理创新的重要性。目前，国家对于创新的重点扶植领域聚焦于技术创新和产品创新上，较少关注组织的管理创新，具体体现在对技术创新的财政资助和技术人才的引进等方面。然而，技术创新是管理创新的载体和具体表现形式，只有持续的管理创新，才能为技术和产品创新带来源源不断的动力和保障。

其次，从产业层面来讲，采取实际措施促进中国企业管理创新的发展。由于管理创新往往由外因推动，包括专家、学者和咨询公司等都可对管理创新起到重要作用，因此，国家也要对管理创新相关的产业，如管理咨询等中介公司提高重视。同时，要注重管理创新人才的培育与引进。

最后，从企业层面来讲，也要重视管理创新的重要作用。在企业发展的初期，技术创新对于一个企业来讲非常重要，但随着企业的发展，尤其对跨国公司来讲，管理创新的作用就显得日益重要。企业要不断提升员工的素质，为管理创新在企业的实现打下人才基础。

6.2.3.7　华为、联想和徐工知识产权管理维度比较

南京理工大学张汉波和戚湧发表的文章《基于能力成熟度模型的企业知识产权管理研究》，对华为、联想和徐工三家公司的知识产权管理维度进行了比较。

知识产权是企业未来竞争的焦点。已有的研究和实践表明，企业可以利用知识产权的专有性特点构建知识产权壁垒，限制竞争对手进入，从而降低创新风险、获得垄断收益；也可以利用知识产权的信息性特点为研发活动提供指导，从而提高自主创新能力、缩短研发周期；还可以利用知识产权的财产性特点，通过许可、质押等方式获取资金，从而为自身的发展提供财务支持、提高自身收益。因此，知识产权是构成企业核心竞争力的要素之一，企业应当重视对知识产权的管理。

企业知识产权管理可以看作一个大的项目管理过程，尽管阶段划分可能不同，阶段名称也有所差异，但其中一些基本和重要的过程大同小异。企业知识产权活动可分为业务活动和管理活动，业务活动包括知识产权创造、知识产权运用和知识产权保护等，管理活动包括战略管理、人才管理、信息管理、组织管理、文化管理等，每项业务活动都需要经历业务启动、计划、实施、控制和整合等基本流程，同时需要战略、人才、信息、组织、文化等要素的支持。通过评估上述业务流程能力和要素支撑能力，确认薄弱环节并分阶段提升关键过程，可以循序渐进地增强企业知识产权管理能力。

根据已有文献，结合我国企业的实际情况，构建企业知识产权管理能力成熟度模型，其共包含五个等级，每个等级都分别从战略、人才、信息、组织和文化这五个维度进行衡量。其中，从初始级到经验管理级要经历探索过程；从经验管理级到标准管理级要经历整合过程；从标准管理级到量化管理级要经历规范化过程；从量化管理级到持续改进级要经历优化过程。

各维度的内涵具体如下：

（1）战略维度。知识产权管理战略为企业实现整体目标提供一系列知识产权部署和管理行为的中长期行动方案，通过知识产权的战略定位和实施，企业可以获得持续的市场竞争优势。

（2）人才维度。企业知识产权管理需要管理者和员工的共同参与，高层管理者主要负责知识产权管理战略的制定，其他参与者主要负责知识产权战略的实施，所有参与者的工作能力和意愿决定了企业整体的知识产权管理能力。

（3）信息维度。知识产权信息包括科技、行业、市场等的趋势和动态，为企业知识产权管理战略和计划的制订提供依据，为企业研发活动提供参考，从而有效配置资源，提高知识产权管理效果。

（4）组织维度。知识产权管理组织结构是企业为实现知识产权目标而构建的结构体系，通过一系列的指令协调企业员工的行动以开展知识产权工作，企业需选择合适的组织结构保证知识产权管理效率。

（5）文化维度。知识产权文化体现了企业知识产权管理参与者共同的知识产权管理价值观和行为准则，可以增强参与者的凝聚力，增进沟通、协调和学习，降低管理成本，提高管理效果。

华为、联想和徐工三家公司的知识产权管理维度比较如下：

1. 战略维度

华为成立了由各产品线的最高领导组成的知识产权管理办公室，负责公司重大知识产权决策，包括制定和实施公司知识产权总体战略。华为的知识产权战略具有前瞻性，并且重视战略的反馈和调整，如在2003年与思科公司的知识产权纠纷结束后，经过总结和反思迅速提出了"08战略"，即在2008年前用5年时间构建自己的知识产权体系。华为强调技术自立自强，早在10多年前便已实施"备胎计划"，加强自身业务范围内关键核心技术领域的技术研发和知识产权储备。这一前瞻性的战略布局帮助华为有效应对美国制裁，在强大的外部压力下依然实现稳步发展。

联想于2000年成立了技术发展部，主要负责公司知识产权战略的制定，从公司层面对知识产权进行统一管理。联想的知识产权战略以产品为导向，重视知识产权的外部获取，仅在2014就进行了三次大规模专利收购：2014年1月，出资29.1亿美元从谷歌手中收购摩托罗拉移动智能手机业务，获得了2 000多件专利所有权及2.1万件专利的交叉授权；2014年3月，出资1亿美元收购Unwired Planet公司持有的21件专利，并获得了2 500件专利的交叉授权；2014年4月，收购了NEC公司在全球多个国家申请的超过3 800件专利组合。近年来，联想逐步重视自主研发，自2016年以来连续5年进入国家知识产权局发明专利授权榜单前10位，2019—2021年年均研发投入超过100亿元，并提出在2024年前实现研发投入倍增目标。

徐工以"产值千亿元、国际化、世界级"为整体发展战略目标，力图通过推进变革创新、布局调整和国际开拓，最终成为全球领先、极具价值创造力的世界级企业。徐工最初只重视新产品的产出，在认识到知识产权的重要性以后，开始从单纯的产品鉴定向知识产权数量转变，强调知识产权数量的增长。徐工的知识产权获取战略取得了较为显著的效果，截至2021年年底共有授权专利3 776件，分别为2016年的1.54倍、2011年的14.36倍。

2. 人才维度

华为拥有超过500名的知识产权和法律相关专业人员，包括相关技术专家、律师及专利工程师，约占其员工总人数的0.26%。在人员培训方面，华为定期以知识产权讲座、学习班及专题报告会等多种形式进行知识产权相关知识的普及；此外，华为还组织编写知识产权相关教材，并对知识产权相关人员开展系统的培训。在激励方面，华为制定了《华为公司科研成果奖励条例》《专利创新鼓励办法》等规章制度激励创新，不仅通过巨额奖金等形式提供物质奖励，还通过"专利墙"等形式提供精神奖励。

联想构建了一套知识产权管理流程，并为整个流程的每个环节配备了相关级别的专利人员进行相应的专利规划、挖掘、完善和申报工作；同时，还在全公司范围内实施专利知识的普及培训。为激励员工的创新热情，联想推出了包括研发、工程、技术支持三个序列，以及从技术员、工程师至副总工程师八个等级的技术晋升体系，从而开辟了技术人员的职业发展通道，从制度上保障了技术人员应获得的名誉与待遇。

徐工为培养员工专利意识，除按《徐工集团技术创新激励机制管理办法》等相关奖励制度，将专利申请与授权量与部门负责人、项目负责人以及技术研发人员的工资奖金、职称评定和职位晋升等直接挂钩外，还对专利申请和授权给予额外奖励。此外，徐工还会对知识产权管理专职人员及其他员工分别开展专业和普及培训。

3. 信息维度

华为通过公司网站、基于 Lotus Notes 的数据库应用、会议电话和电视系统、邮件系统等构建了完善的信息管理系统；同时，运用知识产权相关软件和数据库检索、分析国内外知识产权信息，进行技术预测和竞争对手分析，监控侵权行为，提供决策参考。

联想重视对信息的管理，自 1997 年起便开始设立信息管理部。1998—2002 年，联想先后实施了企业资源计划（ERP）、供应链管理（SCM）、客户关系管理（CRM）、产品数据管理（PDM）、电子商务系统等五个大型系统，并从 2002 年开始通过信息系统集成（EAI）项目建设实现五大系统的整合，克服了"信息孤岛"，构建了一个完整的信息管理系统。

徐工建有官网，可链接所属机构的官网；同时，建立了一整套覆盖本公司及下属所有企业、研究院所等的办公自动化（OA）、采购等系统，方便所有部门和机构的办公及其他业务活动。在知识产权管理方面，徐工建立了包含七国两组织的专利文献数据和涵盖工程机械各大门类的中外工程机械专利信息服务平台，包括专利信息检索系统和专利分析系统，供知识产权管理相关人员使用。

4. 组织维度

华为于 1995 年成立了知识产权部管理知识产权的日常事务，并编制了《国内专利申请流程》《国外专利申请流程》《专利分析流程》等文件，优化相关工作流程；同时，华为采用集中管理和分散管理相结合的办法，在公司总部的直接领导下，知识产权部与科技开发部相结合，负责全公司的专利管理工作，基本形成了由公司总部知识产权部和分公司知识产权部组成的专利工作网。

联想在产品链管理部设立了专利信息中心，主要负责公司知识产权的事务性管理工作，保障战略的实施。结合技术发展部，联想建立了一套从立项到研发、从产品化到量产制造阶段的矩阵式专利管理系统，优化了知识产权管理流程，增强了知识产权管理部门与其他部门的沟通与协调。

徐工严格遵照《徐工集团专利管理办法》《徐工集团知识产权管理办法》等规章制度进行知识产权管理。此外，徐工在产品研发的过程中设立若干专利监控点，并建立由知识产权专职人员和研发人员组成的评审小组，识别研发流程中的知识产权获取机会，同时监管其他有关知识产权工作。

5. 文化维度

华为的愿景与使命是"把数字世界带入每个人、每个家庭、每个组织，构建万物互联的智能世界"。华为重视制度建设，制定了《专利管理办法》《版权与软件管理办法》等制度规范知识产权管理。华为在成长过程中不断提出"床垫文化""狼性文化""工号文化"等文化理念，促使员工团结、积极、创造性地实践目标。在物质文化方面，华为发行《营赢》《华为技术》《华为服务》等五种官方刊物，同时还建有华为大学。2006 年，华为更换了原有的企业标志，以示自己在原来蓬勃向上、积极进取的基础上更加聚焦、创新、稳健、和谐。

联想以致力于创造改变世界的技术、产品和服务，帮助每一个人拥抱更加充实有趣的生活为使命，推行"5P"企业文化。为顺利开展知识产权管理工作，联想制定了多项内部规章制度，除《联想集团知识产权总体管理制度》外，还制定了关于专利、商标、版权等方面专门的管理办法。在物质文化方面，联想通过联想管理学院，定期组织富有特色的员工培训——"入模子"，帮助员工迅速了解和融入公司文化和战略，还发行《联想报》《沟通与交流》《动态》等内部刊物促进员工的文化感知与认同。

徐工以成为全球信赖、具有独特价值创造力的世界级企业为愿景，以"担大任、行大路、成大器"为核心价值观，以"精益、专注、创新、奋斗"为企业精神，将企业文化分为学习文化、绩效文化、创新文化、质量文化四个子文化。

比较分析其知识产权管理能力成熟度结果表明：华为知识产权管理能力的五个维度都已达到持续改进级的高度发展水平，对其他企业具有较强的示范作用，未来应进一步加强知识产权文化工作；联想的知识产权管理能力成熟度整体已接近持续改进级，未来在战略方面应当更加强调自主创新，构建核心技术优势；徐工的知识产权管理能力成熟度则仍处于标准管理级，需要围绕战略、人才、信息、组织、文化五个维度齐抓并举，从而实现全面提升。

附录 1

《知识产权法基础》模拟试卷 A

一、填空题

1. 知识产权的法律特征包括：无形性，称非物质性；独占性（或专有性）；_____；_____。

2. 申请发明或者实用新型专利的，应当提交_____、_____及其_____和_____等文件。

3. 根据 2020 年 10 月 17 日第十三届全国人民代表大会常务委员会第二十二次会议《关于修改〈中华人民共和国_____〉的决定》第_____次修正。

4. 自发明专利申请日起满_____年，且自实质审查请求之日起满_____年后授予发明专利权的，国务院专利行政部门应专利权人的请求，就发明专利在授权过程中的不合理延迟给予专利权期限补偿，但由申请人引起的不合理延迟除外。

5. 经商标局核准注册的商标为注册商标，包括_____、_____和_____、_____；商标注册人享有商标专用权，受法律保护。

6. 两个或者两个以上的商标注册申请人，在_____上，以相同或者近似的商标申请注册的，初步审定并公告_____的商标。

7. 商业秘密，是指_____、具有_____并经权利人_____的技术信息、经营信息等商业信息。

8. 中国公民、法人或者其他组织的作品，不论_____，依照本法享有著作权。

二、简答题

1. 什么是知识产权法？

2. 什么时候申请人可以要求实施其发明的单位或者个人支付适当的费用？

3. 什么是专利的普通实施许可？

4. 知识产权法主要包括哪些法律？

5. 什么是发明？

6. 什么是新颖性？

7. 什么是反向工程？

8. 非职务发明创造的专利申请及权利人是怎么规定的？

9. 认定驰名商标应当考虑哪些因素？

10. 著作权人包括什么？

三、问答题

1. 1994 年 4 月 15 日签署、1995 年 1 月 1 日生效的世界贸易组织《与贸易有关的知识产权协定》（简称《TRIPS 协定》）第一条对"知识产权"的定义是什么？

2. 什么是本领域的技术人员？

3. 对专利权利要求书的要求是什么？

4. 发明和实用新型专利权被授予后，除专利法另有规定的以外，任何单位或者个人未经专利权人许可，都不得实施其专利，包括什么？

5. 专利战略的目标有哪些？

四、论述题

1. 什么不授予专利权？

2.《中华人民共和国著作权法》不适用于什么？

3.《中华人民共和国著作权法》所述的作品具体包括的内容有哪些？

4. 经营者不得实施侵犯商业秘密的行为有哪些？

五、理解题

1. 在技术研究与开发前、中、后及上市后如何应用知识产权？

2. 中共中央　国务院印发《知识产权强国建设纲要（2021—2035 年）》的发展目标及理解。

附录 2

《知识产权法基础》模拟试卷 B

一、填空题

1. 发明专利权的期限为_____年，实用新型专利权的期限为_____年，外观设计专利权的期限为十五年，均自申请日起计算。

2. 为补偿新药上市审评审批占用的时间，对在中国获得上市许可的新药相关发明专利，国务院专利行政部门应专利权人的请求给予专利权期限补偿。补偿期限不超过_____年，新药批准上市后总有效专利权期限不超过_____年。

3. 请求书应当写明发明或者实用新型的名称，_____，_____、地址，以及其他事项。

4. 任何能够将_____、_____或者其他组织的商品与他人的商品区别开的标志，包括文字、图形、字母、数字、三维标志、_____和_____等，以及上述要素的组合，均可以作为商标申请注册。

5. 商标注册申请人应当按规定的商品分类表填报使用商标的_____和_____，提出注册申请。

6. 证明商标，是指由对某种商品或者服务具有监督能力的组织所控制，而由该组织以外的单位或者个人使用于其商品或者服务，用以证明该商品或者服务的_____、_____、_____、_____或者其他特定品质的标志。

7. 商业秘密，是指不为公众所知悉、具有商业价值并经权利人_____的_____、_____等商业信息。

8. 《中华人民共和国著作权法》所称的作品，是指文学、艺术和科学领域内具有独创性并能以一定形式表现的_____。

二、简答题

1. 无形资产的评估方法中的成本法是什么？

2. 什么是专利的独占实施许可？

3. 知识产权法分哪两类？

4. 最重要的、对各国影响最大的国际公约有哪三个？

5. 什么是实用新型？

6. 什么是创造性？

7. 发明是否具有创造性由谁评价？

8. 作者的署名权、修改权、保护作品完整权的保护期是多久？

9. 什么是地理标志？

10. 经营者违反《中华人民共和国反不正当竞争法》规定将承担什么责任？

三、问答题

1. 申请专利的发明创造在申请日以前 6 个月内，什么条件下不丧失新颖性？

2. 对专利说明书的要求是什么？

3. 什么是职务发明创造？

4. 在《专利审查指南》中规定了判断要求保护的发明相对于现有技术是否显而易见的三个步骤是什么？

5. 经营者进行有奖销售不得存在哪些情形？

四、论述题

1. 什么不能用于商标？

2. 知识产权保护的四个基本支柱是什么？

3. 商业秘密中的技术信息有哪些？

4. 著作权包括哪些权利？

五、理解题

1. 给你一个研究课题，结合你对知识产权知识的理解说明如何开展研发工作。

2. 中共中央　国务院印发《知识产权强国建设纲要（2021—2035 年)》的工作原则及理解。

附录3

《知识产权法基础》模拟考察报告要求

一、知识产权知识的报告

1. 知识产权及其法律特征。

2. 知识产权法分类。

3. 知识产权法主要包括的法律。

4. 知识产权保护的四个基本支柱。

5. 最重要的、对各国影响最大的三个国际公约。

二、专利知识的报告

1. 发明创造。

2. 新颖性及创造性。

3. 发明创造性评价。

4. 专利权的期限。

5. 专利许可。

6. 专利申请。

7. 专利权书及说明书。

8. 不授予专利权。

9. 侵犯专利权。

10. 反向工程。

三、商标及著作权知识的报告

1. 商标及申请注册。

2. 证明商标及地理标志。

3. 《中华人民共和国著作权法》所称的作品及保护期限。

4. 著作权权利。

5. 不得作为商标使用的标志。

四、商业秘密知识的报告

1. 商业秘密。

2. 商业秘密的技术及经营信息。

3. 侵犯商业秘密的行为。

五、在技术研究与开发前、中、后及上市后如何应用知识产权

六、中共中央 国务院印发《知识产权强国建设纲要（2021—2035年)》的发展目标及理解

七、对专利战略的认识及理解

参 考 文 献

［1］ 中华人民共和国专利法 ［EB/OL］. (2020-11-19)［2023-03-01］. http://www. npc. gov. cn/npc/c30834/202011/82354d98e70947c09dbc5e4eeb78bdf3. shtml.

［2］ 中华人民共和国商标法 ［EB/OL］. (2020-12-24)［2023-03-01］. http://www. gov. cn/guoqing/2020-12/24/content_5572941. htm.

［3］ 中华人民共和国反不正当竞争法 ［EB/OL］. (2019-05-07)［2023-03-01］. http://www. npc. gov. cn/npc/c30834/201905/9a37c6ff150c4be6a549d526fd586122. shtml.

［4］ 中华人民共和国著作权法 ［EB/OL］. (2020-11-11)［2023-03-01］. http://www. gov. cn/guoqing/2021-10/29/content_5647633. htm.

［5］ 中共中央 国务院印发《知识产权强国建设纲要 (2021—2035 年)》 ［EB/OL］. (2021-09-22)［2023-03-01］. http://www. gov. cn/zhengce/2021-09/22/content_5638714. htm.

［6］ 习近平: 高举中国特色社会主义伟大旗帜 为全面建设社会主义现代化国家而团结奋斗——在中国共产党第二十次全国代表大会上的报告 ［EB/OL］. (2022-10-25)［2023-03-01］. https://www. gov. cn/xinwen/2022-10/25/content_5721685. htm.

［7］ 华为官网. 华为发布创新和知识产权白皮书 2020 ［EB/OL］. (2021-03-16)［2023-03-01］. https://www. huawei. com/cn/news/2021/3/huawei-releases-whitepaper-innovation-intellectual-property-2020.

［8］ 中国青年网. 一个专利卖 5.2 亿元教授团队分了 4 个亿! 背后原因让人振奋 ［EB/OL］. (2019-05-27)［2023-03-01］. https://baijiahao. baidu. com/s? id=16346716070661 42752&wfr=spider&for=pc.

［9］ 吴伟仁. 国防科技工业知识产权案例点评 ［M］. 北京: 原子能出版社, 2003.

［10］ 张玉敏. 谈谈知识产权的法律特征 ［J］. 中国发明与专利, 2008 (4): 43-45.

［11］ 百度百科. iPad 商标侵权案 ［DB/OL］. ［2023-03-01］. https://baike. baidu. com/item/ipad%E5%95%86%E6%A0%87%E4%BE%B5%E6%9D%83%E6%A1%88/771003? fr=aladdin.

［12］ 21 世纪经济报道. 小米起诉 "小米" ! 判令赔偿 3 000 万元 ［EB/OL］. (2022-02-13)［2023-03-01］. https://baijiahao. baidu. com/s? id=1724643718265248793&wfr=spider&for=pc.

［13］ 彭先伟. 鲁西化工 7.49 亿元大案: 境外仲裁以及侵犯商业秘密案的举证问题初步分析 ［EB/OL］. (2019-03-18)［2023-03-01］. https://www. sohu. com/a/301970828_120057119.

［14］ 中国长安网. 史上最高! 浙江这起侵害商业秘密案件, 被判赔偿 1.59 亿［EB/OL］. (2021–03–04)［2023–03–01］. https：//baijiahao. baidu. com/s? id = 1693275461124956046&wfr = spider&for = pc.

［15］ 红星新闻. 3.3 亿乐拼仿冒乐高案终审宣判, 主犯获刑 6 年罚款 9000 万［EB/OL］. (2020–12–29)［2023–03–01］. https：//baijiahao. baidu. com/s? id = 1687402135128999968&wfr = spider&for = pc.

［16］ 中国青年报社.“童话大王”郑渊洁实名举报盗版图书案宣判 10 人获刑［EB/OL］. (2020–11–30)［2023–03–01］. https：//baijiahao. baidu. com/s? id = 1684784906949348430&wfr = spider&for = p.

［17］ 法律快车.“上岛”咖啡商标战［EB/OL］. (2019–06–26)［2023–03–01］. https：//anli. lawtime. cn/ipshangbiao/20110923162359. html.

［18］ 糖酒快讯. 老干妈商标案始末［EB/OL］. (2001–04–10)［2023–03–01］. https：//www. doc88. com/p–88199886440815. html.

［19］ 有驾用车百科. qq 汽车商标应该归属腾讯还是奇瑞［EB/OL］. (2023–02–02)［2023–03–01］. https：//www. yoojia. com/wenda/738379. html.

［20］ 百度百科. 三光商标案［DB/OL］.［2023–03–01］. https：//baike. baidu. com/item/% E4% B8% 89% E5% 85% 89% E5% 95% 86% E6% A0% 87% E6% A1% 88/9641714? fr = aladdin.

［21］ 李代广, 周健, 李凤发.“亚细亚”泪别郑州［J］. 中国乡镇企业, 2005 (8)：18 – 20.

［22］ 奚玉, 何力. 如何保护商业秘密［J］. 光彩, 2013 (9)：48 – 49.

［23］ 吴楠. 揭开跨国公司“暗战”内幕［J］. 中国林业产业, 2009 (8)：40 – 42.

［24］ 顾成博. 经济全球化背景下我国商业秘密保护的法律困境与应对策略［J］. 学海, 2020 (5)：31 – 36.

［25］ 于明月. ETS 诉新东方侵权案著作权问题探析［J］. 法制与社会, 2019 (3)：47 – 49.

［26］ 何春中. 千余硕博士学位论文遭侵权调查：谁吞噬我们心血 (4)［EB/OL］. (2018–11–27)［2023–03–01］. http：//www. chinanews. com. cn/cul/news/2008/11–27/1464544. shtml.

［27］ 戴哲. 论著作权、作者权与版权的关联与区分［J］. 电子知识产权, 2021 (12)：4 – 29.

［28］ 张蓓蓓. 网络作品著作权保护研究［J］. 法制博览, 2022 (34)：49 – 51.

［29］ 许磊. 网络传播过程中著作权的使用与保护研究［J］. 声屏世界, 2022 (17)：17 – 19.

［30］ 董坤, 许海云, 罗瑞, 等. 科学与技术的关系分析研究综述［J］. 情报学报, 2018, 37 (6)：642 – 652.

［31］ 于磊, 朱金龙. 浅谈专利文献的特点及其内容解读［J］. 河南科技, 2020 (12)：80 – 82.

［32］ 于磊, 焦玉娜. 专利文献在企业中的应用［J］. 中国科技信息, 2020 (18)：27 – 28.

［33］ 冯康. 基于专利文献的技术生命周期分析：以中国环境治理领域为例［J］. 科技和产

业，2020，20（11）：54－58.

[34] 李东亮，杨博，王珊珊．基于产品化思维开展研发工作的模式研究［J］．科技资讯，2020，18（31）：96－99.

[35] 刘雨．技术创新背景下反向工程与知识产权保护的思考［J］．中外企业家，2017（15）：1，9.

[36] 李璐，吴洋．关于单一性审查方式的思考［J］．中国科技信息，2022（12）：22－23.

[37] 朱艳，周小琳．我国专利优先权制度问题研究［J］．法制与社会，2017（34）：43－44.

[38] 孙勇娟．试论企业专利的保护［J］．中国高新区，2017（12）：181.

[39] 最高人民法院．人民法院反垄断典型案例［EB/OL］．（2022－11－17）［2023－03－01］．https://www.court.gov.cn/xinshidai-xiangqing-379701.html.

[40] 郭雨洒．华为诉三星专利侵权案之评析与启示［J］．中国发明与专利，2016（12）：63－69.

[41] 李玉娇．从专利侵权案件论多余指定原则和必要技术特征［J］．法制博览（中旬刊），2012（5）：53－54.

[42] 张冉阳．专利侵权案件中的取证研究［J］．法制博览，2019（14）：202.

[43] 易继明．中美关系背景下的国家知识产权战略［J］．知识产权，2020（9）：3－20.

[44] 刘芬．华为知识产权战略及启示［J］．科技创新与应用，2017（13）：34－36.

[45] 李广军．华为的专利战略及其对我国中小企业的启示与借鉴［J］．中小企业管理与科技（上旬刊），2015（2）：41－42.

[46] 程远，杨令．江苏省医药企业专利战略研究：以恒瑞医药为例［J］．科技视界，2021（18）：107－110.

[47] 于浩．关于深入实施国家知识产权战略行动的思考［J］．中国军转民，2019（6）：67－69.

[48] 杨凤雨．我国医药企业专利战略研究［J］．中阿科技论坛（中英文），2022（1）：206－210.

[49] 姜文森．对新修订《反不正当竞争法》商业秘密条款的评析［J］．法制博览，2022（36）：139－141.

[50] 于江华．反不正当竞争法中侵犯商业秘密的界定［J］．现代营销（上旬刊），2022（11）：130－132.

[51] 黄飞松．百年宣纸国际交流实例调查［J］．中华纸业，2017，38（19）：89－91.

[52] 刘知函．鲁西化工7.49亿元买教训：保密协议审查需谨慎［EB/OL］．（2021－09－15）［2023－03－01］．http://www.vonlu.com/archives/4164.

[53] 徐卓斌．商业秘密权益的客体与侵权判定［J］．中国应用法学，2022（5）：209－220.

[54] 张倩．竞业限制与竞业禁止对企业商业秘密的保护作用探讨［J］．企业改革与管理，2022（5）：40－42.

[55] 刘瑞华．中小企业知识产权管理体系构建研究［J］．中国管理信息化，2022，25（20）：137－140.

[56] 章刚，张玮，李贺，等．科技创新型企业知识产权管理体系构建［J］．科技创业月刊，

2021，34（4）：62 – 64.

［57］张汉波，戚湧. 基于能力成熟度模型的企业知识产权管理研究［J］. 科技管理研究，
2022，42（18）：126 – 135.

［58］张英华，姚丽. 从苹果公司的案例看管理创新［J］. 天津师范大学学报（社会科学
版），2014（6）：77 – 80.

［59］习近平，王沪宁，赵乐际，等. 党的二十大报告学习辅导百问［M］. 北京：党建读物
出版社学习出版社，2022.